碳氢燃料详细化学
动力学机理简化及其
在燃烧仿真中的应用

刘春辉　著

北京理工大学出版社
BEIJING INSTITUTE OF TECHNOLOGY PRESS

图书在版编目（ＣＩＰ）数据

碳氢燃料详细化学动力学机理简化及其在燃烧仿真中
的应用 / 刘春辉著. -- 北京：北京理工大学出版社，
2023.7

ISBN 978-7-5763-2663-5

Ⅰ. ①碳… Ⅱ. ①刘… Ⅲ. ①碳－氢燃料－化学动力
学－研究②碳－氢燃料－燃烧－仿真－研究 Ⅳ.
①TE64

中国国家版本馆 CIP 数据核字（2023）第 146234 号

责任编辑：多海鹏　　　文案编辑：闫小惠
责任校对：周瑞红　　　责任印制：李志强

出版发行 / 北京理工大学出版社有限责任公司

社　　　址 / 北京市丰台区四合庄路 6 号

邮　　　编 / 100070

电　　　话 / （010）68944439（学术售后服务热线）

网　　　址 / http://www.bitpress.com.cn

版 印 次 / 2023 年 7 月第 1 版第 1 次印刷

印　　　刷 / 保定市中画美凯印刷有限公司

开　　　本 / 787 mm×1092 mm　1/16

印　　　张 / 15.25

彩　　　插 / 6

字　　　数 / 312 千字

定　　　价 / 60.00 元

PREFACE

前言

本专著首先介绍了碳氢燃料详细化学动力学机理的简化方法，然后将常用简化方法进行系统集成，利用系统集成的简化方法对正丁醇和柴油的详细化学机理进行简化，得到了规模较少的正丁醇和柴油的简化机理，最后将简化机理应用到新型内燃装置——自由活塞内燃直线发电机的均质压燃燃烧仿真中，对柴油和生物柴油自由活塞内燃直线发电机的均质压燃燃烧过程进行了仿真分析。

本专著共5章。第1章介绍了碳氢燃料机理简化的必要性以及常用的简化方法。第2章对正丁醇的详细机理进行了简化，并对简化后的机理进行了验证。第3章对柴油的半详细机理进行了简化，并对简化后的机理进行了验证。第4章介绍了柴油机理在燃烧中的应用，主要分析了废气再循环率（EGR）和正丁醇比例对柴油自由活塞内燃直线发电机均质压燃燃烧的影响。第5章介绍了生物柴油机理在燃烧中的应用，主要分析了工作参数变化对生物柴油自由活塞内燃直线发电机的均质压燃燃烧的影响。

本专著在安徽科技学院各级领导和同事们的帮助下得以出版，对他们表示感谢！

本专著的出版得到"安徽科技学院人才引进项目"（项目编号：RCYJ201902）、"安徽省高等学校科学研究项目自然科学类重点项目"（项目编号：2022AH051645）、"先进半导体光电器件与系统集成山西省重点实验室2023年度开放课题"（项目编号：2023SZKF18）、横向科研项目"工程车辆动力锂电池的关键技术研发"和横向科研项目"燃料电池冷却系统测试平台研发"的资助。

由于作者水平有限，书中难免存在疏漏与不足之处，请大家批评指正。

目　录
CONTENTS

第 1 章
绪　论

1.1　碳氢燃料机理简化的必要性

燃烧在人类活动中占有重要地位[1]。为了更好地利用燃烧技术造福人类，有必要深入研究燃烧，燃烧机理的创建和应用在研究燃烧的过程中起到了至关重要的作用。

碳氢燃料尤其是大分子碳氢燃料，其化学动力学机理已经变得越来越庞大，如 $C_{16}H_{34}$ 的化学动力学机理，就包含 2 116 个组分和 8 130 个基元反应[2]。在进行燃烧仿真时，需要将燃烧机理与流动、传热传质相结合。如果燃烧机理过于庞大，将导致方程求解的难度过大，再加上求解方程的强刚性，以现有的计算资源将会很难满足计算需求。在这种情况下，对燃烧机理进行简化就显得很有必要。

1.2　机理简化方法简介

机理简化方法主要有直接关系图（DRG）方法[3]等，此外还发展了基于 DRG 方法的其他多种简化方法，如基于误差传播的直接关系图（DRGEP）方法[4]、修正的直接关系图（DRGMAX）方法[5]和路径通量分析（PFA）方法[6]等。除 DRG 方法外，还有准稳态近似（QSSA）方法[7]、计算奇异摄动（CSP）方法[8]等。

1. DRG 方法。

DRG 方法需要求解组分 A 和 B 之间的相关性系数，r_{AB} 定义如下：

$$r_{AB} = \frac{\sum\limits_{i=1,I} |v_{A,i}\omega_i\delta_B^i|}{\sum\limits_{i=1,I} |v_{A,i}\omega_i|} \tag{1.1}$$

式中，各变量含义如表 1.1 所示。

表 1.1　式（1.1）中各变量含义

变量	含义
i	反应的总数目
$v_{A,i}$	反应系数
ω_i	净反应速率
δ_B^i	0（B 不被包含）或 1（B 被包含）

以图 1.1 为例，简要叙述 DRG 方法。图 1.1（a）中以数字形式标明了各组分之间的相关系数，如 $r_{AJ} = 0.01$。若设定简化阈值大于 0.1，因 $r_{AJ} = 0.01$，$r_{JE} = 0.1$，$r_{JI} = 0.03$，$r_{DG} = 0.05$，$r_{FB} = 0.1$，则 A 和 J、J 和 E、J 和 I、D 和 G 以及 F 和 B 之间的连线都要删除，如图 1.1（b）所示，这样 J 和 G 两个组分也就从机理中删除了。

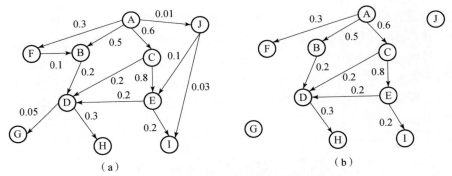

图 1.1　DRG 方法机理简化的示意图

（a）各组分之间的相关系数；（b）设定简化阈值后，删除的组分举例

2. DRGEP 方法。

相关性系数 r_{AB} 定义如下：

$$r_{AB} = \frac{\displaystyle\sum_{i=1,1} |v_{A,i}\omega_i\delta_B^i|}{\max(P_A, C_A)} \tag{1.2}$$

式中，$P_A = \displaystyle\sum_{i=1}^{I} \max(0, v_{A,i}\omega_i)$；$C_A = \displaystyle\sum_{i=1}^{I} \max(0, -v_{A,i}\omega_i)$。

3. DRGMAX 方法。

DRGMAX 方法的相关性系数 r_{AB} 定义如下：

$$r_{AB} = \frac{\max_i(v_{A,i}\omega_i\delta_B^i)}{\max_i(v_{A,i}\omega_i)} \tag{1.3}$$

4. PFA 方法。

PFA 方法的相关性系数 r_{AB} 定义如下：

$$r_{AB} = r_{AB}^{1st-pro} + r_{AB}^{1st-con} + r_{AB}^{2nd-pro} + r_{AB}^{2nd-con} \tag{1.4}$$

式中，$r_{AB}^{1st-pro} = \dfrac{\sum\limits_{i=1,I}\max(v_{A,i}\omega_i\delta_B^i,0)}{\max\left[\sum\limits_{i=1,I}\max(v_{A,i}\omega_i,0),\sum\limits_{i=1,I}\max(-v_{A,i}\omega_i,0)\right]}$；

$r_{AB}^{2nd-pro} = \sum\limits_{M_i\neq A,B} r_{AM_i}^{1st-pro} r_{M_iB}^{1st-pro}$；

$r_{AB}^{1st-con} = \dfrac{\sum\limits_{i=1,I}\max(-v_{A,i}\omega_i\delta_B^i,0)}{\max\left[\sum\limits_{i=1,I}\max(v_{A,i}\omega_i,0),\sum\limits_{i=1,I}\max(-v_{A,i}\omega_i,0)\right]}$；

$r_{AB}^{2nd-con} = \sum\limits_{M_i\neq A,B} r_{AM_i}^{1st-con} r_{M_iB}^{1st-con}$。

5. CSPDR 方法。

CSPDR 方法需要计算反应重要性指标 $I_{A,i}$，$I_{A,i}$ 定义如下：

$$I_{A,i} = \frac{|v_{A,i}\omega_i|}{\sum\limits_{i=1,I}|v_{A,i}\omega_i|} \tag{1.5}$$

6. QSSA 方法。

应用 QSSA 方法可找到准稳态组分，相当于将微分方程变为代数方程求解组分浓度，降低了方程的刚度。准稳态组分识别的公式定义如下：

$$|Q_i| < \varepsilon, \quad \boldsymbol{Q} = \boldsymbol{A}_{slow}\boldsymbol{B}_{slow} \tag{1.6}$$

式中，各变量含义如表 1.2 所示。

表 1.2　式（1.6）中各变量含义

变量	含义
ε	阈值
Q_i	贡献值
$\boldsymbol{A}_{slow}$	$\boldsymbol{A}$ 矩阵慢模式空间
$\boldsymbol{B}_{slow}$	$\boldsymbol{B}$ 矩阵慢模式空间

对于某些碳氢燃料，由于仅仅采用一种方法往往不能得到最理想的简化

机理，所以最好采用系统简化，即首先采用 DRG 类方法，通过多种方法比较后得到最优的框架机理，然后进一步删除不重要的基元反应[9-14]。最后，采用 QSSA 方法减少不重要组分，得到最终的总包机理，整个简化流程如图 1.2 所示。

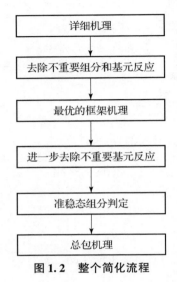

图 1.2　整个简化流程

1.3　研究内容

碳氢燃料种类繁多，本书的主要内容如下：
①正丁醇详细机理的简化。
②柴油半详细机理的简化。
③柴油机理在 HCCI 燃烧中的应用。
④生物柴油机理在 HCCI 燃烧中的应用。

第 2 章
正丁醇的框架机理简化

2.1 正丁醇燃烧机理简介

生物燃料来源多样，能有效解决石油能源短缺和环境污染等问题，受到了越来越多的关注。丁醇是生物燃料的一种，包含 4 种类型[15]，其中正丁醇的燃烧特性优异（热值比乙醇高、挥发性低、冷启动容易、互溶性好、黏度高、使用安全等），作为燃料应用最广泛，已有多位学者进行了将正丁醇掺混应用于汽油机的研究。

正丁醇的燃烧机理研究较多。早在 2008 年，Moss J T 等人研究了正丁醇的 161 个组分和 1 256 个基元反应的详细机理[16]。随后，234、426、44、121、243 等不同组分数的简化和详细机理纷纷涌现[17-21]。本章选择应用较多的 234 个组分的正丁醇详细机理作为简化对象。

2.2 基于 DRG 方法的简化

采用绪论 1.2 中列举的 4 种简化方法进行简化，结果分别如下：

①采用 DRG 方法进行简化，设定阈值为 0.1～0.5。简化完成后，在列举的部分阈值下，生成的框架机理组分数、基元反应数和点火延迟时间的最大误差如表 2.1 所示。

表 2.1　部分阈值下，DRG 方法的简化结果

阈值	组分数/个	基元反应数/个	点火延迟时间的最大误差
0.1	135	847	0.017 829 39
0.11	128	745	0.033 840 58

阈值	组分数/个	基元反应数/个	点火延迟时间的最大误差
0.12	123	700	0.053 436 22
0.14	121	693	0.053 218 23
0.17	120	688	0.052 673 86
0.18	111	639	0.045 471 90
0.19	109	636	0.045 552 04
0.21	100	591	0.092 696 22
0.22	97	547	0.492 625 08
0.26	94	523	0.533 670 97
0.27	93	515	0.541 543 44
0.28	92	510	0.543 629 16
0.29	91	500	0.545 506 45
0.30	85	428	0.564 227 69
0.33	72	339	1.122 988 01
0.34	70	333	1.140 998 99
0.37	65	275	2.214 151 82
0.39	62	256	4.101 613 78
0.49	51	156	2.825 857 53

从表 2.1 中可以看出，随着阈值的增加，所得框架机理的组分数和基元反应数明显减少，点火延迟时间的最大误差也随之增大。当阈值为 0.22 时，点火延迟时间的最大误差为 0.492 625 08，远大于阈值为 0.21 时点火延迟时间的最大误差 0.092 696 22；当阈值为 0.33 时，点火延迟时间的最大误差高达 1.122 988 01（>100%）；当阈值大于 0.5 时，因点火延迟时间的最大误差过大，所得框架机理已无法正常点火。

显而易见，若采用 DRG 方法进行简化，选择点火延迟时间的最大误差小于 10%（如无特殊说明，均以此作为选择原则），则框架机理的选取应该在阈值为 0.21 时，此时所得框架机理的组分数为 100，相比原详细机理，删除了 143 个组分，分别为 AR、$HOCH_2O_2H$、$HOCH_2O_2$、OCH_2O_2H、C、CH、HCCOH、

$C_2H_4O_2H$、C_2H_4O1-2、CH_3COCH_3、CH_3COCH_2、$CH_3COCH_2O_2$、$CH_3COCH_2O_2H$、CH_3COCH_2O、C_2H_5CHO、C_2H_5CO、CH_3OCH_3、CH_3OCH_2、$CH_3OCH_2O_2$、$CH_2OCH_2O_2H$、$CH_3OCH_2O_2H$、CH_3OCH_2O、$O_2CH_2OCH_2O_2H$、HO_2CH_2OCHO、OCH_2OCHO、$HOCH_2OCO$、CH_3OCHO、CH_3OCO、CH_2OCHO、HE、C_3H_8、IC_3H_7、C_3H_5-S、$C_3H_6OOH2-2$、$NC_3H_7O_2H$、$IC_3H_7O_2H$、$IC_3H_7O_2$、NC_3H_7O、IC_3H_7O、C_3H_6O1-2、C_2H_5OOH、C_4H_{10}、PC_4H_9、SC_4H_9、C_4H_71-1、C_4H_72-2、$PC_4H_9O_2H$、$SC_4H_9O_2H$、$PC_4H_9O_2$、$SC_4H_9O_2$、SC_4H_9O、C_4H_7O、C_4H_8O1-2、C_4H_8O1-3、C_4H_8O1-4、C_4H_8O2-3、PC_4H_8OH、SC_4H_8OH、$C_4H_8OH-1O_2$、$C_4H_8OH-2O_2$、$C_4H_8OOH1-1$、$C_4H_8OOH1-2$、$C_4H_8OOH1-3$、$C_4H_8OOH1-4$、$C_4H_8OOH2-1$、$C_4H_8OOH2-2$、$C_4H_8OOH2-3$、$C_4H_8OOH2-4$、$C_4H_8OOH1-2O_2$、$C_4H_8OOH1-3O_2$、$C_4H_8OOH1-4O_2$、$C_4H_8OOH2-1O_2$、$C_4H_8OOH2-3O_2$、$C_4H_8OOH2-4O_2$、NC_4KET_{12}、NC_4KET_{13}、NC_4KET_{14}、NC_4KET_{21}、NC_4KET_{23}、NC_4KET_{24}、$C_2H_5COCH_3$、$C_2H_5COCH_2$、$CH_2CH_2COCH_3$、$CH_3CHCOCH_3$、$C_2H_3COCH_3$、$CH_3CHOOCOCH_3$、$CH_2CHOOHCOCH_3$、C_3H_6CHO-1、C_3H_6CHO-2、C_3H_6CHO-3、C_2H_5CHCO、SC_3H_5CHO、SC_3H_5CO、CH_2CH_2CHO、IC_4H_{10}、IC_4H_9、TC_4H_9、IC_4H_8、IC_4H_7、$TC_4H_9O_2$、$IC_4H_9O_2$、$TC_4H_8O_2H-I$、$IC_4H_8O_2H-I$、$IC_4H_8O_2H-T$、IC_4H_8O、CC_4H_8O、IC_4H_9O、TC_4H_9O、$IC_4H_9O_2H$、$TC_4H_9O_2H$、IC_4H_7O、IC_4H_8OH、$IO_2C_4H_8OH$、IC_3H_7CHO、TC_3H_6CHO、IC_3H_7CO、IC_3H_6CHO、$TC_4H_8OOH-IO_2$、$IC_4H_8OOH-IO_2$、$IC_4H_8OOH-TO_2$、IC_4KETII、IC_4KETIT、IC_4H_7OH、IC_4H_6OH、IC_3H_5CHO、IC_3H_5CO、TC_3H_6OCHO、IC_3H_6CO、IC_4H_7OOH、TC_3H_6OHCHO、TC_3H_6OH、IC_3H_5OH、$TC_3H_6O_2CHO$、$TC_3H_6O_2HCO$、$IC_3H_5O_2HCHO$、TC_4H_8CHO、$O_2C_4H_8CHO$、$O_2HC_4H_8CO$、$TIC_4H_7Q_2-I$、$IIC_4H_7Q_2-T$、$IIC_4H_7Q_2-I$、CH_2O_2H、C_4H_5。

②采用 DRGEP 方法进行简化，设定阈值为 0.000 1～0.09。简化完成后，在列举的部分阈值下，生成的框架机理组分数、基元反应数和点火延迟时间的最大误差如表2.2所示。

表2.2　部分阈值下，DRGEP 方法的简化结果

阈值	组分数/个	基元反应数/个	点火延迟时间的最大误差
0.000 1	170	1 071	0.000 803 47
0.000 5	147	951	0.002 172 99
0.001 1	142	913	0.002 661 00
0.002	136	875	0.004 948 55

阈值	组分数/个	基元反应数/个	点火延迟时间的最大误差
0.002 8	131	821	0.005 065 86
0.003 9	127	766	0.024 342 20
0.004 5	126	765	0.024 611 44
0.005 6	123	759	0.024 649 51
0.006 2	121	751	0.022 891 60
0.007 2	120	734	0.023 442 01
0.008	119	726	0.022 949 85
0.009	118	712	0.015 434 61
0.01	115	702	0.018 767 67
0.013	112	697	0.023 154 54
0.015	109	686	0.038 336 26
0.019	107	640	0.036 712 16
0.02	107	623	0.037 203 14
0.022 5	106	617	0.057 943 88
0.025	100	573	0.120 164 87
0.038	96	544	0.130 936 00
0.042	93	516	0.144 253 32
0.054	86	448	0.256 067 67
0.062 5	83	423	0.272 896 28
0.073 5	81	412	0.272 978 44
0.077	80	411	0.272 994 85
0.077 5	79	398	6.799 215 37
0.085 5	76	380	7.678 497 38

从表 2.2 中可以看出，DRGEP 方法所选用的阈值比 DRG 方法选用的阈值小。DRGEP 方法在阈值为 0.025 时，点火延迟时间的最大误差为 0.120 164 87，远大于阈值为 0.022 5 时点火延迟时间的最大误差 0.057 943 88；当阈值为

0.077 5 时，点火延迟时间的最大误差高达 6.799 215 37。

显而易见，若采用 DRGEP 方法进行简化，阈值应选择为 0.022 5，对应的组分数为 106，相比原详细机理，得到的框架机理少了 137 个组分，分别为 AR、$HOCH_2O_2H$、$HOCH_2O_2$、OCH_2O_2H、CH_3OH、C、C_2H、HCCOH、CH_3COCH_3、CH_3COCH_2、$CH_3COCH_2O_2$、$CH_3COCH_2O_2H$、CH_3COCH_2O、C_2H_5CHO、C_2H_5CO、CH_3OCH_3、CH_3OCH_2、$CH_3OCH_2O_2$、$CH_2OCH_2O_2H$、$CH_3OCH_2O_2H$、CH_3OCH_2O、$O_2CH_2OCH_2O_2H$、HO_2CH_2OCHO、OCH_2OCHO、$HOCH_2OCO$、CH_3OCHO、CH_2OCHO、HE、$C_3H_4 - P$、$C_3H_6OOH2 - 1$、$C_3H_6OOH2 - 2$、$NC_3H_7O_2H$、$IC_3H_7O_2H$、NC_3H_7O、IC_3H_7O、$C_3H_6O1 - 2$、C_2H_3OOH、C_4H_{10}、SC_4H_9、$C_4H_71 - 1$、$C_4H_71 - 2$、$C_4H_72 - 2$、$PC_4H_9O_2H$、$SC_4H_9O_2H$、$PC_4H_9O_2$、$SC_4H_9O_2$、SC_4H_9O、$C_4H_8O1 - 2$、$C_4H_8O1 - 3$、$C_4H_8O1 - 4$、$C_4H_8O2 - 3$、PC_4H_8OH、SC_4H_8OH、$C_4H_8OH - 1O_2$、$C_4H_8OH - 2O_2$、$C_4H_8OOH1 - 1$、$C_4H_8OOH1 - 2$、$C_4H_8OOH1 - 3$、$C_4H_8OOH1 - 4$、$C_4H_8OOH2 - 1$、$C_4H_8OOH2 - 2$、$C_4H_8OOH2 - 3$、$C_4H_8OOH2 - 4$、$C_4H_8OOH1 - 2O_2$、$C_4H_8OOH1 - 3O_2$、$C_4H_8OOH1 - 4O_2$、$C_4H_8OOH2 - 1O_2$、$C_4H_8OOH2 - 3O_2$、$C_4H_8OOH2 - 4O_2$、NC_4KET_{12}、NC_4KET_{13}、NC_4KET_{14}、NC_4KET_{21}、NC_4KET_{23}、NC_4KET_{24}、$C_2H_5COCH_3$、$C_2H_5COCH_2$、$CH_2CH_2COCH_3$、$CH_3CHCOCH_3$、$C_2H_3COCH_3$、$CH_3CHOOCOCH_3$、$CH_2CHOOHCOCH_3$、$C_3H_6CHO - 1$、$C_3H_6CHO - 2$、C_2H_5CHCO、SC_3H_5CHO、SC_3H_5CO、CH_2CH_2CHO、IC_4H_{10}、IC_4H_9、TC_4H_9、IC_4H_8、IC_4H_7、$TC_4H_9O_2$、$IC_4H_9O_2$、$TC_4H_8O_2H - I$、$IC_4H_8O_2H - I$、$IC_4H_8O_2H - T$、IC_4H_8O、CC_4H_8O、IC_4H_9O、TC_4H_9O、$IC_4H_9O_2H$、$TC_4H_9O_2H$、IC_4H_7O、IC_4H_8OH、$IO_2C_4H_8OH$、IC_3H_7CHO、TC_3H_6CHO、IC_3H_7CO、IC_3H_6CHO、$TC_4H_8OOH - IO_2$、$IC_4H_8OOH - IO_2$、$IC_4H_8OOH - TO_2$、IC_4KETII、IC_4KETIT、IC_4H_7OH、IC_4H_6OH、IC_3H_5CHO、IC_3H_5CO、TC_3H_6OCHO、IC_3H_6CO、IC_4H_7OOH、TC_3H_6OHCHO、TC_3H_6OH、IC_3H_5OH、$TC_3H_6O_2CHO$、$TC_3H_6O_2HCO$、$IC_3H_5O_2HCHO$、TC_4H_8CHO、$O_2C_4H_8CHO$、$O_2HC_4H_8CO$、$TIC_4H_7Q_2 - I$、$IIC_4H_7Q_2 - T$、$IIC_4H_7Q_2 - I$、CH_2O_2H、C_4H_5。

③采用 DRGMAX 方法进行简化，设定阈值为 0.000 1 ~ 1。简化完成后，在列举的部分阈值下，生成的框架机理组分数、基元反应数和点火延迟时间的最大误差如表 2.3 所示。

表 2.3　部分阈值下，DRGMAX 方法的简化结果

阈值	组分数/个	基元反应数/个	点火延迟时间的最大误差
0.000 1	238	1 443	0.001 037 76

阈值	组分数/个	基元反应数/个	点火延迟时间的最大误差
0.004 5	232	1 406	0.000 853 76
0.010 4	229	1 401	0.001 148 31
0.1	164	1 052	0.003 437 54
0.2	142	890	0.004 138 27
0.25	138	848	0.024 759 76
0.3	135	823	0.015 487 60
0.35	129	732	0.034 169 08
0.4	119	691	0.034 581 78
0.45	115	677	0.035 096 05
0.5	113	663	0.032 774 15
0.55	107	609	0.058 648 28
0.6	105	600	0.057 967 36
0.7	100	573	0.058 239 11
0.75	99	565	0.061 579 98
0.76	98	553	0.063 134 24
0.77	97	548	0.099 246 02
0.78	96	543	0.100 811 74
0.8	94	521	0.190 393 02
0.9	88	469	0.185 215 22
0.95	85	453	0.315 309 20

从表 2.3 中可以看出，DRGMAX 方法的阈值为 0.77 时，点火延迟时间的最大误差为 0.099 246 02；阈值为 0.78 时，点火延迟时间的最大误差 0.100 811 74；当阈值为 0.95 时，点火延迟时间的最大误差高达 0.315 309 20。

显而易见，若采用 DRGMAX 方法进行简化，选取的阈值应为 0.77，对应的组分数为 97，相比原详细机理，得到的框架机理少了 146 个组分，分别为 AR、$HOCH_2O_2H$、$HOCH_2O_2$、OCH_2O_2H、CH_3OH、C、CH、HCCOH、$C_2H_5O_2H$、

$C_2H_4O_2H$、C_2H_4O1-2、CH_3COCH_3、CH_3COCH_2、$CH_3COCH_2O_2$、$CH_3COCH_2O_2H$、CH_3COCH_2O、C_2H_5CHO、C_2H_5CO、CH_3OCH_3、CH_3OCH_2、$CH_3OCH_2O_2$、$CH_2OCH_2O_2H$、$CH_3OCH_2O_2H$、CH_3OCH_2O、$O_2CH_2OCH_2O_2H$、HO_2CH_2OCHO、OCH_2OCHO、$HOCH_2OCO$、CH_3OCHO、CH_3OCO、CH_2OCHO、HE、IC_3H_7、C_3H_5-S、$C_3H_6OOH2-1$、$C_3H_6OOH2-2$、$NC_3H_7O_2H$、$IC_3H_7O_2H$、$IC_3H_7O_2$、NC_3H_7O、IC_3H_7O、C_3H_6O1-2、C_3H_6O1-3、C_2H_3OOH、C_4H_{10}、PC_4H_9、C_4H_71-1、C_4H_71-2、C_4H_72-2、$PC_4H_9O_2H$、$SC_4H_9O_2H$、$PC_4H_9O_2$、$SC_4H_9O_2$、SC_4H_9O、C_4H_7O、C_4H_8O1-2、C_4H_8O1-3、C_4H_8O1-4、C_4H_8O2-3、PC_4H_8OH、SC_4H_8OH、$C_4H_8OH-1O_2$、$C_4H_8OH-2O_2$、$C_4H_8OOH1-1$、$C_4H_8OOH1-2$、$C_4H_8OOH1-3$、$C_4H_8OOH1-4$、$C_4H_8OOH2-1$、$C_4H_8OOH2-2$、$C_4H_8OOH2-3$、$C_4H_8OOH2-4$、$C_4H_8OOH1-2O_2$、$C_4H_8OOH1-3O_2$、$C_4H_8OOH1-4O_2$、$C_4H_8OOH2-1O_2$、$C_4H_8OOH2-3O_2$、$C_4H_8OOH2-4O_2$、NC_4KET_{12}、NC_4KET_{13}、NC_4KET_{14}、NC_4KET_{21}、NC_4KET_{23}、NC_4KET_{24}、$C_2H_5COCH_3$、$C_2H_5COCH_2$、$CH_2CH_2COCH_3$、$CH_3CHCOCH_3$、$C_2H_3COCH_3$、$CH_3CHOOCOCH_3$、$CH_2CHOOHCOCH_3$、C_3H_6CHO-1、C_3H_6CHO-2、C_3H_6CHO-3、C_2H_5CHCO、SC_3H_5CHO、SC_3H_5CO、CH_2CH_2CHO、IC_4H_{10}、IC_4H_9、TC_4H_9、IC_4H_8、IC_4H_7、$TC_4H_9O_2$、$IC_4H_9O_2$、$TC_4H_8O_2H-I$、$IC_4H_8O_2H-I$、$IC_4H_8O_2H-T$、IC_4H_8O、CC_4H_8O、IC_4H_9O、TC_4H_9O、$IC_4H_9O_2H$、$TC_4H_9O_2H$、IC_4H_7O、IC_4H_8OH、$IO_2C_4H_8OH$、IC_3H_7CHO、TC_3H_6CHO、IC_3H_7CO、IC_3H_6CHO、$TC_4H_8OOH-IO_2$、$IC_4H_8OOH-IO_2$、$IC_4H_8OOH-TO_2$、IC_4KETII、IC_4KETIT、IC_4H_7OH、IC_4H_6OH、IC_3H_5CHO、IC_3H_5CO、TC_3H_6OCHO、IC_3H_6CO、IC_4H_7OOH、TC_3H_6OHCHO、TC_3H_6OH、IC_3H_5OH、$TC_3H_6O_2CHO$、$TC_3H_6O_2HCO$、$IC_3H_5O_2HCHO$、TC_4H_8CHO、$O_2C_4H_8CHO$、$O_2HC_4H_8CO$、$TIC_4H_7Q_2-I$、$IIC_4H_7Q_2-T$、$IIC_4H_7Q_2-I$、CH_2O_2H、C_4H_5。

④采用 PFA 方法进行简化（不再对简化结果进行详述），得到组分数为 94、基元反应数为 497 的框架机理。

可以看出，PFA 方法的组分数小于其他 3 种方法，因此选择以此方法得到的组分数为 94、基元反应数为 497 的框架机理作为下一步简化的机理。

第二步简化是去除不重要的基元反应。采用 CSPDR 方法，设定阈值为 0.001~0.25。简化完成后，在列举的部分阈值下，生成的框架机理组分数、基元反应数和点火延迟时间的最大误差如表 2.4 所示。

表 2.4　部分阈值下，CSPDR 方法的简化结果

阈值	组分数/个	基元反应数/个	点火延迟时间的最大误差
0.001	94	481	0.000 899 01

阈值	组分数/个	基元反应数/个	点火延迟时间的最大误差
0.002	94	471	0.002 620 52
0.003	94	466	0.003 139 52
0.005	94	453	0.005 355 85
0.007	94	447	0.006 596 04
0.009	94	438	0.010 173 46
0.011	94	435	0.011 934 66
0.013	94	433	0.011 934 66
0.015	94	432	0.012 007 41
0.017	94	428	0.012 703 95
0.019	94	425	0.012 703 95
0.023	94	418	0.012 703 95
0.035	94	404	0.017 049 82
0.045	94	394	0.017 049 82
0.055	94	385	0.049 301 30
0.065	94	378	0.123 816 27
0.075	94	372	0.127 683 08
0.085	94	367	0.128 372 44
0.115	94	343	0.150 918 40
0.125	94	339	0.150 918 40
0.165	94	317	0.169 795 56
0.175	94	313	0.183 520 71
0.187	94	310	0.183 520 71
0.199	94	309	0.183 520 71
0.215	94	303	0.183 520 71

从表 2.4 中可以看出，CSPDR 方法的阈值为 0.055 时，点火延迟时间的最大误差为 0.049 301 30；当阈值为 0.065 时，最大误差为 0.123 816 27；当

阈值为 0.215 时，最大误差为 0.183 520 71。

　　显而易见，采用 CSPDR 方法进行进一步简化，选择最大误差小于 5%，则阈值应选择为 0.055，此时的基元反应数为 385，相比原详细机理，少了 112 个基元反应。这 112 个基元反应中的部分列举如下：

22：$CO + O(+M) <=> CO_2(+M)$

29：$HCO + O <=> CO + OH$

30：$HCO + O <=> CO_2 + H$

32：$HCO + CH_3 <=> CH_4 + CO$

39：$CH_2O + CO <=> 2HCO$

40：$2HCO <=> H_2 + 2CO$

41：$HCO + H(+M) <=> CH_2O(+M)$

42：$CO + H_2(+M) <=> CH_2O(+M)$

51：$HOCHO <=> CO_2 + H_2$

61：$HOCHO + O <=> CO + 2OH$

65：$CH_3O + CH_3 <=> CH_2O + CH_4$

66：$CH_3O + H <=> CH_2O + H_2$

67：$CH_3O + HO_2 <=> CH_2O + H_2O_2$

71：$CH_2OH + H <=> CH_2O + H_2$

72：$CH_2OH + HO_2 <=> CH_2O + H_2O_2$

73：$CH_2OH + HCO <=> 2CH_2O$

74：$OH + CH_2OH <=> H_2O + CH_2O$

75：$O + CH_2OH <=> OH + CH_2O$

82：$CH_4 + CH_2 <=> 2CH_3$

83：$CH_3 + OH <=> CH_2O + H_2$

87：$CH_3 + OH <=> CH_2 + H_2O$

95：$CH_4 + CH_3O_2 <=> CH_3 + CH_3O_2H$

98：$2CH_3O_2 <=> O_2 + 2CH_3O$

103：$CH_2(S) + CH_4 <=> 2CH_3$

106：$CH_2(S) + H <=> CH_2 + H$

107：$CH_2(S) + O <=> CO + 2H$

108：$CH_2(S) + OH <=> CH_2O + H$

109：$CH_2(S) + CO_2 <=> CH_2O + CO$

110：$CH_2 + H(+M) <=> CH_3(+M)$

121：$C_2H_6 + CH_3 <=> C_2H_5 + CH_4$

$123: C_2H_6 + CH_3O_2 <=> C_2H_5 + CH_3O_2H$

$124: CH_2(S) + C_2H_6 <=> CH_3 + C_2H_5$

$127: C_2H_5 + C_2H_3 <=> 2C_2H_4$

$128: CH_3 + C_2H_5 <=> CH_4 + C_2H_4$

$130: C_2H_5 + H <=> C_2H_4 + H_2$

$134: C_2H_5O + O_2 <=> CH_3CHO + HO_2$

$139: C_2H_5 + O_2 <=> C_2H_4 + HO_2$

$141: C_2H_5O_2 <=> CH_3CHO + OH$

$150: CH_3CHO + CH_3 <=> CH_3CO + CH_4$

$152: CH_3O_2 + CH_3CHO <=> CH_3O_2H + CH_3CO$

$157: CH_3CO + H <=> CH_2CO + H_2$

$158: CH_3CO + O <=> CH_2CO + OH$

$159: CH_3CO + CH_3 <=> CH_2CO + CH_4$

$163: CH_4 + CH_3CO_3 <=> CH_3 + CH_3CO_3H$

$170: CH_2 + CO(+M) <=> CH_2CO(+M)$

$174: CH_2CO + O <=> HCCO + OH$

$177: CH_2(S) + CH_2CO <=> C_2H_4 + CO$

$182: C_2H_3 + H(+M) <=> C_2H_4(+M)$

$189: C_2H_4 + O_2 <=> C_2H_3 + HO_2$

$192: CH_2(S) + CH_3 <=> C_2H_4 + H$

$197: CH_3 + C_2H_3 <=> CH_4 + C_2H_2$

$204: C_2H_2 + OH <=> CH_3 + CO$

$208: C_2H_5OH(+M) <=> CH_3CHO + H_2(+M)$

$210: C_2H_5OH + O_2 <=> SC_2H_4OH + HO_2$

$219: C_2H_5OH + HO_2 <=> C_2H_5O + H_2O_2$

$220: C_2H_5OH + CH_3O_2 <=> PC_2H_4OH + CH_3O_2H$

$221: C_2H_5OH + CH_3O_2 <=> SC_2H_4OH + CH_3O_2H$

$222: C_2H_5OH + CH_3O_2 <=> C_2H_5O + CH_3O_2H$

$228: C_2H_5OH + CH_3 <=> C_2H_5O + CH_4$

$229: C_2H_5OH + C_2H_5 <=> PC_2H_4OH + C_2H_6$

$230: C_2H_5OH + C_2H_5 <=> SC_2H_4OH + C_2H_6$

$243: C_2H_3CHO + C_2H_3 <=> C_2H_3CO + C_2H_4$

$248: NC_3H_7 + O_2 <=> C_3H_6 + HO_2$

$261: C_3H_6 + C_2H_5 <=> C_3H_5 - A + C_2H_6$

262：$C_3H_6 + CH_3CO_3 <=> C_3H_5 - A + CH_3CO_3H$

263：$C_3H_6 + CH_3O_2 <=> C_3H_5 - A + CH_3O_2H$

274：$C_3H_5 - A + C_2H_5 <=> C_2H_4 + C_3H_6$

275：$C_3H_5 - A + C_2H_3 <=> C_2H_4 + C_3H_4 - A$

294：$C_3H_4 - A + HO_2 <=> C_2H_4 + CO + OH$

296：$C_2H_2 + CH_3 <=> C_3H_4 - A + H$

298：$C_3H_2 + OH <=> C_2H_2 + HCO$

311：$C_3H_6OOH1 - 2 <=> C_2H_4 + CH_2O + OH$

334：$C_3H_6O1 - 3 + CH_3O_2 <=> CH_2O + C_2H_3 + CH_3O_2H$

336：$C_3H_6O1 - 3 + CH_3 <=> CH_2O + C_2H_3 + CH_4$

347：$C_4H_8 - 1 + HO_2 <=> C_4H_71 - 3 + H_2O_2$

348：$C_4H_8 - 1 + CH_3O_2 <=> C_4H_71 - 3 + CH_3O_2H$

350：$C_4H_8 - 1 + C_3H_5 - A <=> C_4H_71 - 3 + C_3H_6$

351：$C_4H_8 - 1 + C_4H_6 <=> 2C_4H_71 - 3$

356：$C_4H_8 - 2 + CH_3 <=> C_4H_71 - 3 + CH_4$

357：$C_4H_8 - 2 + HO_2 <=> C_4H_71 - 3 + H_2O_2$

358：$C_4H_8 - 2 + CH_3O_2 <=> C_4H_71 - 3 + CH_3O_2H$

360：$C_4H_71 - 3 + C_2H_5 <=> C_4H_8 - 1 + C_2H_4$

361：$C_4H_71 - 3 + CH_3O <=> C_4H_8 - 1 + CH_2O$

368：$C_2H_5 + C_4H_71 - 3 <=> C_4H_6 + C_2H_6$

369：$C_2H_3 + C_4H_71 - 3 <=> C_2H_4 + C_4H_6$

387：$NC_3H_7CHO + CH_3O_2 <=> NC_3H_7CO + CH_3O_2H$

389：$C_3H_5OH + HO_2 <=> CH_2CCH_2OH + H_2O_2$

394：$C_3H_5OH <=> CH_2CCH_2OH + H$

401：$NC_4H_9OH(+ M) <=> H + PC_4H_9O(+ M)$

428：$NC_4H_9OH + HCO <=> C_4H_8OH - 4 + CH_2O$

429：$NC_4H_9OH + HCO <=> C_4H_8OH - 3 + CH_2O$

431：$NC_4H_9OH + HCO <=> C_4H_8OH - 1 + CH_2O$

432：$NC_4H_9OH + HCO <=> PC_4H_9O + CH_2O$

440：$NC_4H_9OH + C_2H_5 <=> C_4H_8OH - 2 + C_2H_6$

468：$C_4H_7OH1 - 4 + CH_3 <=> C_4H_6OH1 - 43 + CH_4$

470：$C_4H_7OH1 - 4 + CH_3O_2 <=> C_4H_6OH1 - 43 + CH_3O_2H$

476：$C_4H_7OH2 - 1 + CH_3 <=> C_4H_6OH1 - 43 + CH_4$

478：$C_4H_7OH2 - 1 + CH_3O_2 <=> C_4H_6OH1 - 43 + CH_3O_2H$

486：$C_4H_7OH1-1 + CH_3O_2 <=> C_4H_6OH1-13 + CH_3O_2H$

490：$C_2H_3OH <=> CH_2CHO + H$

491：$C_2H_3OH + O_2 <=> CH_2CHO + HO_2$

495：$C_2H_3OH + CH_3 <=> CH_2CHO + CH_4$

497：$C_2H_3OH + CH_3O_2 <=> CH_2CHO + CH_3O_2H$

2.3 时间尺度简化

对上述框架机理还可以进一步进行时间尺度简化，简化时常采用准稳态近似（QSSA）方法。通过时间尺度简化得到总包机理，将时间尺度简化的阈值设定为 $0 \sim 1$，简化完成后，在列举的部分阈值下，总包机理的简化结果如表 2.5 所示。

表 2.5 部分阈值下，总包机理的简化结果

阈值	组分数/个	点火延迟时间的最大误差
0.000 161 05	92	0.103 451 48
0.000 177 16	91	0.103 406 77
0.000 214 36	90	0.103 405 04
0.000 313 84	89	0.103 556 93
0.001 083 45	82	0.104 262 40
0.001 442 07	80	0.104 224 54
0.005	78	0.104 364 32
0.008 3	76	0.104 155 86
0.009 6	75	0.107 147 55
0.013 2	74	0.107 139 21
0.054	73	0.336 028 31
0.065 34	72	0.336 096 06
0.300 235 53	71	0.336 127 53
0.5	70	0.269 180 11
0.605	69	0.213 150 69

续表

阈值	组分数/个	点火延迟时间的最大误差
0.87	68	0.212 557 73
0.957	67	0.288 710 35
0.98	66	0.328 837 75
0.999 4	64	1.428 786 28
0.999 98	63	1.428 801 27
0.999 99	62	1.428 241 46

从表 2.5 中可以看出，QSSA 方法的阈值为 0.013 2 时，点火延迟时间的最大误差为 0.107 139 21；阈值为 0.054 时，点火延迟时间的最大误差为 0.336 028 31；阈值为 0.999 99 时，点火延迟时间的最大误差高达 1.428 241 46。

显而易见，若采用 QSSA 方法进行进一步简化，阈值增加到 0.013 2 之前，点火延迟时间的最大误差均为 10% 左右；阈值再增大，则最大误差均大于 20%。因此，总包机理的选取应该在阈值为 0.013 2 时，此时的组分数为 74，相比原详细机理，得到的总包机理删除了 20 个组分，分别为 C_2H_5O、$C_3H_6OOH1-2$、C_3H_5O、C_3H_6OH、$C_3H_6OOH2-1O_2$、CH_3CO、C_3H_2、C_4H_8OH-3、SC_2H_4OH、$C_3H_6OOH1-3$、CH_2CCH_2OH、CH_2OH、C_4H_8OH-2、C_4H_8OH-1、$CH_2(S)$、$HOC_3H_6O_2$、$C_3H_6OOH1-2O_2$、C_4H_8OH-4、HCO、$C_3H_6OOH1-3O_2$。

通过时间尺度简化，最后得到的正丁醇 74 个组分数的总包机理包含两部分，写成可直接运算的形式如下：

①ELEMENTS。

C　H　N　O　AR　HE

END

SPECIES

H H_2 O O_2 OH H_2O N_2 HO_2 H_2O_2 CO CO_2 CH_2O HO_2CHO O_2CHO HOCHO OCHO $HOCH_2O$ CH_3O CH_3O_2H CH_3O_2 CH_4 CH_3 CH_2 C_2H_6 C_2H_5 C_2H_4 C_2H_3 C_2H_2 CH_3CHO CH_2CHO CH_2CO HCCO CH_3CO_3H CH_3CO_3 CH_3CO_2 C_2H_5OH PC_2H_4OH $O_2C_2H_4OH$ $C_2H_5O_2$ C_2H_3O1-2 C_2H_3CHO C_2H_3CO NC_3H_7 C_3H_6 C_3H_5-A C_3H_4-A C_3H_3 $C_3H_6OOH2-1$ $NC_3H_7O_2$ C_3H_6O1-3 C_3KET_{12} C_3KET_{13} C_3KET_{21} $C_3H_51-2,3OOH$ $C_3H_52-1,3OOH$ CH_3CHCO AC_3H_5OOH C_4H_8-1 C_4H_8-2 C_4H_71-3 C_4H_6 PC_4H_9O C_4H_7O NC_3H_7CHO NC_3H_7CO C_3H_5OH NC_4H_9OH $C_4H_6OH1-43$ C_4H_7OH1-1 $C_4H_6OH1-13$ C_4H_5OH-13 C_4H_7OH2-1 C_4H_7OH1-4 C_2H_3OH

END

REACTIONS USRPROD

```
END
    ②SUBROUTINE CKWYP(P, T, Y, IWK, RWK, WDOT)。
    IMPLICIT DOUBLE PRECISION (A－H, O－Z), INTEGER (I－N)
C    include 'ckstrt. h'
    PARAMETER (KK＝74)
    PARAMETER (II＝385)
    PARAMETER (NITER＝30, ATOL＝1. D－15, RTOL＝1. D－5)
    PARAMETER (NQS＝21)
    DIMENSION WDOT(＊), Y(＊), IWK(＊), RWK(＊)
    DIMENSION XCON(KK), XM(II), W(II)
    DIMENSION XCONQ(NQS), RF(II), RB(II)
    DIMENSION WT(KK), XCON0(KK)
    LOGICAL CONV
C    DIMENSION RB(II)
    DATA RU/ 8. 31451D＋07/
    SMALL ＝ 1. D－50
    DATA WT/ 1. 00797D0, 2. 01594D0, 1. 59994D＋01, 3. 19988D＋01,
    &    1. 700737D＋01, 1. 801534D＋01, 2. 80134D＋01, 3. 300677D＋01,
    &    3. 401474D＋01, 2. 801055D＋01, 4. 400995D＋01, 3. 002649D＋01,
    &    6. 202529D＋01, 6. 101732D＋01, 4. 602589D＋01, 4. 501792D＋01,
    &    4. 703386D＋01, 3. 103446D＋01, 4. 804183D＋01, 4. 703386D＋01,
    &    1. 604303D＋01, 1. 503506D＋01, 1. 402709D＋01, 3. 007012D＋01,
    &    2. 906215D＋01, 2. 805418D＋01, 2. 704621D＋01, 2. 603824D＋01,
    &    4. 405358D＋01, 4. 304561D＋01, 4. 203764D＋01, 4. 102967D＋01,
    &    7. 605238D＋01, 7. 504441D＋01, 5. 904501D＋01, 4. 606952D＋01,
    &    4. 506155D＋01, 7. 706035D＋01, 6. 106095D＋01, 4. 304561D＋01,
    &    5. 606473D＋01, 5. 505676D＋01, 4. 308924D＋01, 4. 208127D＋01,
    &    4. 10733D＋01, 4. 006533D＋01, 3. 905736D＋01, 7. 508804D＋01,
    &    7. 508804D＋01, 5. 808067D＋01, 9. 007947D＋01, 9. 007947D＋01,
    &    9. 007947D＋01, 1. 070868D＋02, 1. 070868D＋02, 5. 606473D＋01,
    &    7. 408007D＋01, 5. 610836D＋01, 5. 610836D＋01, 5. 510039D＋01,
    &    5. 409242D＋01, 7. 311573D＋01, 7. 109979D＋01, 7. 210776D＋01,
    &    7. 109979D＋01, 5. 808067D＋01, 7. 41237D＋01, 7. 109979D＋01,
    &    7. 210776D＋01, 7. 109979D＋01, 7. 009182D＋01, 7. 210776D＋01,
    &    7. 210776D＋01, 4. 405358D＋01/
    SUMYOW ＝ 0. D0
    DO K ＝ 1, KK
```

```
      SUMYOW = SUMYOW + Y(K)/WT(K)
   ENDDO
   SUMYOW = SUMYOW * T * RU
   BIG = 0. D0
   DO K = 1, KK
      XCON(K) = P * Y(K)/(SUMYOW * WT(K))
      XCON0(K) = XCON(K)
      XCON(K) = MAX(XCON(K), SMALL)
      BIG = MAX(XCON(K), BIG)
   ENDDO
   CALL ELEMRATE(RF, RB, T)
   CALL THIRDBODY(KK, XCON, XM)
   CALL FALLOFF(T, XCON, XM, RF, RB)
   ADJ = 1. D0/BIG
   DO I = 1, NQS
      XCONQ(I) = 0. D0
   ENDDO
   DO ITER = 1, NITER
   CALL STEADY(ITER, XCONQ, XCON, RF, RB, ADJ, SMALL, ATOL, RTOL, CONV)
      IF(CONV) EXIT
   ENDDO
   CALL NETRATE(W, RF, RB, XCON0, XCONQ)
   CALL CALCWDOT(WDOT, W)
C     CALL CHECKQSS(KK, WDOT)
   DO K = 1, KK
      IF(XCON0(K) <=0. D0. AND. WDOT(K) <=0. D0) WDOT(K) = 0. D0
   ENDDO
   RETURN
   END
   SUBROUTINE ELEMRATE(RF, RB, T)
   IMPLICIT DOUBLE PRECISION (A - H, O - Z), INTEGER (I - N)
   DIMENSION RF( * ), RB( * )
   RUC = 1. 987215583174D0
   ALOGT = DLOG(T)
   TINV = 1. D3/(RUC * T)
   TP1 = T
   TP2 = TP1 * T
```

$$TP3 = TP2 * T$$

$$TM1 = 1. D0/TP1$$

$$TM2 = 1. D0/TP2$$

$$TM3 = 1. D0/TP3$$

$$RF(1:385) = 0. D0$$

$$RB(1:385) = 0. D0$$

$$RF(1) = 3.547D + 15 * EXP(-4.06D - 01 * ALOGT - 1.66D + 01 * TINV)$$

$$RB(1) = 1.027D + 13 * EXP(-1.5D - 02 * ALOGT + 1.33D - 01 * TINV)$$

$$RF(2) = 5.08D + 04 * EXP(2.67D0 * ALOGT - 6.292D0 * TINV)$$

$$RB(2) = 2.637D + 04 * EXP(2.651D0 * ALOGT - 4.88D0 * TINV)$$

$$RF(3) = 2.16D + 08 * EXP(1.51D0 * ALOGT - 3.43D0 * TINV)$$

$$RB(3) = 2.29D + 09 * EXP(1.404D0 * ALOGT - 1.832D + 01 * TINV)$$

$$RF(4) = 2.97D + 06 * EXP(2.02D0 * ALOGT - 1.34D + 01 * TINV)$$

$$RB(4) = 1.454D + 05 * EXP(2.107D0 * ALOGT + 2.904D0 * TINV)$$

$$RF(5) = 1.907D + 23 * EXP(-1.83D0 * ALOGT - 1.185D + 02 * TINV)$$

$$RB(5) = 4.5D + 22 * EXP(-2. D0 * ALOGT)$$

$$RF(6) = 1.475D + 12 * EXP(6. D - 01 * ALOGT)$$

$$RB(6) = EXP(-7.649779D + 07 * TM3 + (5.146869D + 05 * TM2) +$$
$$\& \quad (-2.599559D + 04 * TM1) + (3.328076D + 01) + (1.3934D - 04 * TP1) +$$
$$\& \quad (-5.590216D - 08 * TP2) + (5.471729D - 12 * TP3))$$

$$RF(7) = 1.66D + 13 * EXP(-8.23D - 01 * TINV)$$

$$RB(7) = 3.166D + 12 * EXP(3.48D - 01 * ALOGT - 5.551D + 01 * TINV)$$

$$RF(8) = 7.079D + 13 * EXP(-2.95D - 01 * TINV)$$

$$RB(8) = 2.028D + 10 * EXP(7.2D - 01 * ALOGT - 3.684D + 01 * TINV)$$

$$RF(9) = 3.25D + 13$$

$$RB(9) = 3.217D + 12 * EXP(3.29D - 01 * ALOGT - 5.328D + 01 * TINV)$$

$$RF(10) = 2.89D + 13 * EXP(+4.97D - 01 * TINV)$$

$$RB(10) = 5.844D + 13 * EXP(2.42D - 01 * ALOGT - 6.908D + 01 * TINV)$$

$$RF(11) = 1.136D + 16 * EXP(-3.47D - 01 * ALOGT - 4.973D + 01 * TINV)$$

$$RB(11) = 1.03D + 14 * EXP(-1.104D + 01 * TINV)$$

$$RF(12) = 2.141D + 13 * EXP(-3.47D - 01 * ALOGT - 3.728D + 01 * TINV)$$

$$RB(12) = 1.94D + 11 * EXP(+1.409D0 * TINV)$$

$$RF(13) = 2.951D + 14 * EXP(-4.843D + 01 * TINV)$$

$$RB(13) = EXP(2.748358D + 07 * TM3 + (-2.805792D + 05 * TM2) +$$
$$\& \quad (1.833559D + 03 * TM1) + (2.605677D + 01) + (1.487326D - 03 * TP1) +$$
$$\& \quad (-2.666714D - 07 * TP2) + (2.386113D - 11 * TP3))$$

$$RF(14) = 2.15D + 10 * EXP(1. D0 * ALOGT - 6. D0 * TINV)$$

$RB(14) = 3.716D + 07 * EXP(1.695D0 * ALOGT - 2.2D + 01 * TINV)$

$RF(15) = 2.D + 12 * EXP(-4.272D - 01 * TINV)$

$RB(15) = 3.665D + 10 * EXP(5.89D - 01 * ALOGT - 3.132D + 01 * TINV)$

$RF(16) = 1.7D + 18 * EXP(-2.941D + 01 * TINV)$

$RB(16) = 3.115D + 16 * EXP(5.89D - 01 * ALOGT - 6.03D + 01 * TINV)$

$RF(17) = 1.05D + 12 * EXP(-4.254D + 01 * TINV)$

$RB(17) = 8.035D + 15 * EXP(-8.D - 01 * ALOGT - 5.123D + 01 * TINV)$

$RF(18) = 1.784D + 05 * EXP(1.89D0 * ALOGT + 1.158D0 * TINV)$

$RB(18) = 4.717D + 11 * EXP(6.99D - 01 * ALOGT - 2.426D + 01 * TINV)$

$RF(19) = 1.57D + 05 * EXP(2.18D0 * ALOGT - 1.794D + 01 * TINV)$

$RB(19) = 1.189D + 08 * EXP(1.71D0 * ALOGT - 7.991D + 01 * TINV)$

$RF(20) = 4.75D + 11 * EXP(6.6D - 01 * ALOGT - 1.487D + 01 * TINV)$

$RB(20) = 3.582D + 10 * EXP(1.041D0 * ALOGT + 4.573D - 01 * TINV)$

$RF(21) = 7.58D + 12 * EXP(-4.1D - 01 * TINV)$

$RB(21) = 1.198D + 12 * EXP(3.09D - 01 * ALOGT - 3.395D + 01 * TINV)$

$RF(22) = 7.34D + 13$

$RB(22) = 2.212D + 12 * EXP(6.56D - 01 * ALOGT - 8.823D + 01 * TINV)$

$RF(23) = 1.02D + 14$

$RB(23) = 3.259D + 13 * EXP(5.51D - 01 * ALOGT - 1.031D + 02 * TINV)$

$RF(24) = 2.499D + 14 * EXP(-6.1D - 02 * ALOGT - 1.392D + 01 * TINV)$

$RB(24) = 8.07D + 15 * EXP(-5.342D + 01 * TINV)$

$RF(25) = 3.D + 13$

$RB(25) = 0.D0$

$RF(26) = 9.959D + 15 * EXP(-1.126D0 * ALOGT - 4.1D + 01 * TINV)$

$RB(26) = 1.2D + 11 * EXP(+1.1D0 * TINV)$

$RF(27) = 1.99D + 12 * EXP(-1.166D + 01 * TINV)$

$RB(27) = 3.908D + 14 * EXP(-9.09D - 01 * ALOGT - 1.181D + 01 * TINV)$

$RF(28) = 5.01D + 14 * EXP(-4.015D + 01 * TINV)$

$RB(28) = 3.856D + 08 * EXP(1.532D0 * ALOGT + 6.372D0 * TINV)$

$RF(29) = 5.318D + 14 * EXP(-3.53D - 01 * ALOGT - 1.758D + 01 * TINV)$

$RB(29) = 7.5D + 13 * EXP(-2.9D + 01 * TINV)$

$RF(30) = 7.82D + 07 * EXP(1.63D0 * ALOGT + 1.055D0 * TINV)$

$RB(30) = 4.896D + 06 * EXP(1.811D0 * ALOGT - 2.903D + 01 * TINV)$

$RF(31) = 5.74D + 07 * EXP(1.9D0 * ALOGT - 2.74D0 * TINV)$

$RB(31) = 3.39D + 05 * EXP(2.187D0 * ALOGT - 1.793D + 01 * TINV)$

$RF(32) = 6.26D + 09 * EXP(1.15D0 * ALOGT - 2.26D0 * TINV)$

$RB(32) = 1.919D + 07 * EXP(1.418D0 * ALOGT - 1.604D + 01 * TINV)$

$RF(33) = 3.83D + 01 * EXP(3.36D0 * ALOGT - 4.312D0 * TINV)$

$RB(33) = 2.063D + 02 * EXP(3.201D0 * ALOGT - 2.104D + 01 * TINV)$

$RF(34) = 7.1D - 03 * EXP(4.517D0 * ALOGT - 6.58D0 * TINV)$

$RB(34) = 2.426D - 02 * EXP(4.108D0 * ALOGT - 5.769D0 * TINV)$

$RF(35) = 2.056D + 21 * EXP(-2.336D0 * ALOGT - 2.573D + 01 * TINV)$

$RB(35) = 4.5D + 15 * EXP(-1.1D0 * ALOGT)$

$RF(36) = 1.D + 14 * EXP(-1.49D + 01 * TINV)$

$RB(36) = 1.123D + 15 * EXP(-2.95D - 01 * ALOGT - 1.15D + 01 * TINV)$

$RF(37) = 2.45D + 12 * EXP(-6.047D + 01 * TINV)$

$RB(37) = 2.255D + 03 * EXP(2.093D0 * ALOGT - 5.289D + 01 * TINV)$

$RF(38) = 3.471D + 22 * EXP(-1.542D0 * ALOGT - 1.107D + 02 * TINV)$

$RB(38) = 1.D + 14$

$RF(39) = 4.101D + 12 * EXP(-3.08D - 01 * ALOGT - 5.988D + 01 * TINV)$

$RB(39) = 3.5D + 10 * EXP(+3.275D0 * TINV)$

$RF(40) = 2.62D + 06 * EXP(2.06D0 * ALOGT - 9.16D - 01 * TINV)$

$RB(40) = 0.D0$

$RF(41) = 1.85D + 07 * EXP(1.51D0 * ALOGT + 9.62D - 01 * TINV)$

$RB(41) = 0.D0$

$RF(42) = 4.24D + 06 * EXP(2.1D0 * ALOGT - 4.868D0 * TINV)$

$RB(42) = 0.D0$

$RF(43) = 6.03D + 13 * EXP(-3.5D - 01 * ALOGT - 2.988D0 * TINV)$

$RB(43) = 0.D0$

$RF(44) = 3.9D - 07 * EXP(5.8D0 * ALOGT - 2.2D0 * TINV)$

$RB(44) = 0.D0$

$RF(45) = 2.549D + 12 * EXP(4.D - 02 * ALOGT - 3.447D + 01 * TINV)$

$RB(45) = 2.4D + 12 * EXP(-1.D + 01 * TINV)$

$RF(46) = 1.D + 12 * EXP(-1.192D + 01 * TINV)$

$RB(46) = 0.D0$

$RF(47) = 8.584D + 11 * EXP(4.D - 02 * ALOGT - 2.675D + 01 * TINV)$

$RB(47) = 5.6D + 12 * EXP(-1.36D + 01 * TINV)$

$RF(48) = 6.8D + 13 * EXP(-2.617D + 01 * TINV)$

$RB(48) = EXP(1.659129D + 07 * TM3 + (-1.981719D + 05 * TM2) +$

$\&\quad (-1.463055D + 03 * TM1) + (2.964375D + 01) + (4.35308D - 04 * TP1) +$

$\&\quad (-2.858244D - 08 * TP2) + (7.143952D - 13 * TP3))$

$RF(49) = 4.38D - 19 * EXP(9.5D0 * ALOGT + 5.501D0 * TINV)$

$RB(49) = 1.416D - 20 * EXP(9.816D0 * ALOGT - 2.108D + 01 * TINV)$

$RF(50) = 5.4D + 11 * EXP(4.54D - 01 * ALOGT - 3.6D0 * TINV)$

RB(50) = EXP(1.217501D + 07 * TM3 + (- 1.445081D + 05 * TM2) +

&　(- 1.578913D + 04 * TM1) + (2.876667D + 01) + (5.131166D - 04 * TP1) +

&　(- 1.654763D - 07 * TP2) + (1.848194D - 11 * TP3))

RF(51) = 1.51D + 15 * EXP(- 1.D0 * ALOGT)

RB(51) = 1.975D + 14 * EXP(- 5.8D - 01 * ALOGT - 2.006D + 01 * TINV)

RF(52) = 2.41D + 14 * EXP(- 5.017D0 * TINV)

RB(52) = 3.152D + 13 * EXP(4.2D - 01 * ALOGT - 2.508D + 01 * TINV)

RF(53) = 1.D + 13

RB(53) = 8.169D + 13 * EXP(- 2.4D - 02 * ALOGT - 3.347D + 01 * TINV)

RF(54) = 1.27D + 16 * EXP(- 6.D - 01 * ALOGT - 3.83D - 01 * TINV)

RB(54) = EXP(- 8.585667D + 07 * TM3 + (8.35446D + 05 * TM2) +

&　(- 5.539629D + 04 * TM1) + (4.101316D + 01) + (- 2.191865D - 03 * TP1) +

&　(4.658123D - 07 * TP2) + (- 4.580387D - 11 * TP3))

RF(55) = 6.14D + 05 * EXP(2.5D0 * ALOGT - 9.587D0 * TINV)

RB(55) = 6.73D + 02 * EXP(2.946D0 * ALOGT - 8.047D0 * TINV)

RF(56) = 5.83D + 04 * EXP(2.6D0 * ALOGT - 2.19D0 * TINV)

RB(56) = 6.776D + 02 * EXP(2.94D0 * ALOGT - 1.554D + 01 * TINV)

RF(57) = 1.02D + 09 * EXP(1.5D0 * ALOGT - 8.6D0 * TINV)

RB(57) = 5.804D + 05 * EXP(1.927D0 * ALOGT - 5.648D0 * TINV)

RF(58) = 1.13D + 01 * EXP(3.74D0 * ALOGT - 2.101D + 01 * TINV)

RB(58) = 7.166D0 * EXP(3.491D0 * ALOGT - 3.468D0 * TINV)

RF(59) = 4.508D + 17 * EXP(- 1.34D0 * ALOGT - 1.417D0 * TINV)

RB(59) = 1.654D + 16 * EXP(- 8.55D - 01 * ALOGT - 1.039D0 * TINV)

RF(60) = 6.943D + 07 * EXP(1.343D0 * ALOGT - 1.12D + 01 * TINV)

RB(60) = 1.5D + 12 * EXP(5.D - 01 * ALOGT + 1.1D - 01 * TINV)

RF(61) = 3.09D + 07 * EXP(1.596D0 * ALOGT - 4.506D0 * TINV)

RB(61) = 1.65D + 11 * EXP(6.5D - 01 * ALOGT + 2.84D - 01 * TINV)

RF(62) = 1.D + 12 * EXP(2.69D - 01 * ALOGT + 6.875D - 01 * TINV)

RB(62) = 6.19D + 12 * EXP(1.47D - 01 * ALOGT - 2.455D + 01 * TINV)

RF(63) = 1.16D + 05 * EXP(2.23D0 * ALOGT + 3.022D0 * TINV)

RB(63) = 2.018D + 07 * EXP(2.132D0 * ALOGT - 5.321D + 01 * TINV)

RF(64) = 5.54D + 13 * EXP(5.D - 02 * ALOGT + 1.36D - 01 * TINV)

RB(64) = 3.83D + 15 * EXP(- 1.47D - 01 * ALOGT - 6.841D + 01 * TINV)

RF(65) = 7.546D + 12 * EXP(- 2.832D + 01 * TINV)

RB(65) = 4.718D + 14 * EXP(- 4.51D - 01 * ALOGT - 2.88D - 01 * TINV)

RF(66) = 2.641D0 * EXP(3.283D0 * ALOGT - 8.105D0 * TINV)

RB(66) = 5.285D - 01 * EXP(3.477D0 * ALOGT - 5.992D + 01 * TINV)

$RF(67) = 7.812D + 09 * EXP(9.D - 01 * ALOGT)$

$RB(67) = EXP(-1.155927D + 08 * TM3 + (8.480486D + 05 * TM2) +$
& $(-1.892839D + 04 * TM1) + (3.672086D + 01) + (-1.447688D - 03 * TP1) +$
& $(2.982597D - 07 * TP2) + (-2.73045D - 11 * TP3))$

$RF(68) = 1.99D + 12 * EXP(-1.166D + 01 * TINV)$

$RB(68) = 1.323D + 14 * EXP(-8.53D - 01 * ALOGT - 9.259D0 * TINV)$

$RF(69) = 5.08D + 12 * EXP(1.411D0 * TINV)$

$RB(69) = 1.967D + 12 * EXP(1.76D - 01 * ALOGT - 2.807D + 01 * TINV)$

$RF(70) = 2.47D + 11 * EXP(+1.57D0 * TINV)$

$RB(70) = 5.302D + 14 * EXP(-7.92D - 01 * ALOGT - 3.552D + 01 * TINV)$

$RF(71) = 9.6D + 13$

$RB(71) = 1.72D + 09 * EXP(1.019D0 * ALOGT - 4.078D + 01 * TINV)$

$RF(72) = 3.6D + 13$

$RB(72) = 2.229D + 11 * EXP(6.28D - 01 * ALOGT - 5.752D + 01 * TINV)$

$RF(73) = 6.31D + 14 * EXP(-4.23D + 01 * TINV)$

$RB(73) = 2.514D + 06 * EXP(1.883D0 * ALOGT + 2.875D0 * TINV)$

$RF(74) = 1.D + 13$

$RB(74) = 4.488D + 12 * EXP(-1.3D - 02 * ALOGT - 9.02D0 * TINV)$

$RF(75) = 7.D + 13$

$RB(75) = 0.D0$

$RF(76) = 7.D + 13$

$RB(76) = 2.022D + 16 * EXP(-5.91D - 01 * ALOGT - 1.527D + 01 * TINV)$

$RF(77) = 2.4D + 12 * EXP(-1.5D0 * TINV)$

$RB(77) = 5.955D + 14 * EXP(-3.65D - 01 * ALOGT - 6.098D + 01 * TINV)$

$RF(78) = 5.8D + 12 * EXP(-1.5D0 * TINV)$

$RB(78) = 0.D0$

$RF(79) = 5.D + 12 * EXP(-1.5D0 * TINV)$

$RB(79) = 0.D0$

$RF(80) = 5.D + 13$

$RB(80) = 0.D0$

$RF(81) = 9.214D + 16 * EXP(-1.17D0 * ALOGT - 6.358D - 01 * TINV)$

$RB(81) = EXP(7.246137D + 06 * TM3 + (1.657469D + 05 * TM2) +$
& $(-4.614032D + 04 * TM1) + (4.241131D + 01) + (-2.756938D - 03 * TP1) +$
& $(4.603031D - 07 * TP2) + (-3.912035D - 11 * TP3))$

$RF(82) = 5.21D + 17 * EXP(-9.9D - 01 * ALOGT - 1.58D0 * TINV)$

$RB(82) = EXP(-6.554357D + 07 * TM3 + (4.445475D + 05 * TM2) +$
& $(-5.240657D + 04 * TM1) + (4.106671D + 01) + (-1.490618D - 03 * TP1) +$

&　　（2.099384D－07 * TP2）＋（－1.546446D－11 * TP3））

RF（83）　＝ 1.15D＋08 * EXP（1.9D0 * ALOGT－7.53D0 * TINV）

RB（83）　＝ 1.062D＋04 * EXP（2.582D0 * ALOGT－9.76D0 * TINV）

RF（84）　＝ 3.55D＋06 * EXP（2.4D0 * ALOGT－5.83D0 * TINV）

RB（84）　＝ 1.702D＋02 * EXP（3.063D0 * ALOGT－6.648D0 * TINV）

RF（85）　＝ 1.48D＋07 * EXP（1.9D0 * ALOGT－9.5D－01 * TINV）

RB（85）　＝ 1.45D＋04 * EXP（2.476D0 * ALOGT－1.807D＋01 * TINV）

RF（86）　＝ 6.03D＋13 * EXP（－5.187D＋01 * TINV）

RB（86）　＝ 2.921D＋10 * EXP（3.34D－01 * ALOGT＋5.93D－01 * TINV）

RF（87）　＝ 6.92D＋01 * EXP（3.61D0 * ALOGT－1.692D＋01 * TINV）

RB（87）　＝ 3.699D0 * EXP（3.597D0 * ALOGT－3.151D0 * TINV）

RF（88）　＝ 1.081D＋12 * EXP（4.54D－01 * ALOGT－1.822D0 * TINV）

RB（88）　＝ EXP（－3.99393D＋07 * TM3＋（3.640062D＋05 * TM2）＋

&　　（－1.992402D＋04 * TM1）＋（3.152432D＋01）＋（－1.044689D－04 * TP1）＋

&　　（9.711822D－09 * TP2）＋（－1.276481D－12 * TP3））

RF（89）　＝ 1.5D＋14 * EXP（－2.603D＋01 * TINV）

RB（89）　＝ 1.688D＋18 * EXP（－1.14D0 * ALOGT－8.434D0 * TINV）

RF（90）　＝ 9.69D＋13 * EXP（－2.2D－01 * TINV）

RB（90）　＝ 2.029D＋09 * EXP（1.028D0 * ALOGT－1.051D＋01 * TINV）

RF（91）　＝ 1.1D＋14

RB（91）　＝ 1.033D＋17 * EXP（－5.D－01 * ALOGT－7.742D＋01 * TINV）

RF（92）　＝ 1.1D＋13

RB（92）　＝ 9.68D＋15 * EXP（－7.23D－01 * ALOGT－2.765D＋01 * TINV）

RF（93）　＝ 8.D＋12 * EXP（＋1.D0 * TINV）

RB（93）　＝ 4.404D＋14 * EXP（－4.25D－01 * ALOGT－3.089D＋01 * TINV）

RF（94）　＝ 1.321D＋20 * EXP（－2.018D0 * ALOGT－2.075D＋01 * TINV）

RB（94）　＝ 3.D＋11 * EXP（－6.336D0 * TINV）

RF（95）　＝ 5.428D＋15 * EXP（－6.87D－01 * ALOGT－2.223D＋01 * TINV）

RB（95）　＝ 8.D＋12 * EXP（－6.4D0 * TINV）

RF（96）　＝ 1.312D＋62 * EXP（－1.4784D＋01 * ALOGT－4.918D＋01 * TINV）

RB（96）　＝ 2.876D＋56 * EXP（－1.382D＋01 * ALOGT－1.462D＋01 * TINV）

RF（97）　＝ 3.78D＋14 * EXP（－1.01D0 * ALOGT－4.749D0 * TINV）

RB（97）　＝ 4.401D＋14 * EXP（－9.62D－01 * ALOGT－1.813D＋01 * TINV）

RF（98）　＝ 8.265D＋02 * EXP（2.41D0 * ALOGT－5.285D0 * TINV）

RB（98）　＝ 2.247D＋03 * EXP（2.301D0 * ALOGT－6.597D＋01 * TINV）

RF（99）　＝ 1.815D＋38 * EXP（－8.45D0 * ALOGT－3.789D＋01 * TINV）

RB（99）　＝ 4.632D＋32 * EXP（－7.438D0 * ALOGT－1.67D＋01 * TINV）

$RF(100) = 8.5D + 14 * EXP(-1.4D + 01 * TINV)$

$RB(100) = 1.002D + 14 * EXP(4.1D - 02 * ALOGT - 4.871D + 01 * TINV)$

$RF(101) = 1.D + 14 * EXP(-1.4D + 01 * TINV)$

$RB(101) = 1.245D + 15 * EXP(-3.75D - 01 * ALOGT - 4.401D + 01 * TINV)$

$RF(102) = 7.687D + 20 * EXP(-1.342D0 * ALOGT - 8.695D + 01 * TINV)$

$RB(102) = 1.75D + 13$

$RF(103) = 2.37D + 13 * EXP(-3.642D0 * TINV)$

$RB(103) = 1.639D + 10 * EXP(6.33D - 01 * ALOGT - 1.76D + 01 * TINV)$

$RF(104) = 5.94D + 12 * EXP(-1.868D0 * TINV)$

$RB(104) = 2.133D + 09 * EXP(6.14D - 01 * ALOGT - 1.441D + 01 * TINV)$

$RF(105) = 3.37D + 12 * EXP(+6.19D - 01 * TINV)$

$RB(105) = 2.472D + 10 * EXP(5.27D - 01 * ALOGT - 2.823D + 01 * TINV)$

$RF(106) = 3.01D + 13 * EXP(-3.915D + 01 * TINV)$

$RB(106) = 1.092D + 11 * EXP(2.85D - 01 * ALOGT + 1.588D0 * TINV)$

$RF(107) = 3.01D + 12 * EXP(-1.192D + 01 * TINV)$

$RB(107) = 1.205D + 12 * EXP(-6.2D - 02 * ALOGT - 9.877D0 * TINV)$

$RF(108) = 3.01D + 12 * EXP(-1.192D + 01 * TINV)$

$RB(108) = 1.922D + 12 * EXP(-1.D - 02 * ALOGT - 1.265D + 01 * TINV)$

$RF(109) = 3.D + 15 * EXP(-1.076D0 * ALOGT)$

$RB(109) = 2.371D + 16 * EXP(-1.277D0 * ALOGT - 2.375D + 01 * TINV)$

$RF(110) = 1.72D + 05 * EXP(2.4D0 * ALOGT - 8.15D - 01 * TINV)$

$RB(110) = 1.332D + 05 * EXP(2.511D0 * ALOGT - 2.495D + 01 * TINV)$

$RF(111) = 3.D + 12 * EXP(-1.672D + 01 * TINV)$

$RB(111) = EXP(-1.885591D + 07 * TM3 + (-8.164737D + 04 * TM2) +$
$\&\quad (-1.836496D + 03 * TM1) + (2.278266D + 01) + (1.733349D - 03 * TP1) +$
$\&\quad (-3.276112D - 07 * TP2) + (3.006017D - 11 * TP3))$

$RF(112) = 6.863D + 19 * EXP(-1.949D0 * ALOGT - 3.853D + 01 * TINV)$

$RB(112) = 1.2D + 11 * EXP(+1.1D0 * TINV)$

$RF(113) = 1.75D + 10 * EXP(+3.275D0 * TINV)$

$RB(113) = 3.08D + 12 * EXP(-2.94D - 01 * ALOGT - 3.818D + 01 * TINV)$

$RF(114) = 2.41D + 12 * EXP(-9.936D0 * TINV)$

$RB(114) = 3.845D + 12 * EXP(5.3D - 02 * ALOGT - 1.271D + 01 * TINV)$

$RF(115) = 1.99D + 12 * EXP(-1.166D + 01 * TINV)$

$RB(115) = 1.085D + 13 * EXP(-3.56D - 01 * ALOGT - 1.362D + 01 * TINV)$

$RF(116) = 1.7D + 13 * EXP(-2.046D + 01 * TINV)$

$RB(116) = 1.45D + 12 * EXP(4.D - 02 * ALOGT - 9.46D0 * TINV)$

$RF(117) = 5.01D + 14 * EXP(-4.015D + 01 * TINV)$

RB(117) = 3.618D + 07 * EXP(1.761D0 * ALOGT − 1.338D0 * TINV)

RF(118) = 4.4D + 15 * EXP(− 1.05D + 01 * TINV)

RB(118) = 4.548D + 08 * EXP(1.378D0 * ALOGT − 1.752 + 01 * TINV)

RF(119) = 4.071D + 15 * EXP(− 3.42D − 01 * ALOGT − 5.06D + 01 * TINV)

RB(119) = 5.D + 13 * EXP(− 1.23D + 01 * TINV)

RF(120) = 8.95D + 13 * EXP(− 6.D − 01 * ALOGT − 1.012D + 01 * TINV)

RB(120) = 0.D0

RF(121) = 1.1D + 13 * EXP(− 3.4D0 * TINV)

RB(121) = 2.4D + 12 * EXP(− 4.02D + 01 * TINV)

RF(122) = 2.D + 14 * EXP(− 8.D0 * TINV)

RB(122) = 1.434D + 11 * EXP(4.7D − 01 * ALOGT − 4.52D0 * TINV)

RF(123) = 1.75D + 12 * EXP(− 1.35D0 * TINV)

RB(123) = 2.854D + 09 * EXP(8.09D − 01 * ALOGT − 4.944D + 01 * TINV)

RF(124) = 1.D + 13 * EXP(− 2.D0 * TINV)

RB(124) = 7.604D + 10 * EXP(3.65D − 01 * ALOGT − 1.341D + 01 * TINV)

RF(125) = 2.D + 12 * EXP(+ 1.01D0 * TINV)

RB(125) = 8.17D + 09 * EXP(4.94D − 01 * ALOGT − 2.453D + 01 * TINV)

RF(126) = 1.D + 14

RB(126) = 0.D0

RF(127) = 1.1D + 13

RB(127) = 4.061D + 07 * EXP(1.561D0 * ALOGT − 1.854D + 01 * TINV)

RF(128) = 8.D + 13

RB(128) = 0.D0

RF(129) = 4.2D + 10 * EXP(− 8.5D − 01 * TINV)

RB(129) = 0.D0

RF(130) = 8.D + 12 * EXP(4.4D − 01 * ALOGT − 8.877D + 01 * TINV)

RB(130) = EXP(5.282497D + 07 * TM3 + (− 6.687623D + 05 * TM2) +
& (− 2.156714D + 04 * TM1) + (2.598837D + 01) + (1.904353D − 03 * TP1) +
& (− 3.306846D − 07 * TP2) + (2.863256D − 11 * TP3))

RF(131) = 5.07D + 07 * EXP(1.93D0 * ALOGT − 1.295D + 01 * TINV)

RB(131) = 1.602D + 04 * EXP(2.436D0 * ALOGT − 5.19D0 * TINV)

RF(132) = 8.564D + 06 * EXP(1.88D0 * ALOGT − 1.83D − 01 * TINV)

RB(132) = 3.297D + 02 * EXP(2.602D0 * ALOGT − 2.614D + 01 * TINV)

RF(133) = 4.986D + 06 * EXP(1.88D0 * ALOGT − 1.83D − 01 * TINV)

RB(133) = 1.541D + 09 * EXP(1.201D0 * ALOGT − 1.878D + 01 * TINV)

RF(134) = 1.8D + 06 * EXP(2.D0 * ALOGT − 2.5D0 * TINV)

RB(134) = 6.029D + 03 * EXP(2.4D0 * ALOGT − 9.632D0 * TINV)

$$RF(135) = 6.62D0 * EXP(3.7D0 * ALOGT - 9.5D0 * TINV)$$

$$RB(135) = 1.908D0 * EXP(3.76D0 * ALOGT - 3.28D0 * TINV)$$

$$RF(136) = 2.23D + 12 * EXP(-1.719D + 01 * TINV)$$

$$RB(136) = 7.929D + 12 * EXP(-6.34D - 01 * ALOGT + 8.167D0 * TINV)$$

$$RF(137) = 1.13D + 13 * EXP(-3.043D + 01 * TINV)$$

$$RB(137) = 3.295D + 12 * EXP(-1.36D - 01 * ALOGT - 9.44D0 * TINV)$$

$$RF(138) = 3.86D + 08 * EXP(1.62D0 * ALOGT - 3.705D + 01 * TINV)$$

$$RB(138) = EXP(2.694635D + 07 * TM3 + (-2.923948D + 05 * TM2) +$$
$$\&\quad (-9.790826D + 02 * TM1) + (3.004628D + 01) + (1.789102D - 03 * TP1) +$$
$$\&\quad (-2.956317D - 07 * TP2) + (2.553393D - 11 * TP3))$$

$$RF(139) = 5.19D + 15 * EXP(-1.2D0 * ALOGT - 3.31D0 * TINV)$$

$$RB(139) = 2.661D + 16 * EXP(-1.295D0 * ALOGT - 1.786D + 01 * TINV)$$

$$RF(140) = 8.5D + 28 * EXP(-5.312D0 * ALOGT - 6.5D0 * TINV)$$

$$RB(140) = 3.994D + 27 * EXP(-4.883D0 * ALOGT - 9.345D + 01 * TINV)$$

$$RF(141) = 5.5D + 14 * EXP(-6.11D - 01 * ALOGT - 5.26D0 * TINV)$$

$$RB(141) = 3.D + 18 * EXP(-1.386D0 * ALOGT - 1.63D + 01 * TINV)$$

$$RF(142) = 9.64D + 13$$

$$RB(142) = 9.427D + 13 * EXP(2.53D - 01 * ALOGT - 6.924D + 01 * TINV)$$

$$RF(143) = 3.011D + 13$$

$$RB(143) = 3.122D + 14 * EXP(1.47D - 01 * ALOGT - 8.413D + 01 * TINV)$$

$$RF(144) = 2.D + 08 * EXP(1.5D0 * ALOGT - 3.01D + 01 * TINV)$$

$$RB(144) = 2.039D + 06 * EXP(1.541D0 * ALOGT - 3.227D + 01 * TINV)$$

$$RF(145) = 8.2D + 09 * EXP(1.1D0 * ALOGT - 2.37D0 * TINV)$$

$$RB(145) = 4.786D + 04 * EXP(2.298D0 * ALOGT - 4.883D + 01 * TINV)$$

$$RF(146) = 5.3D + 04 * EXP(2.68D0 * ALOGT - 2.36D0 * TINV)$$

$$RB(146) = 1.867D + 05 * EXP(2.33D0 * ALOGT - 2.126D + 01 * TINV)$$

$$RF(147) = 3.236D + 13 * EXP(-1.2D + 01 * TINV)$$

$$RB(147) = 3.061D + 17 * EXP(-8.02D - 01 * ALOGT - 3.579D + 01 * TINV)$$

$$RF(148) = 2.D + 23 * EXP(-1.68D0 * ALOGT - 9.64D + 01 * TINV)$$

$$RB(148) = EXP(2.192818D + 07 * TM3 + (-4.827719D + 05 * TM2) +$$
$$\&\quad (-1.604213D + 03 * TM1) + (3.082865D + 01) + (8.150767D - 04 * TP1) +$$
$$\&\quad (-1.583241D - 07 * TP2) + (1.510132D - 11 * TP3))$$

$$RF(149) = 2.4D + 23 * EXP(-1.62D0 * ALOGT - 9.954D + 01 * TINV)$$

$$RB(149) = EXP(4.810729D + 07 * TM3 + (-4.724069D + 05 * TM2) +$$
$$\&\quad (-7.824628D + 02 * TM1) + (3.361572D + 01) + (5.471522D - 04 * TP1) +$$
$$\&\quad (-1.101525D - 07 * TP2) + (1.002529D - 11 * TP3))$$

$$RF(150) = 1.32D + 05 * EXP(2.52D0 * ALOGT - 6.066D + 01 * TINV)$$

$$RB(150) = EXP(-1.34049D+08 * TM3 + (8.256348D+05 * TM2) +$$
$$\&\quad (-2.771836D+04 * TM1) + (2.459617D+01) + (2.936711D-03 * TP1) +$$
$$\&\quad (-4.635636D-07 * TP2) + (3.751991D-11 * TP3))$$

$$RF(151) = 2.D+13 * EXP(-5.28D+01 * TINV)$$

$$RB(151) = 2.192D+10 * EXP(2.78D-01 * ALOGT - 4.43D-01 * TINV)$$

$$RF(152) = 1.81D+11 * EXP(4.D-01 * ALOGT - 7.17D-01 * TINV)$$

$$RB(152) = 4.012D+08 * EXP(9.2D-01 * ALOGT - 1.794D+01 * TINV)$$

$$RF(153) = 5.56D+10 * EXP(5.D-01 * ALOGT + 3.8D-01 * TINV)$$

$$RB(153) = 1.458D+09 * EXP(8.31D-01 * ALOGT - 2.393D+01 * TINV)$$

$$RF(154) = 1.5D+10 * EXP(8.D-01 * ALOGT - 2.534D0 * TINV)$$

$$RB(154) = 7.32D+09 * EXP(9.06D-01 * ALOGT - 1.721D+01 * TINV)$$

$$RF(155) = 1.88D+03 * EXP(3.2D0 * ALOGT - 7.15D0 * TINV)$$

$$RB(155) = 3.93D-01 * EXP(3.826D0 * ALOGT - 9.484D0 * TINV)$$

$$RF(156) = 1.79D+05 * EXP(2.53D0 * ALOGT - 3.42D0 * TINV)$$

$$RB(156) = 4.429D+02 * EXP(2.967D0 * ALOGT - 1.284D+01 * TINV)$$

$$RF(157) = 5.36D+04 * EXP(2.53D0 * ALOGT - 4.405D0 * TINV)$$

$$RB(157) = 2.467D+03 * EXP(2.742D0 * ALOGT - 4.188D0 * TINV)$$

$$RF(158) = 2.379D+04 * EXP(2.55D0 * ALOGT - 1.649D+01 * TINV)$$

$$RB(158) = 2.877D+03 * EXP(2.481D0 * ALOGT - 2.827D0 * TINV)$$

$$RF(159) = 6.D+12 * EXP(-1.6D+01 * TINV)$$

$$RB(159) = 8.589D+12 * EXP(-2.58D-01 * ALOGT - 9.419D0 * TINV)$$

$$RF(160) = 9.69D+02 * EXP(3.23D0 * ALOGT - 4.658D0 * TINV)$$

$$RB(160) = 1.052D-01 * EXP(3.837D0 * ALOGT - 5.58D0 * TINV)$$

$$RF(161) = 1.45D+05 * EXP(2.47D0 * ALOGT - 8.76D-01 * TINV)$$

$$RB(161) = 1.862D+02 * EXP(2.888D0 * ALOGT - 8.884D0 * TINV)$$

$$RF(162) = 1.46D-03 * EXP(4.73D0 * ALOGT - 1.727D0 * TINV)$$

$$RB(162) = 3.488D-05 * EXP(4.924D0 * ALOGT - 9.8D-02 * TINV)$$

$$RF(163) = 3.3D+02 * EXP(3.3D0 * ALOGT - 1.229D+01 * TINV)$$

$$RB(163) = 6.294D+01 * EXP(3.48D0 * ALOGT - 1.616D+01 * TINV)$$

$$RF(164) = 1.993D+01 * EXP(3.37D0 * ALOGT - 7.634D0 * TINV)$$

$$RB(164) = 4.498D+01 * EXP(3.361D0 * ALOGT - 1.859D+01 * TINV)$$

$$RF(165) = 1.047D+25 * EXP(-3.99D0 * ALOGT - 3.039D+01 * TINV)$$

$$RB(165) = 4.17D+20 * EXP(-2.84D0 * ALOGT - 1.24D0 * TINV)$$

$$RF(166) = 1.D+14 * EXP(-2.5D+01 * TINV)$$

$$RB(166) = 2.742D+12 * EXP(4.62D-01 * ALOGT + 4.7D-01 * TINV)$$

$$RF(167) = 3.9D+16 * EXP(-1.D0 * ALOGT - 3.D+01 * TINV)$$

$$RB(167) = 1.2D+11 * EXP(+1.1D0 * TINV)$$

$RF(168) = 3.125D+09 * EXP(-1.89D+01 * TINV)$

$RB(168) = 0.D0$

$RF(169) = 3.81D+06 * EXP(2.D0 * ALOGT - 1.641D0 * TINV)$

$RB(169) = 2.19D+05 * EXP(2.39D0 * ALOGT - 2.504D+01 * TINV)$

$RF(170) = 2.003D+24 * EXP(-2.135D0 * ALOGT - 1.034D+02 * TINV)$

$RB(170) = 1.81D+13$

$RF(171) = 1.34D+13 * EXP(-3.3D0 * TINV)$

$RB(171) = 3.311D+10 * EXP(6.13D-01 * ALOGT - 2.268D+01 * TINV)$

$RF(172) = 5.94D+12 * EXP(-1.868D0 * TINV)$

$RB(172) = 7.618D+09 * EXP(5.94D-01 * ALOGT - 1.984D+01 * TINV)$

$RF(173) = 9.24D+06 * EXP(1.5D0 * ALOGT + 9.62D-01 * TINV)$

$RB(173) = 2.42D+05 * EXP(2.007D0 * ALOGT - 3.331D+01 * TINV)$

$RF(174) = 1.005D+13 * EXP(-4.07D+01 * TINV)$

$RB(174) = 1.302D+11 * EXP(2.65D-01 * ALOGT - 5.391D0 * TINV)$

$RF(175) = 3.01D+12 * EXP(-1.192D+01 * TINV)$

$RB(175) = 4.303D+12 * EXP(-8.2D-02 * ALOGT - 1.53D+01 * TINV)$

$RF(176) = 2.608D+06 * EXP(1.78D0 * ALOGT - 5.911D0 * TINV)$

$RB(176) = 5.878D+06 * EXP(1.947D0 * ALOGT - 2.683D+01 * TINV)$

$RF(177) = 3.01D+12 * EXP(-1.192D+01 * TINV)$

$RB(177) = 8.371D+13 * EXP(-5.27D-01 * ALOGT - 1.371D+01 * TINV)$

$RF(178) = 1.37D+21 * EXP(-2.179D0 * ALOGT - 3.941D+01 * TINV)$

$RB(178) = 1.51D+11 * EXP(-4.81D0 * TINV)$

$RF(179) = 9.97D+40 * EXP(-8.6D0 * ALOGT - 4.143D+01 * TINV)$

$RB(179) = 1.898D+34 * EXP(-6.99D0 * ALOGT - 1.71D+01 * TINV)$

$RF(180) = 8.78D+39 * EXP(-8.1D0 * ALOGT - 4.658D+01 * TINV)$

$RB(180) = 2.07D+37 * EXP(-7.39D0 * ALOGT - 1.202D+01 * TINV)$

$RF(181) = 2.5D+13$

$RB(181) = EXP(1.310658D+07 * TM3 + (1.164851D+05 * TM2) +$

$\&\quad (-5.186244D+04 * TM1) + (4.181017D+01) + (-1.689596D-03 * TP1) +$

$\&\quad (2.8081D-07 * TP2) + (-2.445199D-11 * TP3))$

$RF(182) = 2.01D+61 * EXP(-1.326D+01 * ALOGT - 1.185D+02 * TINV)$

$RB(182) = 2.041D+61 * EXP(-1.352D+01 * ALOGT - 3.061D+01 * TINV)$

$RF(183) = 1.58D+07 * EXP(1.76D0 * ALOGT + 1.216D0 * TINV)$

$RB(183) = 9.188D+01 * EXP(2.725D0 * ALOGT - 2.311D+01 * TINV)$

$RF(184) = 2.5D+07 * EXP(1.76D0 * ALOGT - 7.6D-02 * TINV)$

$RB(184) = 0.D0$

$RF(185) = 2.5D+07 * EXP(1.76D0 * ALOGT - 7.6D-02 * TINV)$

RB(185) = 0. D0

RF(186) = 5. 24D + 11 * EXP(7. D − 01 * ALOGT − 5. 884D0 * TINV)

RB(186) = 1. 104D + 11 * EXP(6. 97D − 01 * ALOGT − 2. 015D + 01 * TINV)

RF(187) = 3. 12D + 06 * EXP(2. D0 * ALOGT + 2. 98D − 01 * TINV)

RB(187) = 1. 343D + 07 * EXP(1. 909D0 * ALOGT − 3. 027D + 01 * TINV)

RF(188) = 2. 7D + 04 * EXP(2. 5D0 * ALOGT − 1. 234D + 01 * TINV)

RB(188) = 6. 341D + 06 * EXP(1. 82D0 * ALOGT − 1. 201D + 01 * TINV)

RF(189) = 1. 73D + 05 * EXP(2. 5D0 * ALOGT − 2. 492D0 * TINV)

RB(189) = 7. 023D + 04 * EXP(2. 515D0 * ALOGT − 1. 817D + 01 * TINV)

RF(190) = 2. 3D + 13 * EXP(− 2. 547D0 * TINV)

RB(190) = 7. 272D + 07 * EXP(1. 271D0 * ALOGT − 1. 12D + 01 * TINV)

RF(191) = 4. D + 12 * EXP(− 3. 99D + 01 * TINV)

RB(191) = 8. 514D + 12 * EXP(− 3. 33D − 01 * ALOGT − 8. 87D − 01 * TINV)

RF(192) = 2. 21D0 * EXP(3. 5D0 * ALOGT − 5. 675D0 * TINV)

RB(192) = 8. 184D + 02 * EXP(3. 07D0 * ALOGT − 2. 289D + 01 * TINV)

RF(193) = 4. 343D + 15 * EXP(− 8. 05D − 01 * ALOGT − 2. 79D + 01 * TINV)

RB(193) = 9. 93D + 11 * EXP(+ 9. 6D − 01 * TINV)

RF(194) = 2. 873D + 19 * EXP(− 1. 897D0 * ALOGT − 3. 429D + 01 * TINV)

RB(194) = 1. 2D + 11 * EXP(+ 1. 1D0 * TINV)

RF(195) = 1. 25D + 10 * EXP(− 1. 89D + 01 * TINV)

RB(195) = 0. D0

RF(196) = 2. 397D + 48 * EXP(− 9. 9D0 * ALOGT − 8. 208D + 01 * TINV)

RB(196) = 2. 61D + 46 * EXP(− 9. 82D0 * ALOGT − 3. 695D + 01 * TINV)

RF(197) = 4. 194D + 13 * EXP(2. 16D − 01 * ALOGT − 6. 193D + 01 * TINV)

RB(197) = 2. 4D + 11 * EXP(6. 9D − 01 * ALOGT − 3. 007D0 * TINV)

RF(198) = 7. D + 12 * EXP(+ 1. D0 * TINV)

RB(198) = 1. 605D + 12 * EXP(6. D − 02 * ALOGT − 1. 166D + 01 * TINV)

RF(199) = 7. D + 12 * EXP(+ 1. D0 * TINV)

RB(199) = 1. 99D + 15 * EXP(− 7. 4D − 01 * ALOGT − 1. 702D + 01 * TINV)

RF(200) = 1. 232D + 03 * EXP(3. 035D0 * ALOGT − 2. 582D0 * TINV)

RB(200) = 2. 818D0 * EXP(3. 784D0 * ALOGT − 4. 722D + 01 * TINV)

RF(201) = 1. D + 11

RB(201) = 4. 921D + 12 * EXP(5. D − 02 * ALOGT − 4. 778D + 01 * TINV)

RF(202) = 4. D + 11

RB(202) = 1. 802D + 12 * EXP(5. D − 02 * ALOGT − 4. 033D + 01 * TINV)

RF(203) = 4. 749D + 08 * EXP(7. 34D − 01 * ALOGT − 2. 87D + 01 * TINV)

RB(203) = 8. 43D + 10 * EXP(+ 2. 62D − 01 * TINV)

$$RF(204) = 2.18D + 21 * EXP(-2.85D0 * ALOGT - 3.076D + 01 * TINV)$$

$$RB(204) = 2.614D + 19 * EXP(-2.449D0 * ALOGT - 2.071D + 01 * TINV)$$

$$RF(205) = 2.47D + 13 * EXP(-4.4D - 01 * ALOGT - 2.302D + 01 * TINV)$$

$$RB(205) = 1.989D + 13 * EXP(-6.09D - 01 * ALOGT - 7.514D + 01 * TINV)$$

$$RF(206) = 9.72D + 29 * EXP(-5.71D0 * ALOGT - 2.145D + 01 * TINV)$$

$$RB(206) = 0.D0$$

$$RF(207) = 1.143D + 17 * EXP(-7.D + 01 * TINV)$$

$$RB(207) = 1.798D + 15 * EXP(-3.8D - 01 * ALOGT - 1.061D + 01 * TINV)$$

$$RF(208) = 4.D + 13 * EXP(-3.916D + 01 * TINV)$$

$$RB(208) = 3.17D + 11 * EXP(-8.6D - 02 * ALOGT - 3.11D - 01 * TINV)$$

$$RF(209) = 3.12D + 12 * EXP(+3.97D - 01 * TINV)$$

$$RB(209) = 1.806D + 17 * EXP(-1.38D0 * ALOGT - 3.607D + 01 * TINV)$$

$$RF(210) = 1.D + 07 * EXP(2.D0 * ALOGT - 1.D0 * TINV)$$

$$RB(210) = 1.602D + 05 * EXP(2.157D0 * ALOGT - 3.173D + 01 * TINV)$$

$$RF(211) = 7.8D + 12 * EXP(-1.6D0 * TINV)$$

$$RB(211) = 3.269D + 08 * EXP(1.252D0 * ALOGT - 1.219D + 02 * TINV)$$

$$RF(212) = 3.D - 03 * EXP(4.61D0 * ALOGT + 4.243D0 * TINV)$$

$$RB(212) = 2.32D + 02 * EXP(3.23D0 * ALOGT - 8.119D + 01 * TINV)$$

$$RF(213) = 2.D + 07 * EXP(2.D0 * ALOGT - 5.D0 * TINV)$$

$$RB(213) = 3.022D + 04 * EXP(2.262D0 * ALOGT - 2.084D + 01 * TINV)$$

$$RF(214) = 1.D + 13$$

$$RB(214) = 1.343D + 15 * EXP(-1.568D + 01 * TINV)$$

$$RF(215) = 3.01D + 10 * EXP(-2.87D0 * TINV)$$

$$RB(215) = 4.881D + 11 * EXP(-5.947D + 01 * TINV)$$

$$RF(216) = 5.D + 13$$

$$RB(216) = 2.326D + 14 * EXP(-2.14D - 01 * ALOGT - 7.719D + 01 * TINV)$$

$$RF(217) = 3.D + 13 * EXP(-1.4D + 01 * TINV)$$

$$RB(217) = 1.551D + 16 * EXP(-1.38D0 * ALOGT - 4.4D + 01 * TINV)$$

$$RF(218) = 5.D + 13$$

$$RB(218) = 5.999D + 07 * EXP(1.365D0 * ALOGT - 4.11D0 * TINV)$$

$$RF(219) = 5.D + 13$$

$$RB(219) = 0.D0$$

$$RF(220) = 1.73D + 12 * EXP(+1.01D0 * TINV)$$

$$RB(220) = 0.D0$$

$$RF(221) = 2.D + 12 * EXP(+1.01D0 * TINV)$$

$$RB(221) = 0.D0$$

$$RF(222) = 4.4D + 12 * EXP(-1.459D0 * TINV)$$

RB(222) = 0. D0

RF(223) = 3. 2D + 12 * EXP(+ 4. 37D − 01 * TINV)

RB(223) = 0. D0

RF(224) = 2. 4D + 20 * EXP(− 1. 616D0 * ALOGT − 3. 596D + 01 * TINV)

RB(224) = 4. 52D + 12

RF(225) = 6. D + 11 * EXP(− 2. 685D + 01 * TINV)

RB(225) = 1. 117D + 08 * EXP(5. 83D − 01 * ALOGT − 1. 172D + 01 * TINV)

RF(226) = 1. 125D + 11 * EXP(− 2. 44D + 01 * TINV)

RB(226) = 2. 716D + 11 * EXP(− 5. 07D − 01 * ALOGT − 8. 936D0 * TINV)

RF(227) = 7. 5D + 10 * EXP(− 1. 525D + 01 * TINV)

RB(227) = 1. 186D + 06 * EXP(1. 765D0 * ALOGT − 2. 871D + 01 * TINV)

RF(228) = 7. 834D + 15 * EXP(− 1. 3D0 * ALOGT − 1. 595D + 01 * TINV)

RB(228) = 1. D + 11 * EXP(− 1. 1D + 01 * TINV)

RF(229) = 3. 239D + 18 * EXP(− 2. D0 * ALOGT − 1. 897D + 01 * TINV)

RB(229) = 1. D + 11 * EXP(− 1. 175D + 01 * TINV)

RF(230) = 3. 035D + 15 * EXP(− 7. 9D − 01 * ALOGT − 2. 74D + 01 * TINV)

RB(230) = 0. D0

RF(231) = 2. 391D + 25 * EXP(− 2. 945D0 * ALOGT − 4. 01D + 01 * TINV)

RB(231) = 5. D + 12

RF(232) = 2. 853D + 20 * EXP(− 1. 626D0 * ALOGT − 3. 569D + 01 * TINV)

RB(232) = 4. 52D + 12

RF(233) = 5. 227D + 22 * EXP(− 2. 244D0 * ALOGT − 3. 782D + 01 * TINV)

RB(233) = 4. 52D + 12

RF(234) = 6. D + 11 * EXP(− 2. 64D + 01 * TINV)

RB(234) = 9. 249D + 04 * EXP(1. 329D0 * ALOGT − 4. 892D + 01 * TINV)

RF(235) = 7. 5D + 10 * EXP(− 2. 14D + 01 * TINV)

RB(235) = 4. 101D + 03 * EXP(1. 496D0 * ALOGT − 4. 474D + 01 * TINV)

RF(236) = 3. D + 11 * EXP(− 2. 385D + 01 * TINV)

RB(236) = 1. 397D + 03 * EXP(1. 834D0 * ALOGT − 4. 975D + 01 * TINV)

RF(237) = 1. 125D + 11 * EXP(− 2. 44D + 01 * TINV)

RB(237) = 2. 391D + 11 * EXP(− 4. 99D − 01 * ALOGT − 8. 92D0 * TINV)

RF(238) = 9. D + 11 * EXP(− 2. 94D + 01 * TINV)

RB(238) = 1. 913D + 12 * EXP(− 4. 99D − 01 * ALOGT − 1. 392D + 01 * TINV)

RF(239) = 2. 56D + 13 * EXP(− 4. 9D − 01 * ALOGT − 1. 777D + 01 * TINV)

RB(239) = 3. 18D + 15 * EXP(− 1. 16D0 * ALOGT − 1. 204D + 01 * TINV)

RF(240) = 1. 255D + 12 * EXP(− 3. 6D − 01 * ALOGT − 1. 394D + 01 * TINV)

RB(240) = 6. D + 11 * EXP(− 2. 685D + 01 * TINV)

$RF(241) = 1.15D + 14 * EXP(-6.3D - 01 * ALOGT - 1.725D + 01 * TINV)$

$RB(241) = 1.564D + 11 * EXP(1.2D - 01 * ALOGT - 1.02D + 01 * TINV)$

$RF(242) = 9.45D + 15 * EXP(-4.3D + 01 * TINV)$

$RB(242) = 0.D0$

$RF(243) = 1.D + 16 * EXP(-4.3D + 01 * TINV)$

$RB(243) = 0.D0$

$RF(244) = 1.D + 16 * EXP(-4.3D + 01 * TINV)$

$RB(244) = 0.D0$

$RF(245) = 3.88D + 19 * EXP(-1.46D0 * ALOGT - 4.537D + 01 * TINV)$

$RB(245) = 2.D + 13$

$RF(246) = 1.D + 14 * EXP(-2.91D + 01 * TINV)$

$RB(246) = 1.676D + 14 * EXP(-1.56D - 01 * ALOGT - 1.969D + 01 * TINV)$

$RF(247) = 1.464D + 20 * EXP(-1.968D0 * ALOGT - 3.509D + 01 * TINV)$

$RB(247) = 1.5D + 11 * EXP(-1.06D + 01 * TINV)$

$RF(248) = 1.D + 12 * EXP(-6.D0 * TINV)$

$RB(248) = 1.288D + 11 * EXP(-3.2D + 01 * TINV)$

$RF(249) = 6.D + 14 * EXP(-6.D + 01 * TINV)$

$RB(249) = 2.97D + 11 * EXP(-3.108D + 01 * TINV)$

$RF(250) = 5.D + 12$

$RB(250) = 0.D0$

$RF(251) = 8.43D + 13 * EXP(-5.2D0 * TINV)$

$RB(251) = 0.D0$

$RF(252) = 2.63D + 07 * EXP(2.D0 * ALOGT - 5.D0 * TINV)$

$RB(252) = 0.D0$

$RF(253) = 1.D + 13 * EXP(-1.5D + 01 * TINV)$

$RB(253) = 0.D0$

$RF(254) = 4.308D + 36 * EXP(-7.5D0 * ALOGT - 3.951D + 01 * TINV)$

$RB(254) = 1.023D + 28 * EXP(-5.617D0 * ALOGT - 1.944D + 01 * TINV)$

$RF(255) = 5.081D + 19 * EXP(-1.256D0 * ALOGT - 7.651D + 01 * TINV)$

$RB(255) = 1.35D + 13$

$RF(256) = 2.882D + 23 * EXP(-1.99D0 * ALOGT - 1.016D + 02 * TINV)$

$RB(256) = 9.D + 12$

$RF(257) = 3.724D + 14 * EXP(-1.11D - 01 * ALOGT - 8.52D + 01 * TINV)$

$RB(257) = 5.D + 13$

$RF(258) = 2.D + 13 * EXP(-3.719D + 01 * TINV)$

$RB(258) = 4.653D + 12 * EXP(7.D - 02 * ALOGT + 1.68D - 01 * TINV)$

$RF(259) = 1.75D + 11 * EXP(7.D - 01 * ALOGT - 5.884D0 * TINV)$

$RB(259) = 4.875D + 09 * EXP(1.068D0 * ALOGT - 2.284D + 01 * TINV)$

$RF(260) = 2.19D + 11 * EXP(8.1D - 01 * ALOGT - 7.55D0 * TINV)$

$RB(260) = 9.722D + 09 * EXP(9.24D - 01 * ALOGT - 2.181D + 01 * TINV)$

$RF(261) = 1.73D + 05 * EXP(2.5D0 * ALOGT - 2.492D0 * TINV)$

$RB(261) = 9.284D + 03 * EXP(2.887D0 * ALOGT - 2.086D + 01 * TINV)$

$RF(262) = 3.12D + 06 * EXP(2.D0 * ALOGT + 2.98D - 01 * TINV)$

$RB(262) = 1.775D + 06 * EXP(2.281D0 * ALOGT - 3.296D + 01 * TINV)$

$RF(263) = 2.21D0 * EXP(3.5D0 * ALOGT - 5.675D0 * TINV)$

$RB(263) = 1.082D + 02 * EXP(3.441D0 * ALOGT - 2.558D + 01 * TINV)$

$RF(264) = 1.D + 11 * EXP(-8.D0 * TINV)$

$RB(264) = 2.D + 10 * EXP(-1.D + 01 * TINV)$

$RF(265) = 2.337D + 14 * EXP(1.43D - 01 * ALOGT - 8.789D + 01 * TINV)$

$RB(265) = 5.D + 13$

$RF(266) = 4.D + 13 * EXP(-3.939D + 01 * TINV)$

$RB(266) = 1.35D + 13 * EXP(-1.8D - 01 * ALOGT + 9.24D - 01 * TINV)$

$RF(267) = 4.44D + 04 * EXP(2.81D0 * ALOGT - 4.414D0 * TINV)$

$RB(267) = 3.797D + 03 * EXP(2.943D0 * ALOGT - 2.008D + 01 * TINV)$

$RF(268) = 5.1D + 08 * EXP(1.4D0 * ALOGT - 1.25D0 * TINV)$

$RB(268) = 4.624D + 08 * EXP(1.427D0 * ALOGT - 3.181D + 01 * TINV)$

$RF(269) = 1.2D + 14 * EXP(-4.93D + 01 * TINV)$

$RB(269) = 4.D + 13 * EXP(-1.3D0 * TINV)$

$RF(270) = 6.03D + 13$

$RB(270) = 3.385D + 15 * EXP(-7.8D - 01 * ALOGT - 8.163D + 01 * TINV)$

$RF(271) = 9.64D + 12$

$RB(271) = 7.29D + 15 * EXP(-1.09D0 * ALOGT - 1.553D + 01 * TINV)$

$RF(272) = 9.64D + 12$

$RB(272) = 7.12D + 17 * EXP(-1.67D0 * ALOGT - 2.029D + 01 * TINV)$

$RF(273) = 6.31D + 12$

$RB(273) = 1.D + 10 * EXP(-5.D + 01 * TINV)$

$RF(274) = 1.D + 09$

$RB(274) = 1.D + 11 * EXP(-1.7D + 01 * TINV)$

$RF(275) = 3.16D + 13$

$RB(275) = 1.066D + 13 * EXP(-5.681D + 01 * TINV)$

$RF(276) = 3.8D + 12 * EXP(+1.2D0 * TINV)$

$RB(276) = 2.D + 10$

$RF(277) = 7.94D + 14 * EXP(-1.9D + 01 * TINV)$

$RB(277) = 1.D + 10 * EXP(-2.D + 01 * TINV)$

$RF(278) = 7.94D + 14 * EXP(-1.9D + 01 * TINV)$

$RB(278) = 1.D + 10 * EXP(-2.D + 01 * TINV)$

$RF(279) = 4.027D + 19 * EXP(-1.D0 * ALOGT - 9.815D + 01 * TINV)$

$RB(279) = 1.26D + 13$

$RF(280) = 1.D + 12$

$RB(280) = 3.73D + 12 * EXP(-3.002D + 01 * TINV)$

$RF(281) = 1.D + 12$

$RB(281) = 3.501D + 06 * EXP(-7.106D + 01 * TINV)$

$RF(282) = 1.D + 12$

$RB(282) = 5.437D + 11 * EXP(-1.855D + 01 * TINV)$

$RF(283) = 1.D + 12$

$RB(283) = 6.377D + 11 * EXP(-9.434D + 01 * TINV)$

$RF(284) = 1.D + 12$

$RB(284) = 1.075D + 12 * EXP(-7.905D + 01 * TINV)$

$RF(285) = 5.D + 11 * EXP(-7.3D0 * TINV)$

$RB(285) = 1.D + 13 * EXP(-4.7D0 * TINV)$

$RF(286) = 1.558D + 21 * EXP(-2.444D0 * ALOGT - 1.523D + 01 * TINV)$

$RB(286) = 5.D + 10 * EXP(-3.457D0 * TINV)$

$RF(287) = 1.2D + 05 * EXP(2.5D0 * ALOGT - 3.756D + 01 * TINV)$

$RB(287) = 1.D + 07 * EXP(5.D - 01 * ALOGT - 4.D0 * TINV)$

$RF(288) = 2.D + 06 * EXP(1.8D0 * ALOGT + 1.3D0 * TINV)$

$RB(288) = 1.553D + 04 * EXP(2.32D0 * ALOGT - 2.805D + 01 * TINV)$

$RF(289) = 4.14D + 09 * EXP(1.12D0 * ALOGT - 2.32D0 * TINV)$

$RB(289) = 3.03D + 06 * EXP(1.746D0 * ALOGT - 1.678D + 01 * TINV)$

$RF(290) = 5.94D + 12 * EXP(-1.868D0 * TINV)$

$RB(290) = 2.258D + 09 * EXP(6.07D - 01 * ALOGT - 1.492D + 01 * TINV)$

$RF(291) = 4.09D + 04 * EXP(2.5D0 * ALOGT - 1.02D + 01 * TINV)$

$RB(291) = 1.733D + 04 * EXP(2.431D0 * ALOGT - 8.662D0 * TINV)$

$RF(292) = 2.89D - 03 * EXP(4.62D0 * ALOGT - 3.21D0 * TINV)$

$RB(292) = 1.93D - 03 * EXP(4.8D0 * ALOGT - 1.921D + 01 * TINV)$

$RF(293) = 1.D + 11 * EXP(-9.6D0 * TINV)$

$RB(293) = 2.193D + 03 * EXP(1.763D0 * ALOGT + 1.1D0 * TINV)$

$RF(294) = 5.06D + 12 * EXP(-5.96D0 * TINV)$

$RB(294) = 1.457D + 12 * EXP(5.D - 02 * ALOGT - 1.741D + 01 * TINV)$

$RF(295) = 3.9D + 05 * EXP(2.5D0 * ALOGT - 5.821D0 * TINV)$

$RB(295) = 2.594D + 04 * EXP(2.55D0 * ALOGT - 2.121D0 * TINV)$

$RF(296) = 4.D + 13 * EXP(-6.069D + 01 * TINV)$

$RB(296) = 4.833D + 10 * EXP(3.8D - 01 * ALOGT + 4.92D - 01 * TINV)$

$RF(297) = 2.4D + 11 * EXP(-8.03D0 * TINV)$

$RB(297) = 4.17D + 11 * EXP(5.D - 02 * ALOGT - 4.81D0 * TINV)$

$RF(298) = 4.335D + 12$

$RB(298) = 0.D0$

$RF(299) = 2.163D + 40 * EXP(-8.31D0 * ALOGT - 4.511D + 01 * TINV)$

$RB(299) = 1.61D + 40 * EXP(-8.58D0 * ALOGT - 2.033D + 01 * TINV)$

$RF(300) = 6.697D + 16 * EXP(-1.11D0 * ALOGT - 4.258D + 01 * TINV)$

$RB(300) = 8.5D + 12 * EXP(-2.D0 * TINV)$

$RF(301) = 3.79D + 24 * EXP(-2.23D0 * ALOGT - 8.807D + 01 * TINV)$

$RB(301) = EXP(-6.32428D + 07 * TM3 + (1.862926D + 05 * TM2) +$
$\&\quad (-4.725329D + 02 * TM1) + (3.086825D + 01) + (1.051858D - 04 * TP1) +$
$\&\quad (2.899038D - 08 * TP2) + (-6.375826D - 12 * TP3))$

$RF(302) = 5.53D + 24 * EXP(-2.23D0 * ALOGT - 8.901D + 01 * TINV)$

$RB(302) = EXP(-4.352182D + 07 * TM3 + (1.325737D + 05 * TM2) +$
$\&\quad (-2.571025D + 02 * TM1) + (3.041808D + 01) + (8.624565D - 05 * TP1) +$
$\&\quad (-5.226326D - 09 * TP2) + (5.435739D - 14 * TP3))$

$RF(303) = 3.02D + 23 * EXP(-1.88D0 * ALOGT - 8.571D + 01 * TINV)$

$RB(303) = EXP(-7.214075D + 07 * TM3 + (1.888207D + 05 * TM2) +$
$\&\quad (1.190181D + 03 * TM1) + (3.029023D + 01) + (1.798928D - 04 * TP1) +$
$\&\quad (-2.757121D - 08 * TP2) + (3.271755D - 12 * TP3))$

$RF(304) = 3.52D + 13 * EXP(-6.723D + 01 * TINV)$

$RB(304) = EXP(-1.243541D + 08 * TM3 + (6.135688D + 05 * TM2) +$
$\&\quad (-3.094925D + 04 * TM1) + (2.557986D + 01) + (1.330873D - 03 * TP1) +$
$\&\quad (-2.225338D - 07 * TP2) + (1.88796D - 11 * TP3))$

$RF(305) = 6.66D + 05 * EXP(2.54D0 * ALOGT - 6.756D0 * TINV)$

$RB(305) = 1.443D + 02 * EXP(3.17D0 * ALOGT - 9.086D0 * TINV)$

$RF(306) = 1.3D + 06 * EXP(2.4D0 * ALOGT - 4.471D0 * TINV)$

$RB(306) = 1.272D + 01 * EXP(3.426D0 * ALOGT - 9.271D0 * TINV)$

$RF(307) = 1.08D + 05 * EXP(2.69D0 * ALOGT - 4.44D0 * TINV)$

$RB(307) = 1.057D0 * EXP(3.716D0 * ALOGT - 9.24D0 * TINV)$

$RF(308) = 1.79D + 05 * EXP(2.53D0 * ALOGT - 3.42D0 * TINV)$

$RB(308) = 4.018D + 02 * EXP(2.978D0 * ALOGT - 1.166D + 01 * TINV)$

$RF(309) = 5.36D + 04 * EXP(2.53D0 * ALOGT - 4.405D0 * TINV)$

$RB(309) = 3.525D + 03 * EXP(2.71D0 * ALOGT - 3.115D0 * TINV)$

$RF(310) = 5.28D + 09 * EXP(9.7D - 01 * ALOGT - 1.586D0 * TINV)$

$RB(310) = 1.214D + 07 * EXP(1.494D0 * ALOGT - 1.881D + 01 * TINV)$

$$RF(311) = 4.68D + 07 * EXP(1.61D0 * ALOGT + 3.5D - 02 * TINV)$$

$$RB(311) = 4.859D + 03 * EXP(2.53D0 * ALOGT - 1.966D + 01 * TINV)$$

$$RF(312) = 1.4D + 08 * EXP(1.43D0 * ALOGT - 4.06D - 01 * TINV)$$

$$RB(312) = 1.454D + 04 * EXP(2.35D0 * ALOGT - 2.01D + 01 * TINV)$$

$$RF(313) = 5.56D + 10 * EXP(5.D - 01 * ALOGT + 3.8D - 01 * TINV)$$

$$RB(313) = 1.323D + 09 * EXP(8.42D - 01 * ALOGT - 2.275D + 01 * TINV)$$

$$RF(314) = 1.5D + 10 * EXP(8.D - 01 * ALOGT - 2.534D0 * TINV)$$

$$RB(314) = 1.046D + 10 * EXP(8.74D - 01 * ALOGT - 1.614D + 01 * TINV)$$

$$RF(315) = 9.81D + 05 * EXP(2.43D0 * ALOGT - 4.75D0 * TINV)$$

$$RB(315) = 1.104D + 02 * EXP(3.041D0 * ALOGT - 5.668D0 * TINV)$$

$$RF(316) = 5.52D + 05 * EXP(2.45D0 * ALOGT - 2.83D0 * TINV)$$

$$RB(316) = 2.806D0 * EXP(3.457D0 * ALOGT - 6.218D0 * TINV)$$

$$RF(317) = 1.44D + 05 * EXP(2.61D0 * ALOGT - 3.029D0 * TINV)$$

$$RB(317) = 7.32D - 01 * EXP(3.617D0 * ALOGT - 6.417D0 * TINV)$$

$$RF(318) = 1.45D + 05 * EXP(2.47D0 * ALOGT - 8.76D - 01 * TINV)$$

$$RB(318) = 1.69D + 02 * EXP(2.899D0 * ALOGT - 7.704D0 * TINV)$$

$$RF(319) = 1.46D - 03 * EXP(4.73D0 * ALOGT - 1.727D0 * TINV)$$

$$RB(319) = 4.987D - 05 * EXP(4.891D0 * ALOGT + 9.75D - 01 * TINV)$$

$$RF(320) = 2.38D + 04 * EXP(2.55D0 * ALOGT - 1.649D + 01 * TINV)$$

$$RB(320) = 2.985D + 03 * EXP(2.485D0 * ALOGT - 2.823D0 * TINV)$$

$$RF(321) = 9.64D + 03 * EXP(2.6D0 * ALOGT - 1.391D + 01 * TINV)$$

$$RB(321) = 5.462D + 01 * EXP(2.931D0 * ALOGT - 2.709D0 * TINV)$$

$$RF(322) = 1.58D + 03 * EXP(2.81D0 * ALOGT - 1.405D + 01 * TINV)$$

$$RB(322) = 8.952D0 * EXP(3.141D0 * ALOGT - 2.851D0 * TINV)$$

$$RF(323) = 6.D + 12 * EXP(-1.6D + 01 * TINV)$$

$$RB(323) = 7.793D + 12 * EXP(-2.47D - 01 * ALOGT - 8.239D0 * TINV)$$

$$RF(324) = 2.5D + 12 * EXP(-2.4D + 01 * TINV)$$

$$RB(324) = 9.517D + 13 * EXP(-5.15D - 01 * ALOGT - 6.709D0 * TINV)$$

$$RF(325) = 4.53D - 01 * EXP(3.65D0 * ALOGT - 7.154D0 * TINV)$$

$$RB(325) = 8.96D - 02 * EXP(3.834D0 * ALOGT - 1.102D + 01 * TINV)$$

$$RF(326) = 1.51D0 * EXP(3.46D0 * ALOGT - 5.481D0 * TINV)$$

$$RB(326) = 1.349D - 02 * EXP(4.04D0 * ALOGT - 1.182D + 01 * TINV)$$

$$RF(327) = 8.02D0 * EXP(3.23D0 * ALOGT - 6.461D0 * TINV)$$

$$RB(327) = 7.165D - 02 * EXP(3.81D0 * ALOGT - 1.28D + 01 * TINV)$$

$$RF(328) = 1.993D + 01 * EXP(3.37D0 * ALOGT - 7.634D0 * TINV)$$

$$RB(328) = 4.082D + 01 * EXP(3.372D0 * ALOGT - 1.741D + 01 * TINV)$$

$$RF(329) = 1.02D0 * EXP(3.57D0 * ALOGT - 8.221D0 * TINV)$$

$$RB(329) = 6.123D + 01 * EXP(3.304D0 * ALOGT - 8.471D0 * TINV)$$

$$RF(330) = 5.16D + 05 * EXP(2.25D0 * ALOGT - 1.676D + 01 * TINV)$$

$$RB(330) = 8.557D + 02 * EXP(2.989D0 * ALOGT - 6.365D0 * TINV)$$

$$RF(331) = 2.38D + 04 * EXP(2.55D0 * ALOGT - 1.649D + 01 * TINV)$$

$$RB(331) = 5.808D + 04 * EXP(2.04D0 * ALOGT - 1.228D0 * TINV)$$

$$RF(332) = 9.64D + 03 * EXP(2.6D0 * ALOGT - 1.391D + 01 * TINV)$$

$$RB(332) = 1.063D + 03 * EXP(2.486D0 * ALOGT - 1.114D0 * TINV)$$

$$RF(333) = 1.58D + 03 * EXP(2.81D0 * ALOGT - 1.405D + 01 * TINV)$$

$$RB(333) = 1.742D + 02 * EXP(2.696D0 * ALOGT - 1.256D0 * TINV)$$

$$RF(334) = 3.D + 12 * EXP(-1.75D + 01 * TINV)$$

$$RB(334) = 7.58D + 13 * EXP(-6.92D - 01 * ALOGT - 8.144D0 * TINV)$$

$$RF(335) = 1.5D + 12 * EXP(-1.5D + 01 * TINV)$$

$$RB(335) = 1.111D + 15 * EXP(-9.6D - 01 * ALOGT + 3.886D0 * TINV)$$

$$RF(336) = 4.62D - 01 * EXP(3.65D0 * ALOGT - 9.142D0 * TINV)$$

$$RB(336) = 1.084D0 * EXP(3.598D0 * ALOGT - 9.242D0 * TINV)$$

$$RF(337) = 1.21D0 * EXP(3.46D0 * ALOGT - 7.471D0 * TINV)$$

$$RB(337) = 1.283D - 01 * EXP(3.804D0 * ALOGT - 1.004D + 01 * TINV)$$

$$RF(338) = 5.D + 10 * EXP(-1.04D + 01 * TINV)$$

$$RB(338) = 1.215D + 12 * EXP(-2.34D - 01 * ALOGT - 1.641D + 01 * TINV)$$

$$RF(339) = 1.D + 11 * EXP(-9.2D0 * TINV)$$

$$RB(339) = 7.123D + 13 * EXP(-5.02D - 01 * ALOGT - 5.68D0 * TINV)$$

$$RF(340) = 3.8D + 10 * EXP(6.7D - 01 * ALOGT - 3.66D + 01 * TINV)$$

$$RB(340) = 1.658D + 08 * EXP(1.248D0 * ALOGT - 3.316D + 01 * TINV)$$

$$RF(341) = 3.8D + 10 * EXP(6.7D - 01 * ALOGT - 3.43D + 01 * TINV)$$

$$RB(341) = 3.67D + 09 * EXP(8.52D - 01 * ALOGT - 2.839D + 01 * TINV)$$

$$RF(342) = 8.412D + 11 * EXP(2.74D - 01 * ALOGT - 3.363D + 01 * TINV)$$

$$RB(342) = 3.8D + 10 * EXP(6.7D - 01 * ALOGT - 3.61D + 01 * TINV)$$

$$RF(343) = 2.374D + 12 * EXP(4.8D - 01 * ALOGT - 2.889D + 01 * TINV)$$

$$RB(343) = 8.8D + 03 * EXP(2.48D0 * ALOGT - 6.13D0 * TINV)$$

$$RF(344) = 4.231D + 10 * EXP(1.035D0 * ALOGT - 2.817D + 01 * TINV)$$

$$RB(344) = 8.8D + 03 * EXP(2.48D0 * ALOGT - 6.13D0 * TINV)$$

$$RF(345) = 6.039D + 11 * EXP(4.58D - 01 * ALOGT - 3.656D + 01 * TINV)$$

$$RB(345) = 4.24D + 11 * EXP(5.1D - 01 * ALOGT - 1.23D0 * TINV)$$

$$RF(346) = 1.432D + 12 * EXP(2.25D - 01 * ALOGT - 3.634D + 01 * TINV)$$

$$RB(346) = 2.5D + 11 * EXP(5.1D - 01 * ALOGT - 2.62D0 * TINV)$$

$$RF(347) = 7.558D + 10 * EXP(9.41D - 01 * ALOGT - 3.138D + 01 * TINV)$$

$$RB(347) = 1.76D + 04 * EXP(2.48D0 * ALOGT - 6.13D0 * TINV)$$

$$RF(348) = 6.67D + 15 * EXP(-8.74D - 01 * ALOGT - 2.766D + 01 * TINV)$$

$$RB(348) = 9.93D + 11 * EXP(+9.6D - 01 * TINV)$$

$$RF(349) = 1.432D + 12 * EXP(2.25D - 01 * ALOGT - 3.634D + 01 * TINV)$$

$$RB(349) = 2.5D + 11 * EXP(5.1D - 01 * ALOGT - 2.62D0 * TINV)$$

$$RF(350) = 1.516D + 12 * EXP(6.02D - 01 * ALOGT - 2.912D + 01 * TINV)$$

$$RB(350) = 8.8D + 03 * EXP(2.48D0 * ALOGT - 6.13D0 * TINV)$$

$$RF(351) = 3.066D + 14 * EXP(-4.54D - 01 * ALOGT - 3.47D + 01 * TINV)$$

$$RB(351) = 8.D + 12 * EXP(-9.5D0 * TINV)$$

$$RF(352) = 4.065D + 11 * EXP(4.D - 01 * ALOGT - 3.543D + 01 * TINV)$$

$$RB(352) = 2.5D + 11 * EXP(5.1D - 01 * ALOGT - 2.62D0 * TINV)$$

$$RF(353) = 4.4D + 11 * EXP(-5.D0 * TINV)$$

$$RB(353) = 2.405D + 10 * EXP(3.82D - 01 * ALOGT - 2.867D + 01 * TINV)$$

$$RF(354) = 1.3D + 12 * EXP(-5.D0 * TINV)$$

$$RB(354) = 1.675D + 12 * EXP(3.8D - 02 * ALOGT - 2.106D + 01 * TINV)$$

$$RF(355) = 1.3D + 12 * EXP(-5.D0 * TINV)$$

$$RB(355) = 3.839D + 14 * EXP(-5.4D - 01 * ALOGT - 2.45D + 01 * TINV)$$

$$RF(356) = 1.3D + 12 * EXP(-5.D0 * TINV)$$

$$RB(356) = 4.755D + 11 * EXP(2.13D - 01 * ALOGT - 2.015D + 01 * TINV)$$

$$RF(357) = 1.3D + 12 * EXP(-5.D0 * TINV)$$

$$RB(357) = 1.912D + 12 * EXP(-2.D - 02 * ALOGT - 1.854D + 01 * TINV)$$

$$RF(358) = 5.3D + 11 * EXP(-5.D0 * TINV)$$

$$RB(358) = 1.939D + 11 * EXP(2.13D - 01 * ALOGT - 2.015D + 01 * TINV)$$

$$RF(359) = 1.3D + 12 * EXP(-5.D0 * TINV)$$

$$RB(359) = 8.636D + 10 * EXP(3.76D - 01 * ALOGT - 2.101D + 01 * TINV)$$

$$RF(360) = 6.644D + 19 * EXP(-1.132D0 * ALOGT - 7.459D + 01 * TINV)$$

$$RB(360) = 2.D + 13$$

$$RF(361) = 6.D + 12 * EXP(-3.719D + 01 * TINV)$$

$$RB(361) = 3.103D + 12 * EXP(-1.37D - 01 * ALOGT + 2.53D - 01 * TINV)$$

$$RF(362) = 3.376D + 05 * EXP(2.36D0 * ALOGT - 2.07D - 01 * TINV)$$

$$RB(362) = 3.328D + 04 * EXP(2.571D0 * ALOGT - 1.745D + 01 * TINV)$$

$$RF(363) = 9.59D + 12 * EXP(-1.967D0 * TINV)$$

$$RB(363) = 4.909D + 11 * EXP(1.92D - 01 * ALOGT - 1.78D + 01 * TINV)$$

$$RF(364) = 2.764D + 04 * EXP(2.64D0 * ALOGT + 1.919D0 * TINV)$$

$$RB(364) = 2.89D + 04 * EXP(2.745D0 * ALOGT - 3.022D + 01 * TINV)$$

$$RF(365) = 4.82D + 03 * EXP(2.55D0 * ALOGT - 1.053D + 01 * TINV)$$

$$RB(365) = 2.75D + 05 * EXP(2.066D0 * ALOGT - 1.177D + 01 * TINV)$$

$$RF(366) = 7.035D + 16 * EXP(-1.012D0 * ALOGT - 3.607D + 01 * TINV)$$

RB（366） ＝ 9.93D＋11 ＊ EXP（＋9.6D－01 ＊ TINV）

RF（367） ＝ 4.D＋12 ＊ EXP（－3.99D＋01 ＊ TINV）

RB（367） ＝ 8.316D＋12 ＊ EXP（－3.7D－01 ＊ ALOGT－8.47D－01 ＊ TINV）

RF（368） ＝ 1.73D＋05 ＊ EXP（2.5D0 ＊ ALOGT－2.492D0 ＊ TINV）

RB（368） ＝ 6.855D＋04 ＊ EXP（2.478D0 ＊ ALOGT－1.813D＋01 ＊ TINV）

RF（369） ＝ 5.24D＋11 ＊ EXP（7.D－01 ＊ ALOGT－5.884D0 ＊ TINV）

RB（369） ＝ 1.078D＋11 ＊ EXP（6.59D－01 ＊ ALOGT－2.011D＋01 ＊ TINV）

RF（370） ＝ 3.12D＋06 ＊ EXP（2.D0 ＊ ALOGT＋2.98D－01 ＊ TINV）

RB（370） ＝ 1.312D＋07 ＊ EXP（1.872D0 ＊ ALOGT－3.023D＋01 ＊ TINV）

RF（371） ＝ 2.7D＋04 ＊ EXP（2.5D0 ＊ ALOGT－1.234D＋01 ＊ TINV）

RB（371） ＝ 6.193D＋06 ＊ EXP（1.783D0 ＊ ALOGT－1.197D＋01 ＊ TINV）

RF（372） ＝ 1.904D＋25 ＊ EXP（－2.421D0 ＊ ALOGT－1.051D＋02 ＊ TINV）

RB（372） ＝ 2.41D＋13

RF（373） ＝ 4.D＋12 ＊ EXP（－3.719D＋01 ＊ TINV）

RB（373） ＝ 1.174D＋12 ＊ EXP（4.1D－02 ＊ ALOGT＋9.73D－01 ＊ TINV）

RF（374） ＝ 3.376D＋05 ＊ EXP（2.36D0 ＊ ALOGT－2.07D－01 ＊ TINV）

RB（374） ＝ 1.889D＋04 ＊ EXP（2.749D0 ＊ ALOGT－1.673D＋01 ＊ TINV）

RF（375） ＝ 9.59D＋12 ＊ EXP（－1.967D0 ＊ TINV）

RB（375） ＝ 2.787D＋11 ＊ EXP（3.7D－01 ＊ ALOGT－1.708D＋01 ＊ TINV）

RF（376） ＝ 2.764D＋04 ＊ EXP（2.64D0 ＊ ALOGT＋1.919D0 ＊ TINV）

RB（376） ＝ 1.641D＋04 ＊ EXP（2.923D0 ＊ ALOGT－2.95D＋01 ＊ TINV）

RF（377） ＝ 3.69D0 ＊ EXP（3.31D0 ＊ ALOGT－4.002D0 ＊ TINV）

RB（377） ＝ 1.885D＋02 ＊ EXP（3.253D0 ＊ ALOGT－2.207D＋01 ＊ TINV）

RF（378） ＝ 4.82D＋03 ＊ EXP（2.55D0 ＊ ALOGT－1.053D＋01 ＊ TINV）

RB（378） ＝ 1.561D＋05 ＊ EXP（2.243D0 ＊ ALOGT－1.105D＋01 ＊ TINV）

RF（379） ＝ 7.722D＋12 ＊ EXP（4.88D－01 ＊ ALOGT－4.394D＋01 ＊ TINV）

RB（379） ＝ 4.24D＋11 ＊ EXP（5.1D－01 ＊ ALOGT－1.23D0 ＊ TINV）

RF（380） ＝ 2.816D＋24 ＊ EXP（－2.381D0 ＊ ALOGT－9.013D＋01 ＊ TINV）

RB（380） ＝ 1.D＋13

RF（381） ＝ 6.899D＋21 ＊ EXP（－1.564D0 ＊ ALOGT－1.107D＋02 ＊ TINV）

RB（381） ＝ 2.41D＋13

RF（382） ＝ 9.81D＋02 ＊ EXP（3.37D0 ＊ ALOGT－3.537D0 ＊ TINV）

RB（382） ＝ 2.58D0 ＊ EXP（4.043D0 ＊ ALOGT－2.421D＋01 ＊ TINV）

RF（383） ＝ 1.875D＋06 ＊ EXP（1.9D0 ＊ ALOGT＋8.6D－01 ＊ TINV）

RB（383） ＝ 2.561D＋03 ＊ EXP（2.554D0 ＊ ALOGT－1.841D＋01 ＊ TINV）

RF（384） ＝ 3.33D＋09 ＊ EXP（1.1D0 ＊ ALOGT－5.405D－01 ＊ TINV）

RB（384） ＝ 9.291D＋07 ＊ EXP（1.667D0 ＊ ALOGT－3.611D＋01 ＊ TINV）

$$RF(385) = 3.4D + 03 * EXP(2.5D0 * ALOGT - 8.922D0 * TINV)$$

$$RB(385) = 5.177D + 03 * EXP(2.478D0 * ALOGT - 1.36D + 01 * TINV)$$

RETURN

END

SUBROUTINE NETRATE(W, RF, RB, XCON, XCONQ)

IMPLICIT DOUBLE PRECISION (A − H, O − Z), INTEGER (I − N)

DIMENSION RF(*), XCON(*), XCONQ(*), W(*)

DIMENSION RB(*)

$$W(1) = RF(1) * XCON(1) * XCON(4) - RB(1) * XCON(3) * XCON(5)$$

$$W(2) = RF(2) * XCON(3) * XCON(2) - RB(2) * XCON(1) * XCON(5)$$

$$W(3) = RF(3) * XCON(5) * XCON(2) - RB(3) * XCON(1) * XCON(6)$$

$$W(4) = RF(4) * XCON(3) * XCON(6) - RB(4) * XCON(5) * XCON(5)$$

$$W(5) = RF(5) * XCON(6) - RB(5) * XCON(1) * XCON(5)$$

$$W(6) = RF(6) * XCON(1) * XCON(4) - RB(6) * XCON(8)$$

$$W(7) = RF(7) * XCON(8) * XCON(1) - RB(7) * XCON(2) * XCON(4)$$

$$W(8) = RF(8) * XCON(8) * XCON(1) - RB(8) * XCON(5) * XCON(5)$$

$$W(9) = RF(9) * XCON(8) * XCON(3) - RB(9) * XCON(5) * XCON(4)$$

$$W(10) = RF(10) * XCON(8) * XCON(5) - RB(10) * XCON(6) * XCON(4)$$

$$W(11) = RF(11) * XCON(9) * XCON(4) - RB(11) * XCON(8) * XCON(8)$$

$$W(12) = RF(12) * XCON(9) * XCON(4) - RB(12) * XCON(8) * XCON(8)$$

$$W(13) = RF(13) * XCON(9) - RB(13) * XCON(5) * XCON(5)$$

$$W(14) = RF(14) * XCON(9) * XCON(1) - RB(14) * XCON(2) * XCON(8)$$

$$W(15) = RF(15) * XCON(9) * XCON(5) - RB(15) * XCON(6) * XCON(8)$$

$$W(16) = RF(16) * XCON(9) * XCON(5) - RB(16) * XCON(6) * XCON(8)$$

$$W(17) = RF(17) * XCON(10) * XCON(4) - RB(17) * XCON(11) * XCON(3)$$

$$W(18) = RF(18) * XCON(10) * XCON(5) - RB(18) * XCON(11) * XCON(1)$$

$$W(19) = RF(19) * XCON(10) * XCON(8) - RB(19) * XCON(11) * XCON(5)$$

$$W(20) = RF(20) * XCONQ(1) - RB(20) * XCON(1) * XCON(10)$$

$$W(21) = RF(21) * XCONQ(1) * XCON(4) - RB(21) * XCON(10) * XCON(8)$$

$$W(22) = RF(22) * XCONQ(1) * XCON(1) - RB(22) * XCON(10) * XCON(2)$$

$$W(23) = RF(23) * XCONQ(1) * XCON(5) - RB(23) * XCON(10) * XCON(6)$$

$$W(24) = RF(24) * XCONQ(1) * XCON(8) - RB(24) * XCON(12) * XCON(4)$$

$$W(25) = RF(25) * XCONQ(1) * XCON(8) - RB(25) * XCON(11) * XCON(1) * XCON(5)$$

$$W(26) = RF(26) * XCON(14) - RB(26) * XCONQ(1) * XCON(4)$$

$$W(27) = RF(27) * XCON(12) * XCON(14) - RB(27) * XCONQ(1) * XCON(13)$$

$$W(28) = RF(28) * XCON(13) - RB(28) * XCON(16) * XCON(5)$$

$$W(29) = RF(29) * XCON(16) - RB(29) * XCON(1) * XCON(11)$$

$$W(30) = RF(30) * XCON(12) * XCON(5) - RB(30) * XCONQ(1) * XCON(6)$$

$$W(31) = RF(31) * XCON(12) * XCON(1) - RB(31) * XCONQ(1) * XCON(2)$$

$$W(32) = RF(32) * XCON(12) * XCON(3) - RB(32) * XCONQ(1) * XCON(5)$$

$$W(33) = RF(33) * XCON(12) * XCON(22) - RB(33) * XCONQ(1) * XCON(21)$$

$$W(34) = RF(34) * XCON(12) * XCON(8) - RB(34) * XCONQ(1) * XCON(9)$$

$$W(35) = RF(35) * XCON(17) - RB(35) * XCON(12) * XCON(5)$$

$$W(36) = RF(36) * XCON(17) - RB(36) * XCON(15) * XCON(1)$$

$$W(37) = RF(37) * XCON(15) - RB(37) * XCON(10) * XCON(6)$$

$$W(38) = RF(38) * XCON(15) - RB(38) * XCONQ(1) * XCON(5)$$

$$W(39) = RF(39) * XCON(15) * XCON(4) - RB(39) * XCON(16) * XCON(8)$$

$$W(40) = RF(40) * XCON(15) * XCON(5) - RB(40) * XCON(6) * XCON(11) * XCON(1)$$

$$W(41) = RF(41) * XCON(15) * XCON(5) - RB(41) * XCON(6) * XCON(10) * XCON(5)$$

$$W(42) = RF(42) * XCON(15) * XCON(1) - RB(42) * XCON(2) * XCON(11) * XCON(1)$$

$$W(43) = RF(43) * XCON(15) * XCON(1) - RB(43) * XCON(2) * XCON(10) * XCON(5)$$

$$W(44) = RF(44) * XCON(15) * XCON(22) - RB(44) * XCON(21) * XCON(10) * XCON(5)$$

$$W(45) = RF(45) * XCON(15) * XCON(8) - RB(45) * XCON(16) * XCON(9)$$

$$W(46) = RF(46) * XCON(15) * XCON(8) - RB(46) * XCON(9) * XCON(10) * XCON(5)$$

$$W(47) = RF(47) * XCON(15) * XCONQ(1) - RB(47) * XCON(12) * XCON(16)$$

$$W(48) = RF(48) * XCON(18) - RB(48) * XCON(12) * XCON(1)$$

$$W(49) = RF(49) * XCON(18) * XCON(4) - RB(49) * XCON(12) * XCON(8)$$

$$W(50) = RF(50) * XCON(12) * XCON(1) - RB(50) * XCONQ(2)$$

$$W(51) = RF(51) * XCONQ(2) * XCON(4) - RB(51) * XCON(12) * XCON(8)$$

$$W(52) = RF(52) * XCONQ(2) * XCON(4) - RB(52) * XCON(12) * XCON(8)$$

$$W(53) = RF(53) * XCONQ(2) * XCON(8) - RB(53) * XCON(17) * XCON(5)$$

$$W(54) = RF(54) * XCON(22) * XCON(1) - RB(54) * XCON(21)$$

$$W(55) = RF(55) * XCON(21) * XCON(1) - RB(55) * XCON(22) * XCON(2)$$

$$W(56) = RF(56) * XCON(21) * XCON(5) - RB(56) * XCON(22) * XCON(6)$$

$$W(57) = RF(57) * XCON(21) * XCON(3) - RB(57) * XCON(22) * XCON(5)$$

$$W(58) = RF(58) * XCON(21) * XCON(8) - RB(58) * XCON(22) * XCON(9)$$

$$W(59) = RF(59) * XCON(22) * XCON(5) - RB(59) * XCONQ(3) * XCON(6)$$

$$W(60) = RF(60) * XCON(22) * XCON(5) - RB(60) * XCON(18) * XCON(1)$$

$$W(61) = RF(61) * XCON(22) * XCON(5) - RB(61) * XCONQ(2) * XCON(1)$$

$$W(62) = RF(62) * XCON(22) * XCON(8) - RB(62) * XCON(18) * XCON(5)$$

$$W(63) = RF(63) * XCON(22) * XCON(8) - RB(63) * XCON(21) * XCON(4)$$

$$W(64) = RF(64) * XCON(22) * XCON(3) - RB(64) * XCON(12) * XCON(1)$$

$$W(65) = RF(65) * XCON(22) * XCON(4) - RB(65) * XCON(18) * XCON(3)$$

$$W(66) = RF(66) * XCON(22) * XCON(4) - RB(66) * XCON(12) * XCON(5)$$

$$W(67) = RF(67) * XCON(22) * XCON(4) - RB(67) * XCON(20)$$

$$W(68) = RF(68) * XCON(20) * XCON(12) - RB(68) * XCON(19) * XCONQ(1)$$

$$W(69) = RF(69) * XCON(20) * XCON(22) - RB(69) * XCON(18) * XCON(18)$$

$$W(70) = RF(70) * XCON(20) * XCON(8) - RB(70) * XCON(19) * XCON(4)$$

$$W(71) = RF(71) * XCON(20) * XCON(1) - RB(71) * XCON(18) * XCON(5)$$

$$W(72) = RF(72) * XCON(20) * XCON(3) - RB(72) * XCON(18) * XCON(4)$$

$$W(73) = RF(73) * XCON(19) - RB(73) * XCON(18) * XCON(5)$$

$$W(74) = RF(74) * XCONQ(3) - RB(74) * XCON(23)$$

$$W(75) = RF(75) * XCONQ(3) * XCON(4) - RB(75) * XCON(10) * XCON(5) * XCON(1)$$

$$W(76) = RF(76) * XCONQ(3) * XCON(2) - RB(76) * XCON(22) * XCON(1)$$

$$W(77) = RF(77) * XCON(23) * XCON(4) - RB(77) * XCON(12) * XCON(3)$$

$$W(78) = RF(78) * XCON(23) * XCON(4) - RB(78) * XCON(11) * XCON(1) * XCON(1)$$

$$W(79) = RF(79) * XCON(23) * XCON(4) - RB(79) * XCON(10) * XCON(5) * XCON(1)$$

$$W(80) = RF(80) * XCON(23) * XCON(3) - RB(80) * XCON(10) * XCON(1) * XCON(1)$$

$$W(81) = RF(81) * XCON(22) * XCON(22) - RB(81) * XCON(24)$$

$$W(82) = RF(82) * XCON(25) * XCON(1) - RB(82) * XCON(24)$$

$$W(83) = RF(83) * XCON(24) * XCON(1) - RB(83) * XCON(25) * XCON(2)$$

$$W(84) = RF(84) * XCON(24) * XCON(3) - RB(84) * XCON(25) * XCON(5)$$

$$W(85) = RF(85) * XCON(24) * XCON(5) - RB(85) * XCON(25) * XCON(6)$$

$$W(86) = RF(86) * XCON(24) * XCON(4) - RB(86) * XCON(25) * XCON(8)$$

$$W(87) = RF(87) * XCON(24) * XCON(8) - RB(87) * XCON(25) * XCON(9)$$

$$W(88) = RF(88) * XCON(26) * XCON(1) - RB(88) * XCON(25)$$

$$W(89) = RF(89) * XCON(2) * XCON(20) - RB(89) * XCON(1) * XCON(19)$$

$$W(90) = RF(90) * XCON(25) * XCON(1) - RB(90) * XCON(22) * XCON(22)$$

$$W(91) = RF(91) * XCON(25) * XCON(3) - RB(91) * XCON(29) * XCON(1)$$

$$W(92) = RF(92) * XCON(25) * XCON(8) - RB(92) * XCONQ(5) * XCON(5)$$

$$W(93) = RF(93) * XCON(20) * XCON(25) - RB(93) * XCON(18) * XCONQ(5)$$

$$W(94) = RF(94) * XCONQ(5) - RB(94) * XCON(22) * XCON(12)$$

$$W(95) = RF(95) * XCONQ(5) - RB(95) * XCON(29) * XCON(1)$$

$$W(96) = RF(96) * XCON(39) - RB(96) * XCON(25) * XCON(4)$$

$$W(97) = RF(97) * XCON(25) * XCON(4) - RB(97) * XCON(26) * XCON(8)$$

$$W(98) = RF(98) * XCON(25) * XCON(4) - RB(98) * XCON(29) * XCON(5)$$

$$W(99) = RF(99) * XCON(39) - RB(99) * XCON(26) * XCON(8)$$

$$W(100) = RF(100) * XCON(40) - RB(100) * XCONQ(4)$$

$$W(101) = RF(101) * XCON(40) - RB(101) * XCON(30)$$

$$W(102) = RF(102) * XCON(29) - RB(102) * XCON(22) * XCONQ(1)$$

$$W(103) = RF(103) * XCON(29) * XCON(1) - RB(103) * XCONQ(4) * XCON(2)$$

$$W(104) = RF(104) * XCON(29) * XCON(3) - RB(104) * XCONQ(4) * XCON(5)$$

$$W(105) = RF(105) * XCON(29) * XCON(5) - RB(105) * XCONQ(4) * XCON(6)$$

$$W(106) = RF(106) * XCON(29) * XCON(4) - RB(106) * XCONQ(4) * XCON(8)$$

$$W(107) = RF(107) * XCON(29) * XCON(8) - RB(107) * XCONQ(4) * XCON(9)$$

$$W(108) = RF(108) * XCON(29) * XCON(34) - RB(108) * XCONQ(4) * XCON(33)$$

$$W(109) = RF(109) * XCON(29) * XCON(5) - RB(109) * XCON(22) * XCON(15)$$

$$W(110) = RF(110) * XCON(29) * XCON(5) - RB(110) * XCON(30) * XCON(6)$$

$$W(111) = RF(111) * XCONQ(4) - RB(111) * XCON(22) * XCON(10)$$

$$W(112) = RF(112) * XCON(34) - RB(112) * XCONQ(4) * XCON(4)$$

$$W(113) = RF(113) * XCON(34) * XCON(8) - RB(113) * XCON(33) * XCON(4)$$

$$W(114) = RF(114) * XCON(9) * XCON(34) - RB(114) * XCON(8) * XCON(33)$$

$$W(115) = RF(115) * XCON(12) * XCON(34) - RB(115) * XCONQ(1) * XCON(33)$$

$$W(116) = RF(116) * XCON(24) * XCON(34) - RB(116) * XCON(25) * XCON(33)$$

$$W(117) = RF(117) * XCON(33) - RB(117) * XCON(35) * XCON(5)$$

$$W(118) = RF(118) * XCON(35) - RB(118) * XCON(22) * XCON(11)$$

$$W(119) = RF(119) * XCON(30) - RB(119) * XCON(31) * XCON(1)$$

$$W(120) = RF(120) * XCON(30) * XCON(4) - RB(120) * XCON(12) * XCON(10) * XCON(5)$$

$$W(121) = RF(121) * XCON(31) * XCON(1) - RB(121) * XCON(22) * XCON(10)$$

$$W(122) = RF(122) * XCON(31) * XCON(1) - RB(122) * XCON(32) * XCON(2)$$

$$W(123) = RF(123) * XCON(31) * XCON(3) - RB(123) * XCON(23) * XCON(11)$$

$$W(124) = RF(124) * XCON(31) * XCON(5) - RB(124) * XCON(32) * XCON(6)$$

$$W(125) = RF(125) * XCON(31) * XCON(5) - RB(125) * XCONQ(2) * XCON(10)$$

$$W(126) = RF(126) * XCON(32) * XCON(5) - RB(126) * XCON(2) * XCON(10) * XCON(10)$$

$$W(127) = RF(127) * XCON(1) * XCON(32) - RB(127) * XCONQ(3) * XCON(10)$$

$$W(128) = RF(128) * XCON(32) * XCON(3) - RB(128) * XCON(1) * XCON(10) * XCON(10)$$

$$W(129) = RF(129) * XCON(32) * XCON(4) - RB(129) * XCON(5) * XCON(10) * XCON(10)$$

$$W(130) = RF(130) * XCON(26) - RB(130) * XCON(28) * XCON(2)$$

$$W(131) = RF(131) * XCON(26) * XCON(1) - RB(131) * XCON(27) * XCON(2)$$

$$W(132) = RF(132) * XCON(26) * XCON(3) - RB(132) * XCON(22) * XCONQ(1)$$

$$W(133) = RF(133) * XCON(26) * XCON(3) - RB(133) * XCON(30) * XCON(1)$$

$$W(134) = RF(134) * XCON(26) * XCON(5) - RB(134) * XCON(27) * XCON(6)$$

$$W(135) = RF(135) * XCON(26) * XCON(22) - RB(135) * XCON(27) * XCON(21)$$

$$W(136) = RF(136) * XCON(26) * XCON(20) - RB(136) * XCON(27) * XCON(19)$$

$$W(137) = RF(137) * XCON(26) * XCON(34) - RB(137) * XCON(27) * XCON(33)$$

$$W(138) = RF(138) * XCON(27) - RB(138) * XCON(28) * XCON(1)$$

$$W(139) = RF(139) * XCON(27) * XCON(4) - RB(139) * XCON(28) * XCON(8)$$

$$W(140) = RF(140) * XCON(27) * XCON(4) - RB(140) * XCON(12) * XCONQ(1)$$

$$W(141) = RF(141) * XCON(27) * XCON(4) - RB(141) * XCON(30) * XCON(3)$$

$$W(142) = RF(142) * XCON(27) * XCON(1) - RB(142) * XCON(28) * XCON(2)$$

$$W(143) = RF(143) * XCON(27) * XCON(5) - RB(143) * XCON(28) * XCON(6)$$

$$W(144) = RF(144) * XCON(28) * XCON(4) - RB(144) * XCON(32) * XCON(5)$$

$$W(145) = RF(145) * XCON(28) * XCON(3) - RB(145) * XCON(23) * XCON(10)$$

$$W(146) = RF(146) * XCON(28) * XCON(3) - RB(146) * XCON(32) * XCON(1)$$

$$W(147) = RF(147) * XCON(28) * XCON(5) - RB(147) * XCON(31) * XCON(1)$$

$$W(148) = RF(148) * XCON(36) - RB(148) * XCONQ(2) * XCON(22)$$

$$W(149) = RF(149) * XCON(36) - RB(149) * XCON(25) * XCON(5)$$

$$W(150) = RF(150) * XCON(36) - RB(150) * XCON(26) * XCON(6)$$

$$W(151) = RF(151) * XCON(36) * XCON(4) - RB(151) * XCON(37) * XCON(8)$$

$$W(152) = RF(152) * XCON(36) * XCON(5) - RB(152) * XCON(37) * XCON(6)$$

$$W(153) = RF(153) * XCON(36) * XCON(5) - RB(153) * XCONQ(6) * XCON(6)$$

$$W(154) = RF(154) * XCON(36) * XCON(5) - RB(154) * XCONQ(5) * XCON(6)$$

$$W(155) = RF(155) * XCON(36) * XCON(1) - RB(155) * XCON(37) * XCON(2)$$

$$W(156) = RF(156) * XCON(36) * XCON(1) - RB(156) * XCONQ(6) * XCON(2)$$

$$W(157) = RF(157) * XCON(36) * XCON(1) - RB(157) * XCONQ(5) * XCON(2)$$

$$W(158) = RF(158) * XCON(36) * XCON(8) - RB(158) * XCON(37) * XCON(9)$$

$$W(159) = RF(159) * XCON(36) * XCON(8) - RB(159) * XCONQ(6) * XCON(9)$$

$$W(160) = RF(160) * XCON(36) * XCON(3) - RB(160) * XCON(37) * XCON(5)$$

$$W(161) = RF(161) * XCON(36) * XCON(3) - RB(161) * XCONQ(6) * XCON(5)$$

$$W(162) = RF(162) * XCON(36) * XCON(3) - RB(162) * XCONQ(5) * XCON(5)$$

$$W(163) = RF(163) * XCON(36) * XCON(22) - RB(163) * XCON(37) * XCON(21)$$

$$W(164) = RF(164) * XCON(36) * XCON(22) - RB(164) * XCONQ(6) * XCON(21)$$

$$W(165) = RF(165) * XCON(37) - RB(165) * XCON(26) * XCON(5)$$

$$W(166) = RF(166) * XCONQ(6) - RB(166) * XCON(29) * XCON(1)$$

$$W(167) = RF(167) * XCON(38) - RB(167) * XCON(37) * XCON(4)$$

$$W(168) = RF(168) * XCON(38) - RB(168) * XCON(5) * XCON(12) * XCON(12)$$

$$W(169) = RF(169) * XCONQ(6) * XCON(4) - RB(169) * XCON(29) * XCON(8)$$

$$W(170) = RF(170) * XCON(41) - RB(170) * XCON(27) * XCONQ(1)$$

$$W(171) = RF(171) * XCON(41) * XCON(1) - RB(171) * XCON(42) * XCON(2)$$

$$W(172) = RF(172) * XCON(41) * XCON(3) - RB(172) * XCON(42) * XCON(5)$$

$$W(173) = RF(173) * XCON(41) * XCON(5) - RB(173) * XCON(42) * XCON(6)$$

$$W(174) = RF(174) * XCON(41) * XCON(4) - RB(174) * XCON(42) * XCON(8)$$

$$W(175) = RF(175) * XCON(41) * XCON(8) - RB(175) * XCON(42) * XCON(9)$$

$$W(176) = RF(176) * XCON(41) * XCON(22) - RB(176) * XCON(42) * XCON(21)$$

$$W(177) = RF(177) * XCON(41) * XCON(20) - RB(177) * XCON(42) * XCON(19)$$

$$W(178) = RF(178) * XCON(42) - RB(178) * XCON(27) * XCON(10)$$

$$W(179) = RF(179) * XCON(43) - RB(179) * XCON(22) * XCON(26)$$

$$W(180) = RF(180) * XCON(43) - RB(180) * XCON(1) * XCON(44)$$

$$W(181) = RF(181) * XCON(27) * XCON(22) - RB(181) * XCON(44)$$

$$W(182) = RF(182) * XCON(44) - RB(182) * XCON(45) * XCON(1)$$

$$W(183) = RF(183) * XCON(44) * XCON(3) - RB(183) * XCON(25) * XCONQ(1)$$

$$W(184) = RF(184) * XCON(44) * XCON(3) - RB(184) * XCON(31) * XCON(22) * XCON(1)$$

$$W(185) = RF(185) * XCON(44) * XCON(3) - RB(185) * XCON(56) * XCON(1) * XCON(1)$$

$$W(186) = RF(186) * XCON(44) * XCON(3) - RB(186) * XCON(45) * XCON(5)$$

$$W(187) = RF(187) * XCON(44) * XCON(5) - RB(187) * XCON(45) * XCON(6)$$

$$W(188) = RF(188) * XCON(44) * XCON(8) - RB(188) * XCON(45) * XCON(9)$$

$$W(189) = RF(189) * XCON(44) * XCON(1) - RB(189) * XCON(45) * XCON(2)$$

$$W(190) = RF(190) * XCON(44) * XCON(1) - RB(190) * XCON(26) * XCON(22)$$

$$W(191) = RF(191) * XCON(44) * XCON(4) - RB(191) * XCON(45) * XCON(8)$$

$$W(192) = RF(192) * XCON(44) * XCON(22) - RB(192) * XCON(45) * XCON(21)$$

$$W(193) = RF(193) * XCONQ(14) - RB(193) * XCON(44) * XCON(5)$$

$$W(194) = RF(194) * XCONQ(15) - RB(194) * XCONQ(14) * XCON(4)$$

$$W(195) = RF(195) * XCONQ(15) - RB(195) * XCON(29) * XCON(12) * XCON(5)$$

$$W(196) = RF(196) * XCON(45) - RB(196) * XCON(28) * XCON(22)$$

$$W(197) = RF(197) * XCON(45) - RB(197) * XCON(46) * XCON(1)$$

$$W(198) = RF(198) * XCON(45) * XCON(8) - RB(198) * XCONQ(8) * XCON(5)$$

$$W(199) = RF(199) * XCON(45) * XCON(20) - RB(199) * XCONQ(8) * XCON(18)$$

$$W(200) = RF(200) * XCON(45) * XCON(1) - RB(200) * XCON(46) * XCON(2)$$

$$W(201) = RF(201) * XCON(45) * XCON(22) - RB(201) * XCON(46) * XCON(21)$$

$$W(202) = RF(202) * XCON(45) * XCON(25) - RB(202) * XCON(24) * XCON(46)$$

$$W(203) = RF(203) * XCON(46) * XCON(44) - RB(203) * XCON(45) * XCON(45)$$

$$W(204) = RF(204) * XCON(45) * XCON(4) - RB(204) * XCON(46) * XCON(8)$$

$$W(205) = RF(205) * XCON(45) * XCON(4) - RB(205) * XCON(41) * XCON(5)$$

$$W(206) = RF(206) * XCON(45) * XCON(4) - RB(206) * XCON(28) * XCON(12) * XCON(5)$$

$$W(207) = RF(207) * XCON(46) - RB(207) * XCON(47) * XCON(1)$$

$$W(208) = RF(208) * XCON(46) * XCON(4) - RB(208) * XCON(47) * XCON(8)$$

$$W(209) = RF(209) * XCON(46) * XCON(5) - RB(209) * XCON(31) * XCON(22)$$

$$W(210) = RF(210) * XCON(46) * XCON(5) - RB(210) * XCON(47) * XCON(6)$$

$$W(211) = RF(211) * XCON(46) * XCON(3) - RB(211) * XCON(26) * XCON(10)$$

$$W(212) = RF(212) * XCON(46) * XCON(3) - RB(212) * XCON(28) * XCON(12)$$

$$W(213) = RF(213) * XCON(46) * XCON(1) - RB(213) * XCON(47) * XCON(2)$$

$$W(214) = RF(214) * XCON(47) * XCON(5) - RB(214) * XCONQ(7) * XCON(6)$$

$$W(215) = RF(215) * XCON(47) * XCON(4) - RB(215) * XCON(31) * XCONQ(1)$$

$$W(216) = RF(216) * XCONQ(7) * XCON(4) - RB(216) * XCONQ(1) * XCON(32)$$

$$W(217) = RF(217) * XCON(46) * XCON(8) - RB(217) * XCON(47) * XCON(9)$$

$$W(218) = RF(218) * XCON(47) * XCON(1) - RB(218) * XCONQ(7) * XCON(2)$$

$$W(219) = RF(219) * XCONQ(7) * XCON(4) - RB(219) * XCON(32) * XCON(10) * XCON(1)$$

$$W(220) = RF(220) * XCON(56) * XCON(5) - RB(220) * XCON(25) * XCON(11)$$

$$W(221) = RF(221) * XCON(56) * XCON(5) - RB(221) * XCONQ(6) * XCON(10)$$

$$W(222) = RF(222) * XCON(56) * XCON(1) - RB(222) * XCON(25) * XCON(10)$$

$$W(223) = RF(223) * XCON(56) * XCON(3) - RB(223) * XCON(29) * XCON(10)$$

$$W(224) = RF(224) * XCON(49) - RB(224) * XCON(43) * XCON(4)$$

$$W(225) = RF(225) * XCON(49) - RB(225) * XCONQ(9)$$

$$W(226) = RF(226) * XCON(49) - RB(226) * XCONQ(10)$$

$$W(227) = RF(227) * XCONQ(10) - RB(227) * XCON(50) * XCON(5)$$

$$W(228) = RF(228) * XCONQ(9) - RB(228) * XCON(44) * XCON(8)$$

$$W(229) = RF(229) * XCON(48) - RB(229) * XCON(44) * XCON(8)$$

$$W(230) = RF(230) * XCONQ(10) - RB(230) * XCON(5) * XCON(12) * XCON(26)$$

$$W(231) = RF(231) * XCONQ(11) - RB(231) * XCONQ(9) * XCON(4)$$

$$W(232) = RF(232) * XCONQ(12) - RB(232) * XCONQ(10) * XCON(4)$$

$$W(233) = RF(233) * XCONQ(13) - RB(233) * XCON(48) * XCON(4)$$

$$W(234) = RF(234) * XCONQ(11) - RB(234) * XCON(51) * XCON(5)$$

$$W(235) = RF(235) * XCONQ(12) - RB(235) * XCON(52) * XCON(5)$$

$$W(236) = RF(236) * XCONQ(13) - RB(236) * XCON(53) * XCON(5)$$

$$W(237) = RF(237) * XCONQ(13) - RB(237) * XCON(54)$$

$$W(238) = RF(238) * XCONQ(11) - RB(238) * XCON(54)$$

$$W(239) = RF(239) * XCON(54) - RB(239) * XCON(57) * XCON(8)$$

$$W(240) = RF(240) * XCON(55) - RB(240) * XCONQ(12)$$

$$W(241) = RF(241) * XCON(55) - RB(241) * XCON(57) * XCON(8)$$

$$W(242) = RF(242) * XCON(51) - RB(242) * XCON(29) * XCONQ(1) * XCON(5)$$

$$W(243) = RF(243) * XCON(52) - RB(243) * XCON(12) * XCON(30) * XCON(5)$$

$$W(244) = RF(244) * XCON(53) - RB(244) * XCON(12) * XCONQ(4) * XCON(5)$$

$$W(245) = RF(245) * XCON(57) - RB(245) * XCONQ(8) * XCON(5)$$

$$W(246) = RF(246) * XCONQ(8) - RB(246) * XCON(41) * XCON(1)$$

$$W(247) = RF(247) * XCONQ(8) - RB(247) * XCON(27) * XCON(12)$$

$$W(248) = RF(248) * XCONQ(8) * XCON(4) - RB(248) * XCON(41) * XCON(8)$$

$$W(249) = RF(249) * XCON(50) - RB(249) * XCON(26) * XCON(12)$$

$$W(250) = RF(250) * XCON(50) * XCON(5) - RB(250) * XCON(12) * XCON(27) * XCON(6)$$

$$W(251) = RF(251) * XCON(50) * XCON(3) - RB(251) * XCON(12) * XCON(27) * XCON(5)$$

$$W(252) = RF(252) * XCON(50) * XCON(1) - RB(252) * XCON(12) * XCON(27) * XCON(2)$$

$$W(253) = RF(253) * XCON(50) * XCON(8) - RB(253) * XCON(12) * XCON(27) * XCON(9)$$

$$W(254) = RF(254) * XCON(49) - RB(254) * XCON(44) * XCON(8)$$

$$W(255) = RF(255) * XCON(58) - RB(255) * XCON(45) * XCON(22)$$

$$W(256) = RF(256) * XCON(58) - RB(256) * XCON(27) * XCON(25)$$

$$W(257) = RF(257) * XCON(58) - RB(257) * XCON(1) * XCON(60)$$

$$W(258) = RF(258) * XCON(58) * XCON(4) - RB(258) * XCON(60) * XCON(8)$$

$$W(259) = RF(259) * XCON(58) * XCON(3) - RB(259) * XCON(60) * XCON(5)$$

$$W(260) = RF(260) * XCON(59) * XCON(3) - RB(260) * XCON(60) * XCON(5)$$

$$W(261) = RF(261) * XCON(58) * XCON(1) - RB(261) * XCON(60) * XCON(2)$$

$$W(262) = RF(262) * XCON(58) * XCON(5) - RB(262) * XCON(60) * XCON(6)$$

$$W(263) = RF(263) * XCON(58) * XCON(22) - RB(263) * XCON(60) * XCON(21)$$

$$W(264) = RF(264) * XCON(58) * XCON(34) - RB(264) * XCON(60) * XCON(33)$$

$$W(265) = RF(265) * XCON(59) - RB(265) * XCON(1) * XCON(60)$$

$$W(266) = RF(266) * XCON(59) * XCON(4) - RB(266) * XCON(60) * XCON(8)$$

$$W(267) = RF(267) * XCON(59) * XCON(1) - RB(267) * XCON(60) * XCON(2)$$

$$W(268) = RF(268) * XCON(59) * XCON(5) - RB(268) * XCON(60) * XCON(6)$$

$$W(269) = RF(269) * XCON(60) - RB(269) * XCON(61) * XCON(1)$$

$$W(270) = RF(270) * XCON(60) * XCON(3) - RB(270) * XCON(41) * XCON(22)$$

$$W(271) = RF(271) * XCON(60) * XCON(8) - RB(271) * XCON(63) * XCON(5)$$

$$W(272) = RF(272) * XCON(60) * XCON(20) - RB(272) * XCON(63) * XCON(18)$$

$$W(273) = RF(273) * XCON(45) * XCON(60) - RB(273) * XCON(44) * XCON(61)$$

$$W(274) = RF(274) * XCON(60) * XCON(4) - RB(274) * XCON(61) * XCON(8)$$

$$W(275) = RF(275) * XCON(1) * XCON(60) - RB(275) * XCON(61) * XCON(2)$$

$$W(276) = RF(276) * XCON(60) * XCON(39) - RB(276) * XCON(63) * XCONQ(5)$$

$$W(277) = RF(277) * XCON(63) - RB(277) * XCON(29) * XCON(27)$$

$$W(278) = RF(278) * XCON(63) - RB(278) * XCON(41) * XCON(22)$$

$$W(279) = RF(279) * XCON(61) - RB(279) * XCON(27) * XCON(27)$$

$$W(280) = RF(280) * XCON(61) * XCON(5) - RB(280) * XCON(25) * XCON(31)$$

$$W(281) = RF(281) * XCON(61) * XCON(5) - RB(281) * XCON(12) * XCON(45)$$

$$W(282) = RF(282) * XCON(61) * XCON(5) - RB(282) * XCON(27) * XCON(29)$$

$$W(283) = RF(283) * XCON(61) * XCON(3) - RB(283) * XCON(26) * XCON(31)$$

$$W(284) = RF(284) * XCON(61) * XCON(3) - RB(284) * XCON(12) * XCON(46)$$

$$W(285) = RF(285) * XCON(27) * XCON(26) - RB(285) * XCON(61) * XCON(1)$$

$$W(286) = RF(286) * XCON(62) - RB(286) * XCON(43) * XCON(12)$$

$$W(287) = RF(287) * XCON(64) * XCON(4) - RB(287) * XCON(65) * XCON(8)$$

$$W(288) = RF(288) * XCON(64) * XCON(5) - RB(288) * XCON(65) * XCON(6)$$

$$W(289) = RF(289) * XCON(64) * XCON(1) - RB(289) * XCON(65) * XCON(2)$$

$$W(290) = RF(290) * XCON(64) * XCON(3) - RB(290) * XCON(65) * XCON(5)$$

$$W(291) = RF(291) * XCON(64) * XCON(8) - RB(291) * XCON(65) * XCON(9)$$

$$W(292) = RF(292) * XCON(64) * XCON(22) - RB(292) * XCON(65) * XCON(21)$$

$$W(293) = RF(293) * XCON(65) - RB(293) * XCON(43) * XCON(10)$$

$$W(294) = RF(294) * XCON(66) * XCON(5) - RB(294) * XCONQ(16) * XCON(6)$$

$$W(295) = RF(295) * XCON(66) * XCON(1) - RB(295) * XCONQ(16) * XCON(2)$$

$$W(296) = RF(296) * XCON(66) * XCON(4) - RB(296) * XCONQ(16) * XCON(8)$$

$$W(297) = RF(297) * XCON(66) * XCON(22) - RB(297) * XCONQ(16) * XCON(21)$$

$$W(298) = RF(298) * XCONQ(16) * XCON(4) - RB(298) * XCONQ(2) * XCON(10) * XCON(12)$$

$$W(299) = RF(299) * XCONQ(16) - RB(299) * XCON(28) * XCONQ(2)$$

$$W(300) = RF(300) * XCONQ(16) - RB(300) * XCON(46) * XCON(5)$$

$$W(301) = RF(301) * XCON(67) - RB(301) * XCON(22) * XCONQ(14)$$

$W(302) = RF(302) * XCON(67) - RB(302) * XCON(25) * XCON(37)$

$W(303) = RF(303) * XCON(67) - RB(303) * XCON(43) * XCONQ(2)$

$W(304) = RF(304) * XCON(67) - RB(304) * XCON(58) * XCON(6)$

$W(305) = RF(305) * XCON(67) * XCON(1) - RB(305) * XCONQ(20) * XCON(2)$

$W(306) = RF(306) * XCON(67) * XCON(1) - RB(306) * XCONQ(19) * XCON(2)$

$W(307) = RF(307) * XCON(67) * XCON(1) - RB(307) * XCONQ(18) * XCON(2)$

$W(308) = RF(308) * XCON(67) * XCON(1) - RB(308) * XCONQ(17) * XCON(2)$

$W(309) = RF(309) * XCON(67) * XCON(1) - RB(309) * XCON(62) * XCON(2)$

$W(310) = RF(310) * XCON(67) * XCON(5) - RB(310) * XCONQ(20) * XCON(6)$

$W(311) = RF(311) * XCON(67) * XCON(5) - RB(311) * XCONQ(19) * XCON(6)$

$W(312) = RF(312) * XCON(67) * XCON(5) - RB(312) * XCONQ(18) * XCON(6)$

$W(313) = RF(313) * XCON(67) * XCON(5) - RB(313) * XCONQ(17) * XCON(6)$

$W(314) = RF(314) * XCON(67) * XCON(5) - RB(314) * XCON(62) * XCON(6)$

$W(315) = RF(315) * XCON(67) * XCON(3) - RB(315) * XCONQ(20) * XCON(5)$

$W(316) = RF(316) * XCON(67) * XCON(3) - RB(316) * XCONQ(19) * XCON(5)$

$W(317) = RF(317) * XCON(67) * XCON(3) - RB(317) * XCONQ(18) * XCON(5)$

$W(318) = RF(318) * XCON(67) * XCON(3) - RB(318) * XCONQ(17) * XCON(5)$

$W(319) = RF(319) * XCON(67) * XCON(3) - RB(319) * XCON(62) * XCON(5)$

$W(320) = RF(320) * XCON(67) * XCON(8) - RB(320) * XCONQ(20) * XCON(9)$

$W(321) = RF(321) * XCON(67) * XCON(8) - RB(321) * XCONQ(19) * XCON(9)$

$W(322) = RF(322) * XCON(67) * XCON(8) - RB(322) * XCONQ(18) * XCON(9)$

$W(323) = RF(323) * XCON(67) * XCON(8) - RB(323) * XCONQ(17) * XCON(9)$

$W(324) = RF(324) * XCON(67) * XCON(8) - RB(324) * XCON(62) * XCON(9)$

$W(325) = RF(325) * XCON(67) * XCON(22) - RB(325) * XCONQ(20) * XCON(21)$

$W(326) = RF(326) * XCON(67) * XCON(22) - RB(326) * XCONQ(19) * XCON(21)$

$W(327) = RF(327) * XCON(67) * XCON(22) - RB(327) * XCONQ(18) * XCON(21)$

$W(328) = RF(328) * XCON(67) * XCON(22) - RB(328) * XCONQ(17) * XCON(21)$

$W(329) = RF(329) * XCON(67) * XCON(22) - RB(329) * XCON(62) * XCON(21)$

$W(330) = RF(330) * XCON(67) * XCONQ(1) - RB(330) * XCONQ(18) * XCON(12)$

$W(331) = RF(331) * XCON(67) * XCON(20) - RB(331) * XCONQ(20) * XCON(19)$

$W(332) = RF(332) * XCON(67) * XCON(20) - RB(332) * XCONQ(19) * XCON(19)$

$W(333) = RF(333) * XCON(67) * XCON(20) - RB(333) * XCONQ(18) * XCON(19)$

$W(334) = RF(334) * XCON(67) * XCON(20) - RB(334) * XCONQ(17) * XCON(19)$

$W(335) = RF(335) * XCON(67) * XCON(20) - RB(335) * XCON(62) * XCON(19)$

$W(336) = RF(336) * XCON(67) * XCON(25) - RB(336) * XCONQ(20) * XCON(24)$

$W(337) = RF(337) * XCON(67) * XCON(25) - RB(337) * XCONQ(19) * XCON(24)$

$W(338) = RF(338) * XCON(67) * XCON(25) - RB(338) * XCONQ(17) * XCON(24)$

$$W(339) = RF(339) * XCON(67) * XCON(25) - RB(339) * XCON(62) * XCON(24)$$

$$W(340) = RF(340) * XCONQ(17) - RB(340) * XCONQ(19)$$

$$W(341) = RF(341) * XCONQ(17) - RB(341) * XCONQ(20)$$

$$W(342) = RF(342) * XCONQ(20) - RB(342) * XCONQ(18)$$

$$W(343) = RF(343) * XCONQ(20) - RB(343) * XCON(26) * XCON(37)$$

$$W(344) = RF(344) * XCONQ(19) - RB(344) * XCON(44) * XCONQ(2)$$

$$W(345) = RF(345) * XCONQ(19) - RB(345) * XCON(73) * XCON(1)$$

$$W(346) = RF(346) * XCONQ(19) - RB(346) * XCON(72) * XCON(1)$$

$$W(347) = RF(347) * XCONQ(18) - RB(347) * XCON(66) * XCON(22)$$

$$W(348) = RF(348) * XCONQ(18) - RB(348) * XCON(58) * XCON(5)$$

$$W(349) = RF(349) * XCONQ(18) - RB(349) * XCON(1) * XCON(72)$$

$$W(350) = RF(350) * XCONQ(17) - RB(350) * XCON(74) * XCON(25)$$

$$W(351) = RF(351) * XCONQ(17) - RB(351) * XCON(64) * XCON(1)$$

$$W(352) = RF(352) * XCONQ(17) - RB(352) * XCON(69) * XCON(1)$$

$$W(353) = RF(353) * XCONQ(17) * XCON(4) - RB(353) * XCON(64) * XCON(8)$$

$$W(354) = RF(354) * XCONQ(17) * XCON(4) - RB(354) * XCON(69) * XCON(8)$$

$$W(355) = RF(355) * XCONQ(18) * XCON(4) - RB(355) * XCON(69) * XCON(8)$$

$$W(356) = RF(356) * XCONQ(18) * XCON(4) - RB(356) * XCON(72) * XCON(8)$$

$$W(357) = RF(357) * XCONQ(19) * XCON(4) - RB(357) * XCON(73) * XCON(8)$$

$$W(358) = RF(358) * XCONQ(19) * XCON(4) - RB(358) * XCON(72) * XCON(8)$$

$$W(359) = RF(359) * XCONQ(20) * XCON(4) - RB(359) * XCON(73) * XCON(8)$$

$$W(360) = RF(360) * XCON(73) - RB(360) * XCON(45) * XCONQ(2)$$

$$W(361) = RF(361) * XCON(73) * XCON(4) - RB(361) * XCON(68) * XCON(8)$$

$$W(362) = RF(362) * XCON(73) * XCON(1) - RB(362) * XCON(68) * XCON(2)$$

$$W(363) = RF(363) * XCON(73) * XCON(3) - RB(363) * XCON(68) * XCON(5)$$

$$W(364) = RF(364) * XCON(73) * XCON(5) - RB(364) * XCON(68) * XCON(6)$$

$$W(365) = RF(365) * XCON(73) * XCON(8) - RB(365) * XCON(68) * XCON(9)$$

$$W(366) = RF(366) * XCON(68) - RB(366) * XCON(61) * XCON(5)$$

$$W(367) = RF(367) * XCON(72) * XCON(4) - RB(367) * XCON(68) * XCON(8)$$

$$W(368) = RF(368) * XCON(72) * XCON(1) - RB(368) * XCON(68) * XCON(2)$$

$$W(369) = RF(369) * XCON(72) * XCON(3) - RB(369) * XCON(68) * XCON(5)$$

$$W(370) = RF(370) * XCON(72) * XCON(5) - RB(370) * XCON(68) * XCON(6)$$

$$W(371) = RF(371) * XCON(72) * XCON(8) - RB(371) * XCON(68) * XCON(9)$$

$$W(372) = RF(372) * XCON(69) - RB(372) * XCONQ(16) * XCON(22)$$

$$W(373) = RF(373) * XCON(69) * XCON(4) - RB(373) * XCON(70) * XCON(8)$$

$$W(374) = RF(374) * XCON(69) * XCON(1) - RB(374) * XCON(70) * XCON(2)$$

$$W(375) = RF(375) * XCON(69) * XCON(3) - RB(375) * XCON(70) * XCON(5)$$

$W(376) = RF(376) * XCON(69) * XCON(5) - RB(376) * XCON(70) * XCON(6)$

$W(377) = RF(377) * XCON(69) * XCON(22) - RB(377) * XCON(70) * XCON(21)$

$W(378) = RF(378) * XCON(69) * XCON(8) - RB(378) * XCON(70) * XCON(9)$

$W(379) = RF(379) * XCON(70) - RB(379) * XCON(71) * XCON(1)$

$W(380) = RF(380) * XCON(71) - RB(380) * XCON(27) * XCON(30)$

$W(381) = RF(381) * XCON(74) - RB(381) * XCON(27) * XCON(5)$

$W(382) = RF(382) * XCON(74) * XCON(1) - RB(382) * XCON(30) * XCON(2)$

$W(383) = RF(383) * XCON(74) * XCON(3) - RB(383) * XCON(30) * XCON(5)$

$W(384) = RF(384) * XCON(74) * XCON(5) - RB(384) * XCON(30) * XCON(6)$

$W(385) = RF(385) * XCON(74) * XCON(8) - RB(385) * XCON(30) * XCON(9)$

RETURN

END

SUBROUTINE THIRDBODY(KK, XCON, XM)

IMPLICIT DOUBLE PRECISION (A – H, O – Z), INTEGER (I – N)

DIMENSION XCON(*), XM(*)

CTOT = 0. D0

DO K = 1, KK

　　CTOT = CTOT + XCON(K)

ENDDO

$XM(5) = CTOT - 2.7D - 01 * XCON(2) + 1.1D + 01 * XCON(6) + 1.D0 * XCON(21) +$
$\&　　　2. D0 * XCON(24)$

$XM(6) = CTOT + 3. D - 01 * XCON(2) + 1.3D + 01 * XCON(6) + 9. D - 01 * XCON(10) +$
$\&　　　2.8D0 * XCON(11) + 1. D0 * XCON(21) + 2. D0 * XCON(24)$

$XM(13) = CTOT + 1.5D0 * XCON(2) + 1.1D + 01 * XCON(6) + 9. D - 01 * XCON(10) +$
$\&　　　2.8D0 * XCON(11) + 1. D0 * XCON(21) + 2. D0 * XCON(24)$

$XM(20) = CTOT + 1. D0 * XCON(2) + 1.1D + 01 * XCON(6) + 5. D - 01 * XCON(10) +$
$\&　　　1. D0 * XCON(11) + 1. D0 * XCON(21) + 2. D0 * XCON(24)$

$XM(29) = CTOT$

$XM(48) = CTOT + 1. D0 * XCON(2) + 5. D0 * XCON(6) + 5. D - 01 * XCON(10) +$
$\&　　　1. D0 * XCON(11) + 1. D0 * XCON(21) + 2. D0 * XCON(24)$

$XM(50) = CTOT + 1. D0 * XCON(2) + 5. D0 * XCON(6) + 5. D - 01 * XCON(10) +$
$\&　　　1. D0 * XCON(11) + 1. D0 * XCON(21) + 2. D0 * XCON(24)$

$XM(54) = CTOT + 1. D0 * XCON(2) + 5. D0 * XCON(6) + 5. D - 01 * XCON(10) +$
$\&　　　1. D0 * XCON(11) + 1. D0 * XCON(21) + 2. D0 * XCON(24)$

$XM(67) = CTOT$

$XM(81) = CTOT + 1. D0 * XCON(2) + 5. D0 * XCON(6) + 5. D - 01 * XCON(10) +$
$\&　　　1. D0 * XCON(11) + 1. D0 * XCON(21) + 2. D0 * XCON(24)$

```
    XM(82) = CTOT + 1. D0 * XCON(2) + 5. D0 * XCON(6) + 5. D - 01 * XCON(10) +
&          1. D0 * XCON(11) + 1. D0 * XCON(21) + 2. D0 * XCON(24)
    XM(88) = CTOT + 1. D0 * XCON(2) + 5. D0 * XCON(6) + 5. D - 01 * XCON(10) +
&          1. D0 * XCON(11) + 1. D0 * XCON(21) + 2. D0 * XCON(24)
    XM(111) = CTOT
    XM(118) = CTOT
    XM(130) = CTOT + 1. D0 * XCON(2) + 5. D0 * XCON(6) + 5. D - 01 * XCON(10) +
&          1. D0 * XCON(11) + 1. D0 * XCON(21) + 2. D0 * XCON(24)
    XM(138) = CTOT + 1. D0 * XCON(2) + 5. D0 * XCON(6) + 5. D - 01 * XCON(10) +
&          1. D0 * XCON(11) + 1. D0 * XCON(21) + 2. D0 * XCON(24)
    XM(148) = CTOT + 1. D0 * XCON(2) + 4. D0 * XCON(6) + 1. D0 * XCON(10) +
           2. D0 * XCON(11)
    XM(149) = CTOT + 1. D0 * XCON(2) + 4. D0 * XCON(6) + 1. D0 * XCON(10) +
           2. D0 * XCON(11)
    XM(150) = CTOT + 4. D0 * XCON(6)
    XM(166) = CTOT
    XM(181) = CTOT + 1. D0 * XCON(2) + 5. D0 * XCON(6) + 5. D - 01 * XCON(10) +
           1. D0 * XCON(11) + 1. D0 * XCON(21) + 2. D0 * XCON(24) + 2. D0 *
           XCON(26) + 2. D0 * XCON(28)
    XM(207) = CTOT
    XM(301) = CTOT
    XM(302) = CTOT
    XM(303) = CTOT
    XM(304) = CTOT
    RETURN
    END
    SUBROUTINE FALLOFF(T, XCON, XM, RF, RB)
    IMPLICIT DOUBLE PRECISION (A - H, O - Z), INTEGER (I - N)
    DIMENSION RF( * ), XM( * ), XCON( * ), RB( * )
    DATA SMALL/1. D - 50/
    RUC = 1. 987215583174D0
    ALOGT = DLOG(T)
    TINV = 1. D3/(RUC * T)
    TM1 = 1. D0/T
    RFLOW = 3. 482D + 16 * EXP( - 4. 11D - 01 * ALOGT + 1. 115D0 * TINV)
    PR = RFLOW * XM(6)/RF(6)
    PCOR = PR/(1. D0 + PR)
```

PRLOG $=$ DLOG10(MAX(PR, SMALL))

F4 $=$ 5. D $-$ 01

F5 $=$ 1. D $-$ 30

F6 $=$ 1. D $+$ 30

F7 $=$ 1. D $+$ 10

FC $=$ (1. D0 $-$ F4) $*$ EXP($-$ T/F5) $+$ F4 $*$ EXP($-$ T/F6) $+$ EXP($-$ F7 $*$ TM1)

FCLOG $=$ DLOG10(MAX(FC, SMALL))

CPRLOG $=$ PRLOG $-$ (0. 4D0 $+$ 0. 67D0 $*$ FCLOG)

X $=$ CPRLOG/(0. 75D0 $-$ 1. 27D0 $*$ FCLOG $-$ 0. 14D0 $*$ CPRLOG)

FC $=$ 10. 0D0 $*$ (FCLOG/(1. 0D0 $+$ X $*$ X))

PCOR $=$ FC $*$ PCOR

RF(6) $=$ RF(6) $*$ PCOR

RB(6) $=$ RB(6) $*$ PCOR

RFLOW $=$ 1. 202D $+$ 17 $*$ EXP($-$ 4. 55D $+$ 01 $*$ TINV)

PR $=$ RFLOW $*$ XM(13)/RF(13)

PCOR $=$ PR/(1. D0 $+$ PR)

PRLOG $=$ DLOG10(MAX(PR, SMALL))

F4 $=$ 5. D $-$ 01

F5 $=$ 1. D $-$ 30

F6 $=$ 1. D $+$ 30

F7 $=$ 1. D $+$ 10

FC $=$ (1. D0 $-$ F4) $*$ EXP($-$ T/F5) $+$ F4 $*$ EXP($-$ T/F6) $+$ EXP($-$ F7 $*$ TM1)

FCLOG $=$ DLOG10(MAX(FC, SMALL))

CPRLOG $=$ PRLOG $-$ (0. 4D0 $+$ 0. 67D0 $*$ FCLOG)

X $=$ CPRLOG/(0. 75D0 $-$ 1. 27D0 $*$ FCLOG $-$ 0. 14D0 $*$ CPRLOG)

FC $=$ 10. 0D0 $*$ (FCLOG/(1. 0D0 $+$ X $*$ X))

PCOR $=$ FC $*$ PCOR

RF(13) $=$ RF(13) $*$ PCOR

RB(13) $=$ RB(13) $*$ PCOR

RFLOW $=$ 1. 867D $+$ 25 $*$ EXP($-$ 3. D0 $*$ ALOGT $-$ 2. 4307D $+$ 01 $*$ TINV)

PR $=$ RFLOW $*$ XM(48)/RF(48)

PCOR $=$ PR/(1. D0 $+$ PR)

PRLOG $=$ DLOG10(MAX(PR, SMALL))

F4 $=$ 9. D $-$ 01

F5 $=$ 2. 5D $+$ 03

F6 $=$ 1. 3D $+$ 03

F7 $=$ 1. D $+$ 99

$$FC = (1.D0 - F4) * EXP(-T/F5) + F4 * EXP(-T/F6) + EXP(-F7 * TM1)$$

$$FCLOG = DLOG10(MAX(FC, SMALL))$$

$$CPRLOG = PRLOG - (0.4D0 + 0.67D0 * FCLOG)$$

$$X = CPRLOG/(0.75D0 - 1.27D0 * FCLOG - 0.14D0 * CPRLOG)$$

$$FC = 10.0D0 * (FCLOG/(1.0D0 + X * X))$$

$$PCOR = FC * PCOR$$

$$RF(48) = RF(48) * PCOR$$

$$RB(48) = RB(48) * PCOR$$

$$RFLOW = 1.27D + 32 * EXP(-4.82D0 * ALOGT - 6.53D0 * TINV)$$

$$PR = RFLOW * XM(50)/RF(50)$$

$$PCOR = PR/(1.D0 + PR)$$

$$PRLOG = DLOG10(MAX(PR, SMALL))$$

$$F4 = 7.187D - 01$$

$$F5 = 1.03D + 02$$

$$F6 = 1.291D + 03$$

$$F7 = 4.16D + 03$$

$$FC = (1.D0 - F4) * EXP(-T/F5) + F4 * EXP(-T/F6) + EXP(-F7 * TM1)$$

$$FCLOG = DLOG10(MAX(FC, SMALL))$$

$$CPRLOG = PRLOG - (0.4D0 + 0.67D0 * FCLOG)$$

$$X = CPRLOG/(0.75D0 - 1.27D0 * FCLOG - 0.14D0 * CPRLOG)$$

$$FC = 10.0D0 * (FCLOG/(1.0D0 + X * X))$$

$$PCOR = FC * PCOR$$

$$RF(50) = RF(50) * PCOR$$

$$RB(50) = RB(50) * PCOR$$

$$RFLOW = 1.9816D + 33 * EXP(-4.76D0 * ALOGT - 2.444D0 * TINV)$$

$$PR = RFLOW * XM(54)/RF(54)$$

$$PCOR = PR/(1.D0 + PR)$$

$$PRLOG = DLOG10(MAX(PR, SMALL))$$

$$F4 = 7.83D - 01$$

$$F5 = 7.4D + 01$$

$$F6 = 2.94D + 03$$

$$F7 = 6.96D + 03$$

$$FC = (1.D0 - F4) * EXP(-T/F5) + F4 * EXP(-T/F6) + EXP(-F7 * TM1)$$

$$FCLOG = DLOG10(MAX(FC, SMALL))$$

$$CPRLOG = PRLOG - (0.4D0 + 0.67D0 * FCLOG)$$

$$X = CPRLOG/(0.75D0 - 1.27D0 * FCLOG - 0.14D0 * CPRLOG)$$

$$FC = 10.0D0 * (FCLOG/(1.0D0 + X * X))$$

$$PCOR = FC * PCOR$$

$$RF(54) = RF(54) * PCOR$$

$$RB(54) = RB(54) * PCOR$$

$$RFLOW = 6.85D + 24 * EXP(-3.D0 * ALOGT)$$

$$PR = RFLOW * XM(67)/RF(67)$$

$$PCOR = PR/(1.D0 + PR)$$

$$PRLOG = DLOG10(MAX(PR, SMALL))$$

$$F4 = 6.D - 01$$

$$F5 = 1.D + 03$$

$$F6 = 7.D + 01$$

$$F7 = 1.7D + 03$$

$$FC = (1.D0 - F4) * EXP(-T/F5) + F4 * EXP(-T/F6) + EXP(-F7 * TM1)$$

$$FCLOG = DLOG10(MAX(FC, SMALL))$$

$$CPRLOG = PRLOG - (0.4D0 + 0.67D0 * FCLOG)$$

$$X = CPRLOG/(0.75D0 - 1.27D0 * FCLOG - 0.14D0 * CPRLOG)$$

$$FC = 10.0D0 * (FCLOG/(1.0D0 + X * X))$$

$$PCOR = FC * PCOR$$

$$RF(67) = RF(67) * PCOR$$

$$RB(67) = RB(67) * PCOR$$

$$RFLOW = 1.135D + 36 * EXP(-5.246D0 * ALOGT - 1.705D0 * TINV)$$

$$PR = RFLOW * XM(81)/RF(81)$$

$$PCOR = PR/(1.D0 + PR)$$

$$PRLOG = DLOG10(MAX(PR, SMALL))$$

$$F4 = 4.05D - 01$$

$$F5 = 1.12D + 03$$

$$F6 = 6.96D + 01$$

$$F7 = 1.D + 10$$

$$FC = (1.D0 - F4) * EXP(-T/F5) + F4 * EXP(-T/F6) + EXP(-F7 * TM1)$$

$$FCLOG = DLOG10(MAX(FC, SMALL))$$

$$CPRLOG = PRLOG - (0.4D0 + 0.67D0 * FCLOG)$$

$$X = CPRLOG/(0.75D0 - 1.27D0 * FCLOG - 0.14D0 * CPRLOG)$$

$$FC = 10.0D0 * (FCLOG/(1.0D0 + X * X))$$

$$PCOR = FC * PCOR$$

$$RF(81) = RF(81) * PCOR$$

$$RB(81) = RB(81) * PCOR$$

$$RFLOW = 1.99D + 41 * EXP(-7.08D0 * ALOGT - 6.685D0 * TINV)$$

$$PR = RFLOW * XM(82)/RF(82)$$

PCOR = PR/(1. D0 + PR)

PRLOG = DLOG10(MAX(PR, SMALL))

F4 = 8. 42D – 01

F5 = 1. 25D + 02

F6 = 2. 219D + 03

F7 = 6. 882D + 03

FC = (1. D0 – F4) * EXP(– T/F5) + F4 * EXP(– T/F6) + EXP(– F7 * TM1)

FCLOG = DLOG10(MAX(FC, SMALL))

CPRLOG = PRLOG – (0. 4D0 + 0. 67D0 * FCLOG)

X = CPRLOG/(0. 75D0 – 1. 27D0 * FCLOG – 0. 14D0 * CPRLOG)

FC = 10. 0D0 * (FCLOG/(1. 0D0 + X * X))

PCOR = FC * PCOR

RF(82) = RF(82) * PCOR

RB(82) = RB(82) * PCOR

RFLOW = 1. 2D + 42 * EXP(– 7. 62D0 * ALOGT – 6. 97D0 * TINV)

PR = RFLOW * XM(88)/RF(88)

PCOR = PR/(1. D0 + PR)

PRLOG = DLOG10(MAX(PR, SMALL))

F4 = 9. 75D – 01

F5 = 2. 1D + 02

F6 = 9. 84D + 02

F7 = 4. 374D + 03

FC = (1. D0 – F4) * EXP(– T/F5) + F4 * EXP(– T/F6) + EXP(– F7 * TM1)

FCLOG = DLOG10(MAX(FC, SMALL))

CPRLOG = PRLOG – (0. 4D0 + 0. 67D0 * FCLOG)

X = CPRLOG/(0. 75D0 – 1. 27D0 * FCLOG – 0. 14D0 * CPRLOG)

FC = 10. 0D0 * (FCLOG/(1. 0D0 + X * X))

PCOR = FC * PCOR

RF(88) = RF(88) * PCOR

RB(88) = RB(88) * PCOR

RFLOW = 1. 2D + 15 * EXP(– 1. 2518D + 01 * TINV)

PR = RFLOW * XM(111)/RF(111)

PCOR = PR/(1. D0 + PR)

RF(111) = RF(111) * PCOR

RB(111) = RB(111) * PCOR

RFLOW = 7. D + 50 * EXP(– 9. 31D0 * ALOGT – 9. 986D + 01 * TINV)

PR = RFLOW * XM(130)/RF(130)

PCOR = PR/(1. D0 + PR)

PRLOG = DLOG10(MAX(PR, SMALL))

F4 = 7. 345D – 01

F5 = 1. 8D + 02

F6 = 1. 035D + 03

F7 = 5. 417D + 03

FC = (1. D0 – F4) * EXP(– T/F5) + F4 * EXP(– T/F6) + EXP(– F7 * TM1)

FCLOG = DLOG10(MAX(FC, SMALL))

CPRLOG = PRLOG – (0. 4D0 + 0. 67D0 * FCLOG)

X = CPRLOG/(0. 75D0 – 1. 27D0 * FCLOG – 0. 14D0 * CPRLOG)

FC = 10. 0D0 * (FCLOG/(1. 0D0 + X * X))

PCOR = FC * PCOR

RF(130) = RF(130) * PCOR

RB(130) = RB(130) * PCOR

RFLOW = 2. 565D + 27 * EXP(– 3. 4D0 * ALOGT – 3. 5799D + 01 * TINV)

PR = RFLOW * XM(138)/RF(138)

PCOR = PR/(1. D0 + PR)

PRLOG = DLOG10(MAX(PR, SMALL))

F4 = 1. 9816D0

F5 = 5. 3837D + 03

F6 = 4. 2932D0

F7 = – 7. 95D – 02

FC = (1. D0 – F4) * EXP(– T/F5) + F4 * EXP(– T/F6) + EXP(– F7 * TM1)

FCLOG = DLOG10(MAX(FC, SMALL))

CPRLOG = PRLOG – (0. 4D0 + 0. 67D0 * FCLOG)

X = CPRLOG/(0. 75D0 – 1. 27D0 * FCLOG – 0. 14D0 * CPRLOG)

FC = 10. 0D0 * (FCLOG/(1. 0D0 + X * X))

PCOR = FC * PCOR

RF(138) = RF(138) * PCOR

RB(138) = RB(138) * PCOR

RFLOW = 3. 11D + 85 * EXP(– 1. 884D + 01 * ALOGT – 1. 131D + 02 * TINV)

PR = RFLOW * XM(148)/RF(148)

PCOR = PR/(1. D0 + PR)

PRLOG = DLOG10(MAX(PR, SMALL))

F4 = 5. D – 01

F5 = 5. 5D + 02

F6 = 8. 25D + 02

$F7 = 6.1D + 03$

$FC = (1.D0 - F4) * EXP(-T/F5) + F4 * EXP(-T/F6) + EXP(-F7 * TM1)$

$FCLOG = DLOG10(MAX(FC, SMALL))$

$CPRLOG = PRLOG - (0.4D0 + 0.67D0 * FCLOG)$

$X = CPRLOG/(0.75D0 - 1.27D0 * FCLOG - 0.14D0 * CPRLOG)$

$FC = 10.0D0 * (FCLOG/(1.0D0 + X * X))$

$PCOR = FC * PCOR$

$RF(148) = RF(148) * PCOR$

$RB(148) = RB(148) * PCOR$

$RFLOW = 5.11D + 85 * EXP(-1.88D + 01 * ALOGT - 1.1877D + 02 * TINV)$

$PR = RFLOW * XM(149)/RF(149)$

$PCOR = PR/(1.D0 + PR)$

$PRLOG = DLOG10(MAX(PR, SMALL))$

$F4 = 5.D - 01$

$F5 = 6.5D + 02$

$F6 = 8.D + 02$

$F7 = 1.D + 15$

$FC = (1.D0 - F4) * EXP(-T/F5) + F4 * EXP(-T/F6) + EXP(-F7 * TM1)$

$FCLOG = DLOG10(MAX(FC, SMALL))$

$CPRLOG = PRLOG - (0.4D0 + 0.67D0 * FCLOG)$

$X = CPRLOG/(0.75D0 - 1.27D0 * FCLOG - 0.14D0 * CPRLOG)$

$FC = 10.0D0 * (FCLOG/(1.0D0 + X * X))$

$PCOR = FC * PCOR$

$RF(149) = RF(149) * PCOR$

$RB(149) = RB(149) * PCOR$

$RFLOW = 3.09D + 55 * EXP(-1.092D + 01 * ALOGT - 6.2644D + 01 * TINV)$

$PR = RFLOW * XM(150)/RF(150)$

$PCOR = PR/(1.D0 + PR)$

$PRLOG = DLOG10(MAX(PR, SMALL))$

$F4 = 8.97D - 01$

$F5 = 1.D + 10$

$F6 = 1.D0$

$F7 = 5.D + 09$

$FC = (1.D0 - F4) * EXP(-T/F5) + F4 * EXP(-T/F6) + EXP(-F7 * TM1)$

$FCLOG = DLOG10(MAX(FC, SMALL))$

$CPRLOG = PRLOG - (0.4D0 + 0.67D0 * FCLOG)$

$X = CPRLOG/(0.75D0 - 1.27D0 * FCLOG - 0.14D0 * CPRLOG)$

FC $=$ 10. 0D0 $*$ (FCLOG/(1. 0D0 $+$ X $*$ X))

PCOR $=$ FC $*$ PCOR

RF(150) $=$ RF(150) $*$ PCOR

RB(150) $=$ RB(150) $*$ PCOR

RFLOW $=$ 4. 27D $+$ 58 $*$ EXP($-$ 1. 194D $+$ 01 $*$ ALOGT $-$ 9. 7698D0 $*$ TINV)

PR $=$ RFLOW $*$ XM(181)/RF(181)

PCOR $=$ PR/(1. D0 $+$ PR)

PRLOG $=$ DLOG10(MAX(PR, SMALL))

F4 $=$ 1. 75D $-$ 01

F5 $=$ 1. 3406D $+$ 03

F6 $=$ 6. D $+$ 04

F7 $=$ 1. 014D $+$ 04

FC $=$ (1. D0 $-$ F4) $*$ EXP($-$ T/F5) $+$ F4 $*$ EXP($-$ T/F6) $+$ EXP($-$ F7 $*$ TM1)

FCLOG $=$ DLOG10(MAX(FC, SMALL))

CPRLOG $=$ PRLOG $-$ (0. 4D0 $+$ 0. 67D0 $*$ FCLOG)

X $=$ CPRLOG/(0. 75D0 $-$ 1. 27D0 $*$ FCLOG $-$ 0. 14D0 $*$ CPRLOG)

FC $=$ 10. 0D0 $*$ (FCLOG/(1. 0D0 $+$ X $*$ X))

PCOR $=$ FC $*$ PCOR

RF(181) $=$ RF(181) $*$ PCOR

RB(181) $=$ RB(181) $*$ PCOR

RFLOW $=$ 1. 782D $+$ 60 $*$ EXP($-$ 1. 228D $+$ 01 $*$ ALOGT $-$ 8. 398D $+$ 01 $*$ TINV)

PR $=$ RFLOW $*$ XM(301)/RF(301)

PCOR $=$ PR/(1. D0 $+$ PR)

PRLOG $=$ DLOG10(MAX(PR, SMALL))

F4 $=$ 2. 352D $-$ 01

F5 $=$ 7. 24D $+$ 02

F6 $=$ 5. D $+$ 09

F7 $=$ 5. D $+$ 09

FC $=$ (1. D0 $-$ F4) $*$ EXP($-$ T/F5) $+$ F4 $*$ EXP($-$ T/F6) $+$ EXP($-$ F7 $*$ TM1)

FCLOG $=$ DLOG10(MAX(FC, SMALL))

CPRLOG $=$ PRLOG $-$ (0. 4D0 $+$ 0. 67D0 $*$ FCLOG)

X $=$ CPRLOG/(0. 75D0 $-$ 1. 27D0 $*$ FCLOG $-$ 0. 14D0 $*$ CPRLOG)

FC $=$ 10. 0D0 $*$ (FCLOG/(1. 0D0 $+$ X $*$ X))

PCOR $=$ FC $*$ PCOR

RF(301) $=$ RF(301) $*$ PCOR

RB(301) $=$ RB(301) $*$ PCOR

RFLOW $=$ 6. 632D $+$ 59 $*$ EXP($-$ 1. 213D $+$ 01 $*$ ALOGT $-$ 8. 472D $+$ 01 $*$ TINV)

PR = RFLOW * XM(302)/RF(302)

PCOR = PR/(1. D0 + PR)

PRLOG = DLOG10(MAX(PR, SMALL))

F4 = 2. 438D − 01

F5 = 7. 4406D + 02

F6 = 5. D + 09

F7 = 5. D + 09

FC = (1. D0 − F4) * EXP(− T/F5) + F4 * EXP(− T/F6) + EXP(− F7 * TM1)

FCLOG = DLOG10(MAX(FC, SMALL))

CPRLOG = PRLOG − (0. 4D0 + 0. 67D0 * FCLOG)

X = CPRLOG/(0. 75D0 − 1. 27D0 * FCLOG − 0. 14D0 * CPRLOG)

FC = 10. 0D0 * (FCLOG/(1. 0D0 + X * X))

PCOR = FC * PCOR

RF(302) = RF(302) * PCOR

RB(302) = RB(302) * PCOR

RFLOW = 1. 416D + 59 * EXP(− 1. 193D + 01 * ALOGT − 8. 398D + 01 * TINV)

PR = RFLOW * XM(303)/RF(303)

PCOR = PR/(1. D0 + PR)

PRLOG = DLOG10(MAX(PR, SMALL))

F4 = 7. 646D − 01

F5 = 8. 344D + 09

F6 = 7. 248D + 02

F7 = 8. 214D + 09

FC = (1. D0 − F4) * EXP(− T/F5) + F4 * EXP(− T/F6) + EXP(− F7 * TM1)

FCLOG = DLOG10(MAX(FC, SMALL))

CPRLOG = PRLOG − (0. 4D0 + 0. 67D0 * FCLOG)

X = CPRLOG/(0. 75D0 − 1. 27D0 * FCLOG − 0. 14D0 * CPRLOG)

FC = 10. 0D0 * (FCLOG/(1. 0D0 + X * X))

PCOR = FC * PCOR

RF(303) = RF(303) * PCOR

RB(303) = RB(303) * PCOR

RFLOW = 1. 69D + 75 * EXP(− 1. 704D + 01 * ALOGT − 6. 475D + 01 * TINV)

PR = RFLOW * XM(304)/RF(304)

PCOR = PR/(1. D0 + PR)

PRLOG = DLOG10(MAX(PR, SMALL))

F4 = 8. D − 02

F5 = 1. D0

```
     F6   = 9. 924D + 09
     F7   = 9. 924D + 09
     FC   = (1. D0 − F4) * EXP( − T/F5) + F4 * EXP( − T/F6) + EXP( − F7 * TM1)
     FCLOG  = DLOG10( MAX( FC, SMALL))
     CPRLOG  = PRLOG − (0. 4D0 + 0. 67D0 * FCLOG)
     X  = CPRLOG/(0. 75D0 − 1. 27D0 * FCLOG − 0. 14D0 * CPRLOG)
     FC   = 10. 0D0 * ( FCLOG/(1. 0D0 + X * X))
     PCOR  = FC * PCOR
     RF( 304)  = RF( 304) * PCOR
     RB( 304)  = RB( 304) * PCOR
     RF( 5)  = RF( 5) * XM( 5)
     RB( 5)  = RB( 5) * XM( 5)
     RF( 20)  = RF( 20) * XM( 20)
     RB( 20)  = RB( 20) * XM( 20)
     RF( 29)  = RF( 29) * XM( 29)
     RB( 29)  = RB( 29) * XM( 29)
     RF( 118)  = RF( 118) * XM( 118)
     RB( 118)  = RB( 118) * XM( 118)
     RF( 166)  = RF( 166) * XM( 166)
     RB( 166)  = RB( 166) * XM( 166)
     RF( 207)  = RF( 207) * XM( 207)
     RB( 207)  = RB( 207) * XM( 207)
     RETURN
     END
     SUBROUTINE STEADY ( ITER, XCONQ, XCON, RF, RB, ADJ, SMALL, ATOL,
   RTOL, CONV)
     IMPLICIT DOUBLE PRECISION ( A − H, O − Z), INTEGER ( I − N)
     PARAMETER ( NQS = 20)
     DIMENSION XCONQ( * ), RF( * ), XCON( * )
     DIMENSION XCONQ0( NQS), RB( * )
     LOGICAL CONV
     CONV = . TRUE.
     DO I = 1, NQS
       XCONQ0( I)  = XCONQ( I)
     ENDDO
     DIFFM  = 0. D0
C      1HCO
```

$ABV = +RF(26) * XCON(14) + RF(27) * XCON(12) * XCON(14) + RF(30) *$
$XCON(12) * XCON(5) + RF(31) * XCON(12) * XCON(1) + RF(32) * XCON(12) *$
$XCON(3) + RF(33) * XCON(12) * XCON(22) + RF(34) * XCON(12) * XCON(8) +$
$RF(38) * XCON(15) + RF(68) * XCON(20) * XCON(12) + RF(102) * XCON(29) +$
$RF(115) * XCON(12) * XCON(34) + RF(132) * XCON(26) * XCON(3) + RF(140) *$
$XCON(27) * XCON(4) + RF(170) * XCON(41) + RF(183) * XCON(44) * XCON(3) +$
$RF(215) * XCON(47) * XCON(4) + RF(216) * XCONQ0(7) * XCON(4) + RF(242) *$
$XCON(51) + RB(20) * XCON(1) * XCON(10) + RB(21) * XCON(10) * XCON(8) + RB(22) *$
$XCON(10) * XCON(2) + RB(23) * XCON(10) * XCON(6) + RB(24) * XCON(12) * XCON(4) +$
$RB(25) * XCON(11) * XCON(1) * XCON(5) + RB(47) * XCON(12) * XCON(16) +$
$RB(330) * XCONQ0(18) * XCON(12)$

$DEN = +RF(20) + RF(21) * XCON(4) + RF(22) * XCON(1) + RF(23) * XCON(5) +$
$RF(24) * XCON(8) + RF(25) * XCON(8) + RF(47) * XCON(15) + RF(330) * XCON(67) +$
$RB(26) * XCON(4) + RB(27) * XCON(13) + RB(30) * XCON(6) + RB(31) * XCON(2) +$
$RB(32) * XCON(5) + RB(33) * XCON(21) + RB(34) * XCON(9) + RB(38) * XCON(5) +$
$RB(68) * XCON(19) + RB(102) * XCON(22) + RB(115) * XCON(33) + RB(132) *$
$XCON(22) + RB(140) * XCON(12) + RB(170) * XCON(27) + RB(183) * XCON(25) +$
$RB(215) * XCON(31) + RB(216) * XCON(32) + RB(242) * XCON(29) * XCON(5)$

IF(DEN < 1. D0) DEN = MAX(ADJ * ABV, DEN, SMALL)

XOLD = XCONQ0(1)

XNEW = ABV/DEN

DIFF = DABS(XNEW − XOLD) − MAX(XNEW * RTOL, ATOL)

DTMP = ABV − DEN * XOLD

DIFFM = MAX(DIFFM, DABS(DTMP))

XCONQ(1) = XNEW

IF(DIFF > 0. D0) CONV = . FALSE.

C $2CH_2OH$

$ABV = +RF(50) * XCON(12) * XCON(1) + RF(61) * XCON(22) * XCON(5) +$
$RF(125) * XCON(31) * XCON(5) + RF(148) * XCON(36) + RF(298) * XCONQ0(16) *$
$XCON(4) + RF(299) * XCONQ0(16) + RF(303) * XCON(67) + RF(344) * XCONQ0(19) +$
$RF(360) * XCON(73) + RB(51) * XCON(12) * XCON(8) + RB(52) * XCON(12) * XCON(8) +$
$RB(53) * XCON(17) * XCON(5)$

$DEN = +RF(51) * XCON(4) + RF(52) * XCON(4) + RF(53) * XCON(8) + RB(50) +$
$RB(61) * XCON(1) + RB(125) * XCON(10) + RB(148) * XCON(22) + RB(298) * XCON(10) *$
$XCON(12) + RB(299) * XCON(28) + RB(303) * XCON(43) + RB(344) * XCON(44) + RB(360) *$
$XCON(45)$

IF(DEN < 1. D0) DEN = MAX(ADJ * ABV, DEN, SMALL)

XOLD = XCONQ0(2)

XNEW = ABV/DEN

DIFF = DABS(XNEW − XOLD) − MAX(XNEW * RTOL, ATOL)

DTMP = ABV − DEN * XOLD

DIFFM = MAX(DIFFM, DABS(DTMP))

XCONQ(2) = XNEW

IF(DIFF > 0. D0) CONV = . FALSE.

C　3CH$_2$(S)

ABV = + RF(59) * XCON(22) * XCON(5) + RF(127) * XCON(1) * XCON(32) + RB(74) * XCON(23) + RB(75) * XCON(10) * XCON(5) * XCON(1) + RB(76) * XCON(22) * XCON(1)

DEN = + RF(74) + RF(75) * XCON(4) + RF(76) * XCON(2) + RB(59) * XCON(6) + RB(127) * XCON(10)

IF(DEN < 1. D0) DEN = MAX(ADJ * ABV, DEN, SMALL)

XOLD = XCONQ0(3)

XNEW = ABV/DEN

DIFF = DABS(XNEW − XOLD) − MAX(XNEW * RTOL, ATOL)

DTMP = ABV − DEN * XOLD

DIFFM = MAX(DIFFM, DABS(DTMP))

XCONQ(3) = XNEW

IF(DIFF > 0. D0) CONV = . FALSE.

C　4CH$_3$CO

ABV = + RF(100) * XCON(40) + RF(103) * XCON(29) * XCON(1) + RF(104) * XCON(29) * XCON(3) + RF(105) * XCON(29) * XCON(5) + RF(106) * XCON(29) * XCON(4) + RF(107) * XCON(29) * XCON(8) + RF(108) * XCON(29) * XCON(34) + RF(112) * XCON(34) + RF(244) * XCON(53) + RB(111) * XCON(22) * XCON(10)

DEN = + RF(111) + RB(100) + RB(103) * XCON(2) + RB(104) * XCON(5) + RB(105) * XCON(6) + RB(106) * XCON(8) + RB(107) * XCON(9) + RB(108) * XCON(33) + RB(112) * XCON(4) + RB(244) * XCON(12) * XCON(5)

IF(DEN < 1. D0) DEN = MAX(ADJ * ABV, DEN, SMALL)

XOLD = XCONQ0(4)

XNEW = ABV/DEN

DIFF = DABS(XNEW − XOLD) − MAX(XNEW * RTOL, ATOL)

DTMP = ABV − DEN * XOLD

DIFFM = MAX(DIFFM, DABS(DTMP))

XCONQ(4) = XNEW

IF(DIFF > 0. D0) CONV = . FALSE.

C   5 C_2H_5O

ABV = + RF(92) * XCON(25) * XCON(8) + RF(93) * XCON(20) * XCON(25) + RF(154) * XCON(36) * XCON(5) + RF(157) * XCON(36) * XCON(1) + RF(162) * XCON(36) * XCON(3) + RF(276) * XCON(60) * XCON(39) + RB(94) * XCON(22) * XCON(12) + RB(95) * XCON(29) * XCON(1)

DEN = + RF(94) + RF(95) + RB(92) * XCON(5) + RB(93) * XCON(18) + RB(154) * XCON(6) + RB(157) * XCON(2) + RB(162) * XCON(5) + RB(276) * XCON(63)

IF(DEN < 1. D0) DEN = MAX(ADJ * ABV, DEN, SMALL)

XOLD = XCONQ0(5)

XNEW = ABV/DEN

DIFF = DABS(XNEW - XOLD) - MAX(XNEW * RTOL, ATOL)

DTMP = ABV - DEN * XOLD

DIFFM = MAX(DIFFM, DABS(DTMP))

XCONQ(5) = XNEW

IF(DIFF > 0. D0) CONV = . FALSE.

C   6 SC_2H_4OH

ABV = + RF(153) * XCON(36) * XCON(5) + RF(156) * XCON(36) * XCON(1) + RF(159) * XCON(36) * XCON(8) + RF(161) * XCON(36) * XCON(3) + RF(164) * XCON(36) * XCON(22) + RF(221) * XCON(56) * XCON(5) + RB(166) * XCON(29) * XCON(1) + RB(169) * XCON(29) * XCON(8)

DEN = + RF(166) + RF(169) * XCON(4) + RB(153) * XCON(6) + RB(156) * XCON(2) + RB(159) * XCON(9) + RB(161) * XCON(5) + RB(164) * XCON(21) + RB(221) * XCON(10)

IF(DEN < 1. D0) DEN = MAX(ADJ * ABV, DEN, SMALL)

XOLD = XCONQ0(6)

XNEW = ABV/DEN

DIFF = DABS(XNEW - XOLD) - MAX(XNEW * RTOL, ATOL)

DTMP = ABV - DEN * XOLD

DIFFM = MAX(DIFFM, DABS(DTMP))

XCONQ(6) = XNEW

IF(DIFF > 0. D0) CONV = . FALSE.

C   7 C_3H_2

ABV = + RF(214) * XCON(47) * XCON(5) + RF(218) * XCON(47) * XCON(1) + RB(216) * XCONQ0(1) * XCON(32) + RB(219) * XCON(32) * XCON(10) * XCON(1)

DEN = + RF(216) * XCON(4) + RF(219) * XCON(4) + RB(214) * XCON(6) + RB(218) * XCON(2)

IF(DEN < 1. D0) DEN = MAX(ADJ * ABV, DEN, SMALL)

XOLD = XCONQ0(7)

XNEW = ABV/DEN

DIFF = DABS(XNEW − XOLD) − MAX(XNEW * RTOL, ATOL)

DTMP = ABV − DEN * XOLD

DIFFM = MAX(DIFFM, DABS(DTMP))

XCONQ(7) = XNEW

IF(DIFF > 0. D0) CONV = . FALSE.

C　　8C$_3$H$_5$O

ABV = + RF(198) * XCON(45) * XCON(8) + RF(199) * XCON(45) * XCON(20) + RF(245) * XCON(57) + RB(246) * XCON(41) * XCON(1) + RB(247) * XCON(27) * XCON(12) + RB(248) * XCON(41) * XCON(8)

DEN = + RF(246) + RF(247) + RF(248) * XCON(4) + RB(198) * XCON(5) + RB(199) * XCON(18) + RB(245) * XCON(5)

IF(DEN < 1. D0) DEN = MAX(ADJ * ABV, DEN, SMALL)

XOLD = XCONQ0(8)

XNEW = ABV/DEN

DIFF = DABS(XNEW − XOLD) − MAX(XNEW * RTOL, ATOL)

DTMP = ABV − DEN * XOLD

DIFFM = MAX(DIFFM, DABS(DTMP))

XCONQ(8) = XNEW

IF(DIFF > 0. D0) CONV = . FALSE.

C　　9C$_3$H$_6$OOH1 − 2

ABV = + RF(225) * XCON(49) + RF(231) * XCONQ0(11) + RB(228) * XCON(44) * XCON(8)

DEN = + RF(228) + RB(225) + RB(231) * XCON(4)

IF(DEN < 1. D0) DEN = MAX(ADJ * ABV, DEN, SMALL)

XOLD = XCONQ0(9)

XNEW = ABV/DEN

DIFF = DABS(XNEW − XOLD) − MAX(XNEW * RTOL, ATOL)

DTMP = ABV − DEN * XOLD

DIFFM = MAX(DIFFM, DABS(DTMP))

XCONQ(9) = XNEW

IF(DIFF > 0. D0) CONV = . FALSE.

C　　10C$_3$H$_6$OOH$_1$ − 3

ABV = + RF(226) * XCON(49) + RF(232) * XCONQ0(12) + RB(227) * XCON(50) * XCON(5) + RB(230) * XCON(5) * XCON(12) * XCON(26)

DEN = + RF(227) + RF(230) + RB(226) + RB(232) * XCON(4)

```
        IF(DEN < 1. D0) DEN = MAX(ADJ * ABV, DEN, SMALL)
        XOLD = XCONQ0(10)
        XNEW = ABV/DEN
        DIFF = DABS(XNEW - XOLD) - MAX(XNEW * RTOL, ATOL)
        DTMP = ABV - DEN * XOLD
        DIFFM = MAX(DIFFM, DABS(DTMP))
        XCONQ(10) = XNEW
        IF(DIFF > 0. D0) CONV = . FALSE.
C     11C3H6OOH1 - 2O2
        ABV = + RB(231) * XCONQ0(9) * XCON(4) + RB(234) * XCON(51) * XCON(5) +
RB(238) * XCON(54)
        DEN = + RF(231) + RF(234) + RF(238)
        IF(DEN < 1. D0) DEN = MAX(ADJ * ABV, DEN, SMALL)
        XOLD = XCONQ0(11)
        XNEW = ABV/DEN
        DIFF = DABS(XNEW - XOLD) - MAX(XNEW * RTOL, ATOL)
        DTMP = ABV - DEN * XOLD
        DIFFM = MAX(DIFFM, DABS(DTMP))
        XCONQ(11) = XNEW
        IF(DIFF > 0. D0) CONV = . FALSE.
C     12C3H6OOH1 - 3O2
        ABV = + RF(240) * XCON(55) + RB(232) * XCONQ0(10) * XCON(4) + RB(235) *
XCON(52) * XCON(5)
        DEN = + RF(232) + RF(235) + RB(240)
        IF(DEN < 1. D0) DEN = MAX(ADJ * ABV, DEN, SMALL)
        XOLD = XCONQ0(12)
        XNEW = ABV/DEN
        DIFF = DABS(XNEW - XOLD) - MAX(XNEW * RTOL, ATOL)
        DTMP = ABV - DEN * XOLD
        DIFFM = MAX(DIFFM, DABS(DTMP))
        XCONQ(12) = XNEW
        IF(DIFF > 0. D0) CONV = . FALSE.
C     13C3H6OOH2 - 1O2
        ABV = + RB(233) * XCON(48) * XCON(4) + RB(236) * XCON(53) * XCON(5) +
RB(237) * XCON(54)
        DEN = + RF(233) + RF(236) + RF(237)
        IF(DEN < 1. D0) DEN = MAX(ADJ * ABV, DEN, SMALL)
```

$$XOLD = XCONQ0(13)$$

$$XNEW = ABV/DEN$$

$$DIFF = DABS(XNEW - XOLD) - MAX(XNEW * RTOL, ATOL)$$

$$DTMP = ABV - DEN * XOLD$$

$$DIFFM = MAX(DIFFM, DABS(DTMP))$$

$$XCONQ(13) = XNEW$$

$$IF(DIFF > 0. D0) CONV = . FALSE.$$

C　　$14C_3H_6OH$

$$ABV = + RF(194) * XCONQ0(15) + RF(301) * XCON(67) + RB(193) * XCON(44) *$$
$$XCON(5)$$

$$DEN = + RF(193) + RB(194) * XCON(4) + RB(301) * XCON(22)$$

$$IF(DEN < 1. D0) DEN = MAX(ADJ * ABV, DEN, SMALL)$$

$$XOLD = XCONQ0(14)$$

$$XNEW = ABV/DEN$$

$$DIFF = DABS(XNEW - XOLD) - MAX(XNEW * RTOL, ATOL)$$

$$DTMP = ABV - DEN * XOLD$$

$$DIFFM = MAX(DIFFM, DABS(DTMP))$$

$$XCONQ(14) = XNEW$$

$$IF(DIFF > 0. D0) CONV = . FALSE.$$

C　　$15HOC_3H_6O_2$

$$ABV = + RB(194) * XCONQ0(14) * XCON(4) + RB(195) * XCON(29) * XCON(12) *$$
$$XCON(5)$$

$$DEN = + RF(194) + RF(195)$$

$$IF(DEN < 1. D0) DEN = MAX(ADJ * ABV, DEN, SMALL)$$

$$XOLD = XCONQ0(15)$$

$$XNEW = ABV/DEN$$

$$DIFF = DABS(XNEW - XOLD) - MAX(XNEW * RTOL, ATOL)$$

$$DTMP = ABV - DEN * XOLD$$

$$DIFFM = MAX(DIFFM, DABS(DTMP))$$

$$XCONQ(15) = XNEW$$

$$IF(DIFF > 0. D0) CONV = . FALSE.$$

C　　$16CH_2CCH_2OH$

$$ABV = + RF(294) * XCON(66) * XCON(5) + RF(295) * XCON(66) * XCON(1) +$$
$$RF(296) * XCON(66) * XCON(4) + RF(297) * XCON(66) * XCON(22) + RF(372) *$$
$$XCON(69) + RB(298) * XCONQ0(2) * XCON(10) * XCON(12) + RB(299) * XCON(28) *$$
$$XCONQ0(2) + RB(300) * XCON(46) * XCON(5)$$

$$DEN = + RF(298) * XCON(4) + RF(299) + RF(300) + RB(294) * XCON(6) + RB(295) *$$

$$XCON(2) + RB(296) * XCON(8) + RB(297) * XCON(21) + RB(372) * XCON(22)$$

IF(DEN < 1. D0) DEN = MAX(ADJ * ABV, DEN, SMALL)

XOLD = XCONQ0(16)

XNEW = ABV/DEN

DIFF = DABS(XNEW − XOLD) − MAX(XNEW * RTOL, ATOL)

DTMP = ABV − DEN * XOLD

DIFFM = MAX(DIFFM, DABS(DTMP))

XCONQ(16) = XNEW

IF(DIFF > 0. D0) CONV = . FALSE.

C   17$C_4H_8OH − 1$

ABV = + RF(308) * XCON(67) * XCON(1) + RF(313) * XCON(67) * XCON(5) + RF(318) * XCON(67) * XCON(3) + RF(323) * XCON(67) * XCON(8) + RF(328) * XCON(67) * XCON(22) + RF(334) * XCON(67) * XCON(20) + RF(338) * XCON(67) * XCON(25) + RB(340) * XCONQ0(19) + RB(341) * XCONQ0(20) + RB(350) * XCON(74) * XCON(25) + RB(351) * XCON(64) * XCON(1) + RB(352) * XCON(69) * XCON(1) + RB(353) * XCON(64) * XCON(8) + RB(354) * XCON(69) * XCON(8)

DEN = + RF(340) + RF(341) + RF(350) + RF(351) + RF(352) + RF(353) * XCON(4) + RF(354) * XCON(4) + RB(308) * XCON(2) + RB(313) * XCON(6) + RB(318) * XCON(5) + RB(323) * XCON(9) + RB(328) * XCON(21) + RB(334) * XCON(19) + RB(338) * XCON(24)

IF(DEN < 1. D0) DEN = MAX(ADJ * ABV, DEN, SMALL)

XOLD = XCONQ0(17)

XNEW = ABV/DEN

DIFF = DABS(XNEW − XOLD) − MAX(XNEW * RTOL, ATOL)

DTMP = ABV − DEN * XOLD

DIFFM = MAX(DIFFM, DABS(DTMP))

XCONQ(17) = XNEW

IF(DIFF > 0. D0) CONV = . FALSE.

C   18$C_4H_8OH − 2$

ABV = + RF(307) * XCON(67) * XCON(1) + RF(312) * XCON(67) * XCON(5) + RF(317) * XCON(67) * XCON(3) + RF(322) * XCON(67) * XCON(8) + RF(327) * XCON(67) * XCON(22) + RF(330) * XCON(67) * XCONQ0(1) + RF(333) * XCON(67) * XCON(20) + RF(342) * XCONQ0(20) + RB(347) * XCON(66) * XCON(22) + RB(348) * XCON(58) * XCON(5) + RB(349) * XCON(1) * XCON(72) + RB(355) * XCON(69) * XCON(8) + RB(356) * XCON(72) * XCON(8)

DEN = + RF(347) + RF(348) + RF(349) + RF(355) * XCON(4) + RF(356) * XCON(4) + RB(307) * XCON(2) + RB(312) * XCON(6) + RB(317) * XCON(5) + RB(322) * XCON(9) +

$RB(327) * XCON(21) + RB(330) * XCON(12) + RB(333) * XCON(19) + RB(342)$

IF(DEN < 1. D0) DEN = MAX(ADJ * ABV, DEN, SMALL)

XOLD = XCONQ0(18)

XNEW = ABV/DEN

DIFF = DABS(XNEW − XOLD) − MAX(XNEW * RTOL, ATOL)

DTMP = ABV − DEN * XOLD

DIFFM = MAX(DIFFM, DABS(DTMP))

XCONQ(18) = XNEW

IF(DIFF > 0. D0) CONV = . FALSE.

C　　$19C_4H_8OH − 3$

ABV = + RF(306) * XCON(67) * XCON(1) + RF(311) * XCON(67) * XCON(5) + RF(316) * XCON(67) * XCON(3) + RF(321) * XCON(67) * XCON(8) + RF(326) * XCON(67) * XCON(22) + RF(332) * XCON(67) * XCON(20) + RF(337) * XCON(67) * XCON(25) + RF(340) * XCONQ0(17) + RB(344) * XCON(44) * XCONQ0(2) + RB(345) * XCON(73) * XCON(1) + RB(346) * XCON(72) * XCON(1) + RB(357) * XCON(73) * XCON(8) + RB(358) * XCON(72) * XCON(8)

DEN = + RF(344) + RF(345) + RF(346) + RF(357) * XCON(4) + RF(358) * XCON(4) + RB(306) * XCON(2) + RB(311) * XCON(6) + RB(316) * XCON(5) + RB(321) * XCON(9) + RB(326) * XCON(21) + RB(332) * XCON(19) + RB(337) * XCON(24) + RB(340)

IF(DEN < 1. D0) DEN = MAX(ADJ * ABV, DEN, SMALL)

XOLD = XCONQ0(19)

XNEW = ABV/DEN

DIFF = DABS(XNEW − XOLD) − MAX(XNEW * RTOL, ATOL)

DTMP = ABV − DEN * XOLD

DIFFM = MAX(DIFFM, DABS(DTMP))

XCONQ(19) = XNEW

IF(DIFF > 0. D0) CONV = . FALSE.

C　　$20C_4H_8OH − 4$

ABV = + RF(305) * XCON(67) * XCON(1) + RF(310) * XCON(67) * XCON(5) + RF(315) * XCON(67) * XCON(3) + RF(320) * XCON(67) * XCON(8) + RF(325) * XCON(67) * XCON(22) + RF(331) * XCON(67) * XCON(20) + RF(336) * XCON(67) * XCON(25) + RF(341) * XCONQ0(17) + RB(342) * XCONQ0(18) + RB(343) * XCON(26) * XCON(37) + RB(359) * XCON(73) * XCON(8)

DEN = + RF(342) + RF(343) + RF(359) * XCON(4) + RB(305) * XCON(2) + RB(310) * XCON(6) + RB(315) * XCON(5) + RB(320) * XCON(9) + RB(325) * XCON(21) + RB(331) * XCON(19) + RB(336) * XCON(24) + RB(341)

IF(DEN < 1. D0) DEN = MAX(ADJ * ABV, DEN, SMALL)

```
XOLD = XCONQ0(20)
XNEW = ABV/DEN
DIFF = DABS(XNEW - XOLD) - MAX(XNEW * RTOL, ATOL)
DTMP = ABV - DEN * XOLD
DIFFM = MAX(DIFFM, DABS(DTMP))
XCONQ(20) = XNEW
IF(DIFF > 0. D0) CONV = . FALSE.
CONV = DIFFM < 1. D - 9. and. ITER > = 5
RETURN
END
SUBROUTINE CALCWDOT(WDOT, W)
IMPLICIT DOUBLE PRECISION (A - H, O - Z), INTEGER (I - N)
DIMENSION WDOT( * ), W( * )
```

$$WDOT(1) = -W(1) + W(2) + W(3) + W(5) - W(6) - W(7) - W(8) - W(14) + W(18) + W(20) - W(22) + W(25) + W(29) - W(31) + W(36) + W(40) - W(43) + W(48) - W(50) - W(54) - W(55) + W(60) + W(61) + W(64) - W(71) + W(75) + W(76) + 2. D0 * W(78) + W(79) + 2. D0 * W(80) - W(82) - W(83) - W(88) + W(89) - W(90) + W(91) + W(95) - W(103) + W(119) - W(121) - W(122) - W(127) + W(128) - W(131) + W(133) + W(138) - W(142) + W(146) + W(147) - W(155) - W(156) - W(157) + W(166) - W(171) + W(180) + W(182) + W(184) + 2. D0 * W(185) - W(189) - W(190) - W(197) - W(200) + W(207) - W(213) - W(218) + W(219) - W(222) + W(246) - W(252) + W(257) - W(261) + W(265) - W(267) + W(269) - W(275) + W(285) - W(289) - W(295) - W(305) - W(306) - W(307) - W(308) - W(309) + W(345) + W(346) + W(349) + W(351) + W(352) - W(362) - W(368) - W(374) + W(379) - W(382)$$

$$WDOT(2) = -W(2) - W(3) + W(7) + W(14) + W(22) + W(31) + W(42) + W(43) + W(55) - W(76) + W(83) - W(89) + W(103) + W(122) + W(126) + W(130) + W(131) + W(142) + W(155) + W(156) + W(157) + W(171) + W(189) + W(200) + W(213) + W(218) + W(252) + W(261) + W(267) + W(275) + W(289) + W(295) + W(305) + W(306) + W(307) + W(308) + W(309) + W(362) + W(368) + W(374) + W(382)$$

$$WDOT(3) = +W(1) - W(2) - W(4) - W(9) + W(17) - W(32) - W(57) - W(64) + W(65) - W(72) + W(77) - W(80) - W(84) - W(91) - W(104) - W(123) - W(128) - W(132) - W(133) + W(141) + W(145) - W(146) - W(160) - W(161) - W(162) - W(172) - W(183) - W(184) - W(185) - W(186) - W(211) - W(212) - W(223) - W(251) - W(259) - W(260) - W(270) - W(283) - W(284) - W(290) - W(315) - W(316) - W(317) - W(318) - W(319) - W(363) - W(369) - W(375) - W(383)$$

$$WDOT(4) = -W(1) - W(6) + W(7) + W(9) + W(10) - W(11) - W(12) - W(17) - W(21) + W(24) + W(26) - W(39) - W(49) - W(51) - W(52) + W(63) - W(65) - W(66) -$$

$W(67)+W(70)+W(72)-W(75)-W(77)-W(78)-W(79)-W(86)+W(96)-$
$W(97)-W(98)-W(106)+W(112)+W(113)-W(120)-W(129)-W(139)-W(140)-$
$W(141)-W(144)-W(151)+W(167)-W(169)-W(174)-W(191)+W(194)-$
$W(204)-W(205)-W(206)-W(208)-W(215)-W(216)-W(219)+W(224)+W(231)+$
$W(232)+W(233)-W(248)-W(258)-W(266)-W(274)-W(287)-W(296)-$
$W(298)-W(353)-W(354)-W(355)-W(356)-W(357)-W(358)-W(359)-W(361)-$
$W(367)-W(373)$

$WDOT(5)=+W(1)+W(2)-W(3)+2.D0*W(4)+W(5)+2.D0*W(8)+$
$W(9)-W(10)+2.D0*W(13)-W(15)-W(16)-W(18)+W(19)-W(23)+W(25)+$
$W(28)-W(30)+W(32)+W(35)+W(38)-W(40)+W(43)+W(44)+W(46)+W(53)-$
$W(56)+W(57)-W(59)-W(60)-W(61)+W(62)+W(66)+W(71)+W(73)+W(75)+$
$W(79)+W(84)-W(85)+W(92)+W(98)+W(104)-W(105)-W(109)-W(110)-$
$W(117)+W(120)-W(124)-W(125)-W(126)+W(129)-W(134)-W(143)+W(144)-$
$W(147)+W(149)-W(152)-W(153)-W(154)+W(160)+W(161)+W(162)+$
$W(165)+W(168)+W(172)-W(173)+W(186)-W(187)+W(193)+W(195)+W(198)-$
$W(205)+W(206)-W(209)-W(210)-W(214)-W(220)-W(221)+W(227)+$
$W(230)+W(234)+W(235)+W(236)+W(242)+W(243)+W(244)+W(245)-W(250)-$
$W(251)+W(259)+W(260)-W(262)-W(268)+W(271)-W(280)-W(281)-$
$W(282)-W(288)+W(290)-W(294)+W(300)-W(310)-W(311)-W(312)-W(313)-$
$W(314)+W(315)+W(316)+W(317)+W(318)+W(319)+W(348)+W(363)-W(364)+$
$W(366)+W(369)-W(370)+W(375)-W(376)+W(381)+W(383)-W(384)$

$WDOT(6)=+W(3)-W(4)-W(5)+W(10)+W(15)+W(16)+W(23)+$
$W(30)+W(37)+W(40)+W(41)+W(56)+W(59)+W(85)+W(105)+W(110)+$
$W(124)+W(134)+W(143)+W(150)+W(152)+W(153)+W(154)+W(173)+W(187)+$
$W(210)+W(214)+W(250)+W(262)+W(268)+W(288)+W(294)+W(304)+$
$W(310)+W(311)+W(312)+W(313)+W(314)+W(364)+W(370)+W(376)+W(384)$

$WDOT(7)=0.D0$

$WDOT(8)=+W(6)-W(7)-W(8)-W(9)-W(10)+2.D0*W(11)+2.D0*$
$W(12)+W(14)+W(15)+W(16)-W(19)+W(21)-W(24)-W(25)-W(34)+W(39)-$
$W(45)-W(46)+W(49)+W(51)+W(52)-W(53)-W(58)-W(62)-W(63)-W(70)+$
$W(86)-W(87)-W(92)+W(97)+W(99)+W(106)-W(107)-W(113)+W(114)+$
$W(139)+W(151)-W(158)-W(159)+W(169)+W(174)-W(175)-W(188)+W(191)-$
$W(198)+W(204)+W(208)-W(217)+W(228)+W(229)+W(239)+W(241)+$
$W(248)-W(253)+W(254)+W(258)+W(266)-W(271)+W(274)+W(287)-W(291)+$
$W(296)-W(320)-W(321)-W(322)-W(323)-W(324)+W(353)+W(354)+$
$W(355)+W(356)+W(357)+W(358)+W(359)+W(361)-W(365)+W(367)-W(371)+$
$W(373)-W(378)-W(385)$

$$WDOT(9) = -W(11) - W(12) - W(13) - W(14) - W(15) - W(16) + W(34) + W(45) + W(46) + W(58) + W(87) + W(107) - W(114) + W(158) + W(159) + W(175) + W(188) + W(217) + W(253) + W(291) + W(320) + W(321) + W(322) + W(323) + W(324) + W(365) + W(371) + W(378) + W(385)$$

$$WDOT(10) = -W(17) - W(18) - W(19) + W(20) + W(21) + W(22) + W(23) + W(37) + W(41) + W(43) + W(44) + W(46) + W(75) + W(79) + W(80) + W(111) + W(120) + W(121) + W(125) + 2.D0 * W(126) + W(127) + 2.D0 * W(128) + 2.D0 * W(129) + W(145) + W(178) + W(211) + W(219) + W(221) + W(222) + W(223) + W(293) + W(298)$$

$$WDOT(11) = +W(17) + W(18) + W(19) + W(25) + W(29) + W(40) + W(42) + W(78) + W(118) + W(123) + W(220)$$

$$WDOT(12) = +W(24) + W(27) - W(30) - W(31) - W(32) - W(33) - W(34) + W(35) + W(47) + W(48) + W(49) - W(50) + W(51) + W(52) + W(64) + W(66) - W(68) + W(77) + W(94) - W(115) + W(120) + W(140) + 2.D0 * W(168) + W(195) + W(206) + W(212) + W(230) + W(243) + W(244) + W(247) + W(249) + W(250) + W(251) + W(252) + W(253) + W(281) + W(284) + W(286) + W(298) + W(330)$$

$$WDOT(13) = +W(27) - W(28)$$

$$WDOT(14) = -W(26) - W(27)$$

$$WDOT(15) = +W(36) - W(37) - W(38) - W(39) - W(40) - W(41) - W(42) - W(43) - W(44) - W(45) - W(46) - W(47) + W(109)$$

$$WDOT(16) = +W(28) - W(29) + W(39) + W(45) + W(47)$$

$$WDOT(17) = -W(35) - W(36) + W(53)$$

$$WDOT(18) = -W(48) - W(49) + W(60) + W(62) + W(65) + 2.D0 * W(69) + W(71) + W(72) + W(73) + W(93) + W(199) + W(272)$$

$$WDOT(19) = +W(68) + W(70) - W(73) + W(89) + W(136) + W(177) + W(331) + W(332) + W(333) + W(334) + W(335)$$

$$WDOT(20) = +W(67) - W(68) - W(69) - W(70) - W(71) - W(72) - W(89) - W(93) - W(136) - W(177) - W(199) - W(272) - W(331) - W(332) - W(333) - W(334) - W(335)$$

$$WDOT(21) = +W(33) + W(44) + W(54) - W(55) - W(56) - W(57) - W(58) + W(63) + W(135) + W(163) + W(164) + W(176) + W(192) + W(201) + W(263) + W(292) + W(297) + W(325) + W(326) + W(327) + W(328) + W(329) + W(377)$$

$$WDOT(22) = -W(33) - W(44) - W(54) + W(55) + W(56) + W(57) + W(58) - W(59) - W(60) - W(61) - W(62) - W(63) - W(64) - W(65) - W(66) - W(67) - W(69) + W(76) - 2.D0 * W(81) + 2.D0 * W(90) + W(94) + W(102) + W(109) + W(111) + W(118) + W(121) + W(132) - W(135) + W(148) - W(163) - W(164) - W(176) + W(179) - W(181) + W(184) + W(190) - W(192) + W(196) - W(201) + W(209) + W(255) - W(263) + W(270) + W(278) -$$

W(292) − W(297) + W(301) − W(325) − W(326) − W(327) − W(328) − W(329) + W(347) + W(372) − W(377)

WDOT(23) = + W(74) − W(77) − W(78) − W(79) − W(80) + W(123) + W(145)

WDOT(24) = + W(81) + W(82) − W(83) − W(84) − W(85) − W(86) − W(87) − W(116) + W(202) + W(336) + W(337) + W(338) + W(339)

WDOT(25) = − W(82) + W(83) + W(84) + W(85) + W(86) + W(87) + W(88) − W(90) − W(91) − W(92) − W(93) + W(96) − W(97) − W(98) + W(116) + W(149) + W(183) − W(202) + W(220) + W(222) + W(256) + W(280) + W(302) − W(336) − W(337) − W(338) − W(339) + W(350)

WDOT(26) = − W(88) + W(97) + W(99) − W(130) − W(131) − W(132) − W(133) − W(134) − W(135) − W(136) − W(137) + W(150) + W(165) + W(179) + W(190) + W(211) + W(230) + W(249) + W(283) − W(285) + W(343)

WDOT(27) = + W(131) + W(134) + W(135) + W(136) + W(137) − W(138) − W(139) − W(140) − W(141) − W(142) − W(143) + W(170) + W(178) − W(181) + W(247) + W(250) + W(251) + W(252) + W(253) + W(256) + W(277) + 2. D0 * W(279) + W(282) − W(285) + W(380) + W(381)

WDOT(28) = + W(130) + W(138) + W(139) + W(142) + W(143) − W(144) − W(145) − W(146) − W(147) + W(196) + W(206) + W(212) + W(299)

WDOT(29) = + W(91) + W(95) + W(98) − W(102) − W(103) − W(104) − W(105) − W(106) − W(107) − W(108) − W(109) − W(110) + W(166) + W(169) + W(195) + W(223) + W(242) + W(277) + W(282)

WDOT(30) = + W(101) + W(110) − W(119) − W(120) + W(133) + W(141) + W(243) + W(380) + W(382) + W(383) + W(384) + W(385)

WDOT(31) = + W(119) − W(121) − W(122) − W(123) − W(124) − W(125) + W(147) + W(184) + W(209) + W(215) + W(280) + W(283)

WDOT(32) = + W(122) + W(124) − W(126) − W(127) − W(128) − W(129) + W(144) + W(146) + W(216) + W(219)

WDOT(33) = + W(108) + W(113) + W(114) + W(115) + W(116) + W(117) + W(137) + W(264)

WDOT(34) = − W(108) − W(112) − W(113) − W(114) − W(115) − W(116) − W(137) − W(264)

WDOT(35) = + W(117) − W(118)

WDOT(36) = − W(148) − W(149) − W(150) − W(151) − W(152) − W(153) − W(154) − W(155) − W(156) − W(157) − W(158) − W(159) − W(160) − W(161) − W(162) − W(163) − W(164)

WDOT(37) = + W(151) + W(152) + W(155) + W(158) + W(160) + W(163) − W(165) + W(167) + W(302) + W(343)

$$WDOT(38) = -W(167) - W(168)$$

$$WDOT(39) = -W(96) - W(99) - W(276)$$

$$WDOT(40) = -W(100) - W(101)$$

$$WDOT(41) = -W(170) - W(171) - W(172) - W(173) - W(174) - W(175) - W(176) - W(177) + W(205) + W(246) + W(248) + W(270) + W(278)$$

$$WDOT(42) = +W(171) + W(172) + W(173) + W(174) + W(175) + W(176) + W(177) - W(178)$$

$$WDOT(43) = -W(179) - W(180) + W(224) + W(286) + W(293) + W(303)$$

$$WDOT(44) = +W(180) + W(181) + W(182) - W(183) - W(184) - W(185) - W(186) - W(187) - W(188) - W(189) - W(190) - W(191) - W(192) + W(193) - W(203) + W(228) + W(229) + W(254) + W(273) + W(344)$$

$$WDOT(45) = +W(182) + W(186) + W(187) + W(188) + W(189) + W(191) + W(192) - W(196) - W(197) - W(198) - W(199) - W(200) - W(201) - W(202) + 2.D0 * W(203) - W(204) - W(205) - W(206) + W(255) - W(273) + W(281) + W(360)$$

$$WDOT(46) = +W(197) + W(200) + W(201) + W(202) - W(203) + W(204) - W(207) - W(208) - W(209) - W(210) - W(211) - W(212) - W(213) - W(217) + W(284) + W(300)$$

$$WDOT(47) = +W(207) + W(208) + W(210) + W(213) - W(214) - W(215) + W(217) - W(218)$$

$$WDOT(48) = -W(229) + W(233)$$

$$WDOT(49) = -W(224) - W(225) - W(226) - W(254)$$

$$WDOT(50) = +W(227) - W(249) - W(250) - W(251) - W(252) - W(253)$$

$$WDOT(51) = +W(234) - W(242)$$

$$WDOT(52) = +W(235) - W(243)$$

$$WDOT(53) = +W(236) - W(244)$$

$$WDOT(54) = +W(237) + W(238) - W(239)$$

$$WDOT(55) = -W(240) - W(241)$$

$$WDOT(56) = +W(185) - W(220) - W(221) - W(222) - W(223)$$

$$WDOT(57) = +W(239) + W(241) - W(245)$$

$$WDOT(58) = -W(255) - W(256) - W(257) - W(258) - W(259) - W(261) - W(262) - W(263) - W(264) + W(304) + W(348)$$

$$WDOT(59) = -W(260) - W(265) - W(266) - W(267) - W(268)$$

$$WDOT(60) = +W(257) + W(258) + W(259) + W(260) + W(261) + W(262) + W(263) + W(264) + W(265) + W(266) + W(267) + W(268) - W(269) - W(270) - W(271) - W(272) - W(273) - W(274) - W(275) - W(276)$$

$$WDOT(61) = +W(269) + W(273) + W(274) + W(275) - W(279) - W(280) - W(281) - W(282) - W(283) - W(284) + W(285) + W(366)$$

WDOT（62） ＝－W（286）＋W（309）＋W（314）＋W（319）＋W（324）＋W（329）＋W（335）＋W（339）

WDOT（63） ＝＋W（271）＋W（272）＋W（276）－W（277）－W（278）

WDOT（64） ＝－W（287）－W（288）－W（289）－W（290）－W（291）－W（292）＋W（351）＋W（353）

WDOT（65） ＝＋W（287）＋W（288）＋W（289）＋W（290）＋W（291）＋W（292）－W（293）

WDOT（66） ＝－W（294）－W（295）－W（296）－W（297）＋W（347）

WDOT（67） ＝－W（301）－W（302）－W（303）－W（304）－W（305）－W（306）－W（307）－W（308）－W（309）－W（310）－W（311）－W（312）－W（313）－W（314）－W（315）－W（316）－W（317）－W（318）－W（319）－W（320）－W（321）－W（322）－W（323）－W（324）－W（325）－W（326）－W（327）－W（328）－W（329）－W（330）－W（331）－W（332）－W（333）－W（334）－W（335）－W（336）－W（337）－W（338）－W（339）

WDOT（68） ＝＋W（361）＋W（362）＋W（363）＋W（364）＋W（365）－W（366）＋W（367）＋W（368）＋W（369）＋W（370）＋W（371）

WDOT（69） ＝＋W（352）＋W（354）＋W（355）－W（372）－W（373）－W（374）－W（375）－W（376）－W（377）－W（378）

WDOT（70） ＝＋W（373）＋W（374）＋W（375）＋W（376）＋W（377）＋W（378）－W（379）

WDOT（71） ＝＋W（379）－W（380）

WDOT（72） ＝＋W（346）＋W（349）＋W（356）＋W（358）－W（367）－W（368）－W（369）－W（370）－W（371）

WDOT（73） ＝＋W（345）＋W（357）＋W（359）－W（360）－W（361）－W（362）－W（363）－W（364）－W（365）

WDOT（74） ＝＋W（350）－W（381）－W（382）－W（383）－W（384）－W（385）

RETURN

END

2.4 正丁醇简化机理的有效性验证

2.4.1 有效性验证软件简介

框架机理和总包机理的有效性验证均利用 Chemkin 软件进行，不同的验证需要选定不同的反应器，Chemkin 软件中主要的反应器如图 2.1 所示。本章的验证主要用到图中的封闭 0 维反应器（Closed 0 – D Reactors）。

杂项(Miscellaneous)

封闭0维反应器(Closed 0–D Reactors)

开口0维反应器(Open 0–D Reactors)

流动反应器(Flow Reactors)

火焰模拟(Flame Simulators)

化学气相沉积反应器(CVD Reactors)

激波管道反应器(Shock Tube Reactors)

图 2.1　Chemkin 软件中主要的反应器

在利用反应器仿真时，选定哪个反应器，在模型面板中双击该模型即可。下面以封闭 0 维反应器（Closed 0 – D Reactors）中的内燃机模型为例，简要介绍其运行过程，模型如图 2.2 所示。

图 2.2　内燃机模型

打开模型后，进入机理设置界面，如图 2.3 所示。在机理设置界面导入机理和热物性数据，在界面"Gas – Phase Kinetics File"中导入机理文件，在界面"Thermodynamics Date file"中导入相应燃料的热力学文件。

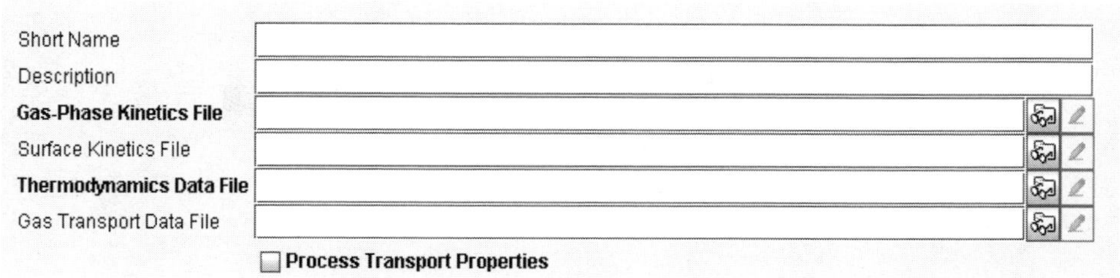

Short Name	
Description	
Gas-Phase Kinetics File	
Surface Kinetics File	
Thermodynamics Data File	
Gas Transport Data File	

☐ Process Transport Properties

图 2.3　机理设置界面

下一步，分别在"Reactor Physical Properties"（RPP）、"Reactant Species"（RS）中按页面中提供的参数进行填写。"Reactor Physical Properties"（RPP）和"Reactant Species"（RS）的页面分别如图2.4和图2.5所示。RS页面中的相关参数，如"Equivalence Ratio""Species""mole fraction or mole"等，填写完毕后，才能进入下一步。

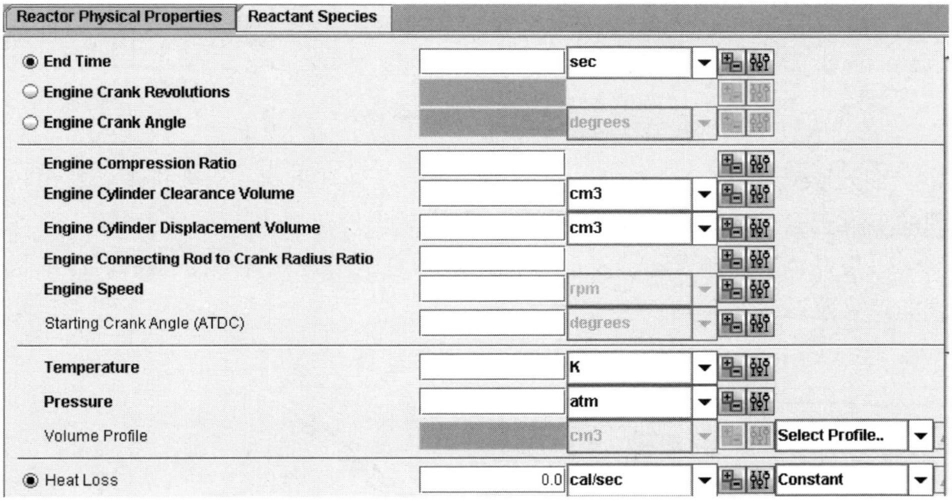

Reactor Physical Properties	**Reactant Species**		
◉ **End Time**		sec	
○ **Engine Crank Revolutions**			
○ **Engine Crank Angle**		degrees	
Engine Compression Ratio			
Engine Cylinder Clearance Volume		cm3	
Engine Cylinder Displacement Volume		cm3	
Engine Connecting Rod to Crank Radius Ratio			
Engine Speed		rpm	
Starting Crank Angle (ATDC)		degrees	
Temperature		K	
Pressure		atm	
Volume Profile		cm3	Select Profile..
◉ Heat Loss	0.0	cal/sec	Constant

图 2.4　RPP 页面

以上步骤完成后，就可以运行设置的内燃机模型，然后查看仿真结果，同时可以将仿真结果导出，进行分析。

2.4.2　点火延迟时间

点火延迟时间用恒压点火进行验证，验证过程设定 3 种压力条件，即 $p = 1$ atm（1 atm $= 101.325$ kPa）（图 2.6）、$p = 20$ atm（图 2.7）以及 $p = 50$ atm（图 2.8）。从图 2.6、图 2.7 和图 2.8 中可以看出，每种压力条件下均考虑了

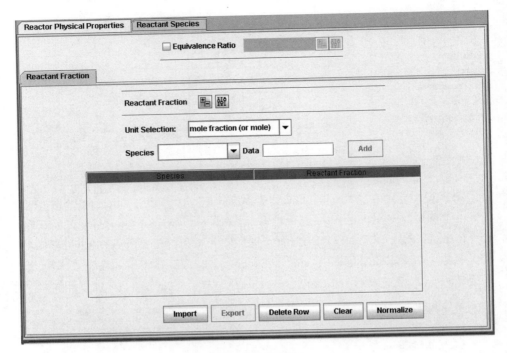

图 2.5　RS 页面

3 种当量比 ϕ（0.5、1、1.5），这样共得到 9 条详细机理、框架机理和总包机理的点火延迟时间曲线，这 9 条曲线在较宽的温度范围内（850～1 550 K）均吻合得很好，误差非常小，说明框架机理和总包机理均能较好地重现详细机理的点火延迟时间。

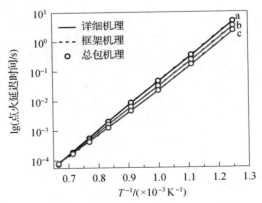

图 2.6　$p = 1$ atm，点火延迟时间

a—$\phi = 0.5$；b—$\phi = 1$；c—$\phi = 1.5$

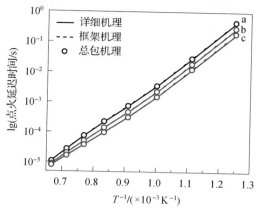

图 2.7　$p = 20$ atm，点火延迟时间

a—$\phi = 0.5$；b—$\phi = 1$；c—$\phi = 1.5$

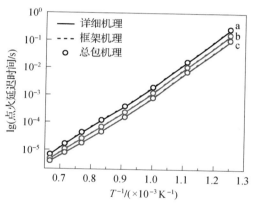

图 2.8　$p = 50$ atm，点火延迟时间

a—$\phi = 0.5$；b—$\phi = 1$；c—$\phi = 1.5$

2.4.3　熄火验证

熄火以全混流反应器（PSR）的模拟进行验证，设定 3 种当量比条件 $\phi =$ 0.5（图 2.9）、$\phi = 1$（图 2.10）和 $\phi = 1.5$（图 2.11）。从图 2.9、图 2.10 和图 2.11 中可以看出，每个当量比条件下考虑了 3 种压力（1 atm、20 atm、50 atm）的详细机理、框架机理和总包机理的温度和滞留时间的关系曲线。在这些曲线中，5 组详细机理、框架机理和总包机理的温度和滞留时间的关系曲线（当量比 $\phi = 0.5$、$p = 1$ atm；当量比 $\phi = 1$、$p = 20$ atm；当量比 $\phi = 1$、$p = 50$ atm；当量比 $\phi = 1.5$、$p = 20$ atm；当量比 $\phi = 1.5$、$p = 1$ atm）均吻合得很好；还能找到 4 组关系曲线存在较大误差，其中，当量比 $\phi = 0.5$、$p =$

20 atm时的详细机理、框架机理和总包机理的温度和滞留时间的关系曲线误差最大，但是最大误差小于5%，说明简化是有效的。

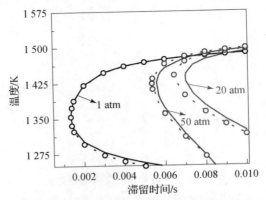

图 2.9 $\phi = 0.5$，温度和滞留时间的关系曲线

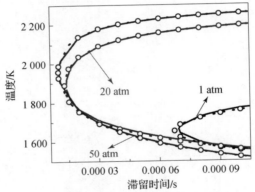

图 2.10 $\phi = 1$，温度和滞留时间的关系曲线

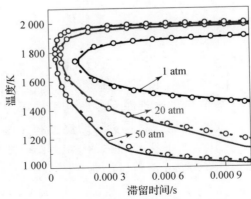

图 2.11 $\phi = 1.5$，温度和滞留时间的关系曲线

2.4.4　燃烧温度验证

恒压点火的温度和时间的关系曲线如图 2.12、图 2.13、图 2.14 所示。其中，图 2.14 中的 3 条曲线（$p = 1$ atm、初始温度 $T_0 = 1\ 100$ K 的工况下，当量比分别为 $\phi = 0.5$、1 和 2）吻合得很好，详细机理、框架机理和总包机理的温度随时间变化的误差最小；图 2.13 中的 3 条曲线（$p = 10$ atm、初始温度 $T_0 = 850$ K），误差最大；图 2.12 中的 3 条曲线（$p = 5$ atm、初始温度 $T_0 = 1\ 550$ K），误差介于图 2.13 和图 2.14 之间。误差主要体现在初始温度到最终温度的过渡过程。

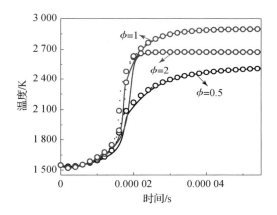

图 2.12　$p = 5$ atm，$T_0 = 1\ 550$ K，温度和时间的关系曲线

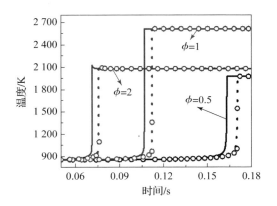

图 2.13　$p = 10$ atm，$T_0 = 850$ K，温度和时间的关系曲线

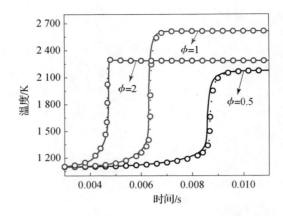

图 2.14　$p = 1$ atm，$T_0 = 1\ 100$ K，温度和时间的关系曲线

2.4.5　主要组分浓度验证

选择 CO_2、CO、OH 和 NC_4H_9OH 作为验证的主要组分，其浓度曲线如图 2.15 所示，框架机理和总包机理的计算数值非常接近。

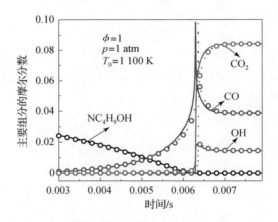

图 2.15　主要组分浓度曲线

2.4.6　层流火焰速度验证

不同压力条件下 3 种机理的层流火焰速度曲线如图 2.16 所示，验证过程设定 3 种压力条件，即 $p = 1$ atm、$p = 10$ atm 以及 $p = 50$ atm。从图中可以看出，在 $p = 1$ atm、当量比 ϕ 约为 1.1 时，曲线上出现最大差值为 3.1 cm/s，此时误差约为 7%。

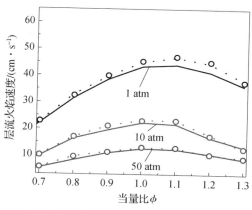

图 2. 16　不同压力条件下 3 种机理的层流火焰速度曲线

2.4.7　HCCI 燃烧验证

HCCI（均质充量压燃）燃烧的发动机，压缩比为 16.7，冲程为 154 mm。HCCI 燃烧的缸内温度变化曲线如图 2.17（当量比 $\phi = 0.3$，转速 $n = 1\ 200$ r/min，初始压力 $p_0 = 2$ atm，初始温度 $T_0 = 390$ K）和图 2.18（当量比 $\phi = 0.25$，转速 $n = 900$ r/min，初始压力 $p_0 = 1$ atm，初始温度 $T_0 = 400$ K）所示。图中，两种工况下，利用框架机理和总包机理计算的曲线吻合得很好，误差非常小。得到的缸内压力变化曲线如图 2.19（当量比 $\phi = 0.3$，转速 $n = 1\ 200$ r/min，初始压力 $p_0 = 2$ atm，初始温度 $T_0 = 390$ K）和图 2.20（当量比 $\phi = 0.25$，转速 $n = 900$ r/min，初始压力 $p_0 = 1$ atm，初始温度 $T_0 = 400$ K）所示。图中，两种工况下，曲线吻合得很好，误差非常小。

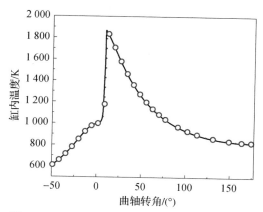

图 2. 17　$n = 1\ 200$ r/min，缸内温度变化曲线

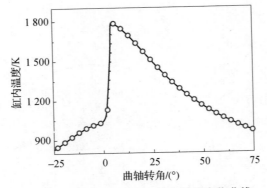

图 2.18　$n = 900$ r/min，缸内温度变化曲线

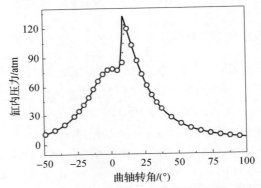

图 2.19　$n = 1\ 200$ r/min，缸内压力变化曲线

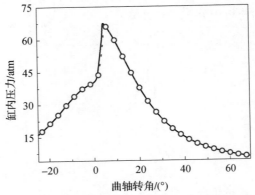

图 2.20　$n = 900$ r/min，缸内压力变化曲线

第3章

柴油机理的简化

3.1 柴油简化机理的构建

柴油的成分众多，多达几百种，故每种成分均精确构建其化学反应机理将十分困难。构建每种成分的机理，可能又包含几十个，甚至上千个组分，这样构建出来的柴油机理，组分数多到无法想象，将其运用于燃烧模拟，需要的计算资源太大，现有的条件难以满足。这种情况下，对柴油燃料进行替代就显得尤为重要，如正庚烷（单组分替代）、正庚烷和甲苯（二组分替代）等。

Wang H 等人于 2015 年创建的柴油半详细机理[22]，是以正庚烷/甲苯二组分进行的替代，实验结果显示其具有良好的柴油理化特性，可以用于代替柴油进行内燃机的燃烧仿真。本节选择此机理进行简化，柴油机理的简化分两步，第一步是采取去除不重要的基元反应的方法，采用 CSPDR 方法，设定阈值为 0.000 5 ~ 0.4。简化完成后，在列举的部分阈值下，生成的框架机理组分数、基元反应数和点火延迟时间的最大误差如表 3.1 所示。

表 3.1　部分阈值下，CSPDR 方法生成的简化结果

阈值	组分数/个	基元反应数/个	点火延迟时间的最大误差
0.001 5	109	503	0.001 871 92
0.002 6	109	498	0.001 871 92
0.003 6	109	495	0.001 956 93
0.004 6	109	489	0.004 185 71
0.005 5	109	485	0.005 324 78
0.006 5	109	478	0.005 324 78

阈值	组分数/个	基元反应数/个	点火延迟时间的最大误差
0.008 5	109	474	0.005 324 78
0.009 6	109	470	0.005 324 78
0.010 6	109	467	0.005 324 78
0.011 6	109	464	0.005 324 78
0.012 6	109	461	0.005 429 20
0.014 6	109	460	0.008 385 34
0.015 6	109	459	0.008 385 34
0.017 6	109	457	0.008 385 34
0.018 6	109	455	0.008 385 34
0.020 6	109	452	0.008 569 71
0.021 6	109	449	0.008 569 71
0.023 6	109	448	0.022 130 68
0.024 6	109	447	0.022 254 92
0.025 6	109	446	0.022 350 80
0.026 6	109	444	0.022 350 80
0.028 6	109	443	0.022 350 80
0.029 6	109	440	0.022 350 80
0.031 6	109	439	0.022 386 47
0.032 6	109	438	0.022 386 47
0.034 6	109	436	0.022 386 47
0.035 6	109	434	0.022 386 47
0.036 5	109	431	0.022 386 47
0.040 5	109	430	0.022 386 47
0.042 5	109	429	0.022 386 47
0.043 5	109	427	0.025 306 08
0.044 5	109	425	0.025 596 09

续表

阈值	组分数/个	基元反应数/个	点火延迟时间的最大误差
0.045 5	109	423	0.029 303 67
0.047 5	109	421	0.029 303 67
0.048 5	109	420	0.029 303 67
0.049 5	109	418	0.029 303 67
0.050 5	109	417	0.029 497 75
0.052 5	109	416	0.029 497 75
0.053 5	109	414	0.029 497 75
0.054 5	109	412	0.029 497 75
0.055 5	109	411	0.029 497 75
0.057 5	109	407	0.038 826 62
0.060 5	109	406	0.039 012 86
0.061 5	109	405	0.039 077 82
0.065 5	109	403	0.070 308 31
0.069 5	109	402	0.117 176 39
0.072 5	109	401	0.117 176 39
0.076 5	109	399	0.117 540 72
0.080 5	109	398	0.117 540 72
0.081 5	109	396	0.117 540 72
0.085 5	109	394	0.117 775 36
0.091 5	109	392	0.117 775 36
0.096 5	109	388	0.120 447 63
0.098 5	109	387	0.231 152 37
0.103 5	109	384	0.245 582 16
0.120 5	109	377	0.269 623 28
0.130 5	109	370	0.269 977 39
0.142 5	109	364	0.491 632 77

阈值	组分数/个	基元反应数/个	点火延迟时间的最大误差
0.151 6	109	359	0.491 632 77
0.160 6	109	351	0.491 632 77
0.277 6	109	304	0.841 407 22
0.289 6	109	299	0.909 236 50
0.312 6	109	295	0.971 932 36
0.366 6	109	274	1.014 358 03

从表 3.1 中可以看出，CSPDR 方法的阈值为 0.065 5 时，点火延迟时间的最大误差为 0.070 308 31；阈值为 0.069 5 时，点火延迟时间的最大误差为 0.117 176 39；随着阈值继续增大，最大误差开始且始终大于 0.1（10%），阈值为 0.366 6 时，最大误差已高达 1.014 358 03（>100%）。

显而易见，框架机理的选取应该选择阈值为 0.065 5，此时的基元反应数为 403，相比原详细机理，少了 140 个基元反应。这 140 个基元反应如下：

20：$IC_8H_{18} <=> AC_8H_{17} + H$

30：$IC_8H_{18} + C_7H_{15} - 2 <=> NC_7H_{16} + AC_8H_{17}$

41：$C_7H_8 + O <=> C_6H_4CH_3 + OH$

51：$C_6H_5CH_2O + C_6H_5CH_2 <=> C_6H_5CHO + C_7H_8$

67：$C_6H_5CH_2O + H <=> C_6H_5CHO + H_2$

68：$C_6H_5CH_2O + OH <=> C_6H_5CHO + H_2O$

69：$C_6H_5CH_2O + HO_2 <=> C_6H_5CHO + H_2O_2$

71：$A_1 -+ HCO <=> C_6H_5CHO$

75：$C_6H_5CHO + O <=> C_6H_5CO + OH$

79：$C_6H_5CHO + A_1 -<=> C_6H_5CO + A_1$

93：$HOC_6H_4CH_3 + A_1 -<=> OC_6H_4CH_3 + A_1$

100：$C_6H_5OH + CH_3 <=> C_6H_5O + CH_4$

105：$A_1 -+ OH <=> C_6H_5OH$

106：$A_1 + HO_2 <=> A_1 -+ H_2O_2$

107：$A_1 + CH_3 <=> A_1 -+ CH_4$

110：$A_1 -+ HO_2 <=> C_6H_5O + OH$

115：$OC_6H_4O + O <=> CO + HCCO + C_2H_3CO$

120：$C_2H_3 + C_4H_4 <=> A_1 + H$

121：$A_1 <=> A_1 - + H$

123：$C_4H_4 + C_2H_2 <=> A_1$

126：$A_1 + H <=> A_1 - + H_2$

129：$C_5H_{10} + O <=> PC_4H_9 + HCO$

144：$NC_3H_7 + H <=> C_2H_5 + CH_3$

145：$NC_3H_7 + OH <=> C_3H_6 + H_2O$

155：$IC_4H_8 + HO_2 <=> IC_4H_7 + H_2O_2$

186：$IC_3H_7 + H <=> C_3H_6 + H_2$

204：$C_2H_2 + CH_3 (+M) <=> C_3H_5 (+M)$

218：$C_3H_3 + HCO <=> C_3H_4 + CO$

219：$C_3H_3 + HO_2 <=> OH + CO + C_2H_3$

226：$C_2H_6 + CH_3 <=> C_2H_5 + CH_4$

229：$C_2H_6 + CH_3O <=> C_2H_5 + CH_3OH$

231：$2C_2H_4 <=> C_2H_5 + C_2H_3$

232：$CH_3 + C_2H_5 <=> CH_4 + C_2H_4$

233：$2CH_3 <=> H + C_2H_5$

234：$C_2H_5 + H <=> C_2H_4 + H_2$

236：$C_2H_5 + O_2 <=> C_2H_4 + HO_2$

241：$C_2H_4 + H <=> C_2H_3 + H_2$

248：$C_2H_4 + CH_3O <=> C_2H_3 + CH_3OH$

249：$C_2H_4 + CH_3O_2 <=> C_2H_3 + CH_3O_2H$

250：$2C_2H_3 <=> C_2H_2 + C_2H_4$

256：$C_2H_3 + H <=> C_2H_2 + H_2$

257：$C_2H_3 + OH <=> C_2H_2 + H_2O$

258：$C_2H_2 + HCO <=> C_2H_3 + CO$

259：$CH + HCCO <=> CO + C_2H_2$

262：$C_2H_2 + OH <=> CH_2CO + H$

263：$C_2H_2 + OH <=> CH_3 + CO$

265：$CH_3 + CH_3OH <=> CH_4 + CH_3O$

266：$CH_2OH + CH_3O <=> CH_2O + CH_3OH$

267：$CH_3OH + HCO <=> CH_2OH + CH_2O$

268：$2CH_2OH <=> CH_2O + CH_3OH$

270：$CH_3OH (+M) <=> CH_2OH + H (+M)$

$276: CH_3OH + O_2 <=> CH_2OH + HO_2$

$278: CH_3OH + CH_3 <=> CH_2OH + CH_4$

$279: CH_3O + CH_3OH <=> CH_2OH + CH_3OH$

$280: 2CH_3O <=> CH_3OH + CH_2O$

$287: CH_2OH + H <=> CH_2O + H_2$

$288: CH_2OH + HO_2 <=> CH_2O + H_2O_2$

$289: CH_2OH + HCO <=> 2CH_2O$

$290: OH + CH_2OH <=> H_2O + CH_2O$

$291: O + CH_2OH <=> OH + CH_2O$

$301: CH_3O_2 + CH_3CHO <=> CH_3O_2H + CH_3CO$

$305: CH_2CHO + O_2 <=> CH_2CO + HO_2$

$308: CH_3CO + H <=> CH_2CO + H_2$

$309: CH_3CO + O <=> CH_2CO + OH$

$315: CH_2CO + O <=> HCCO + OH$

$317: CH + CH_2O <=> H + CH_2CO$

$319: HCO + CH_3 <=> CH_4 + CO$

$320: CH_3O + CH_3 <=> CH_2O + CH_4$

$327: CH_3CHO(+M) <=> CH_4 + CO(+M)$

$328: CH_3CHO + CH_3 <=> CH_3CO + CH_4$

$329: CH_4 + CH_3O_2 <=> CH_3 + CH_3O_2H$

$330: CH_3CO + CH_3 <=> CH_2CO + CH_4$

$333: CH_3O + H <=> CH_2O + H_2$

$334: CH_3O + HO_2 <=> CH_2O + H_2O_2$

$335: CH_3 + OH <=> CH_2O + H_2$

$336: CH_3 + OH <=> H + CH_3O$

$354: H_2 + M <=> 2H + M$

$355: 2O + M <=> O_2 + M$

$356: O + H + M <=> OH + M$

$357: H + OH + M <=> H_2O + M$

$366: H_2O_2 + H <=> H_2O + OH$

$371: CO + O(+M) <=> CO_2(+M)$

$372: CO + O_2 <=> CO_2 + O$

$378: HCCO + O_2 => OH + 2CO$

$383: HCO + H <=> CO + H_2$

384： $HCO + O <=> CO + OH$

385： $HCO + O <=> CO_2 + H$

386： $HCO + OH <=> CO + H_2O$

388： $2HCO => H_2 + 2CO$

390： $2HCO <=> CH_2O + CO$

391： $HCO + H(+M) <=> CH_2O(+M)$

398： $CH_2 + O => CO + 2H$

402： $CH + O <=> CO + H$

403： $CH + OH <=> HCO + H$

404： $CH_2 + H <=> CH + H_2$

406： $CH + CO_2 <=> HCO + CO$

407： $CO + H_2(+M) <=> CH_2O(+M)$

412： $N_2O + O <=> N_2 + O_2$

423： $C_2H_3 + CH_2O <=> C_2H_4 + HCO$

424： $C_2H_3 + H_2O_2 <=> C_2H_4 + HO_2$

425： $H_2 + C_2H <=> C_2H_2 + H$

429： $C_2H + C_2H_3 <=> 2C_2H_2$

430： $C_2H + OH <=> CH_2 + CO$

434： $2C_2H_2 <=> C_4H_3 + H$

437： $C_4H_4 + C_2H <=> C_4H_2 + C_2H_3$

438： $C_4H_4 + C_2H <=> C_4H_3 + C_2H_2$

440： $IC_4H_5 + C_2H <=> 2C_3H_3$

446： $C_3H_2 + CH_2 <=> C_4H_3 + H$

448： $C_2H_2 + CH_2 <=> C_3H_3 + H$

450： $C_4H_3 + C_2H_3 <=> 2C_3H_3$

452： $C_3H_3 + CH_2 <=> H + C_4H_4$

453： $C_3H_3 + C_2H_3 <=> C_5H_5 + H$

458： $C_4H_2 + H_2 <=> C_4H_4$

461： $C_4H_3 + H_2 <=> C_2H_2 + C_2H_3$

465： $C_4H_4 + C_2H_3 <=> C_4H_3 + C_2H_4$

466： $C_4H_4 <=> 2C_2H_2$

467： $C_2H_3 + C_2H_2 <=> H + C_4H_4$

468： $IC_4H_5(+M) <=> C_4H_4 + H(+M)$

475： $2C_3H_3 <=> A_1$

477：$C_4H_3 + C_2H_3 <=> A_1$

478：$C_4H_3 + C_2H_3 <=> A_1 - + H$

480：$C_4H_4 + C_2H_2 <=> A_1 - + H$

481：$IC_4H_5 + C_2H_2 <=> A_1 + H$

482：$IC_4H_5 + C_2H_3 <=> A_1 + H_2$

483：$IC_4H_5 + C_2H <=> A_1$

484：$IC_4H_5 + C_2H <=> A_1 - + H$

485：$A_1 + C_2H <=> A_1 - + C_2H_2$

487：$A_1 - + OH <=> C_6H_5O + H$

488：$IC_4H_5 + C_4H_2 <=> A_1C_2H + H$

493：$A_1 - + C_4H_4 <=> A_1C_2H + C_2H_3$

494：$A_1 + C_2H <=> A_1C_2H + H$

495：$A_1 - + C_2H <=> A_1C_2H$

502：$A_1C_2H + C_2H <=> A_1C_2H - + C_2H_2$

503：$2C_4H_4 <=> A_1C_2H_3$

504：$IC_4H_5 + C_4H_4 <=> A_1C_2H_3 + H$

506：$A_1 - + C_2H_3 <=> A_1C_2H_3$

512：$2C_5H_5 <=> A_2 + H_2$

515：$A_1 - + C_4H_4 <=> A_2 + H$

531：$A_2 - + A_1 - => A_4 + H_2$

537：$A_2 + C_4H_2 => A_3$

随后对框架机理进一步进行时间尺度简化，其简化时常采用准稳态近似（QSSA）方法。通过时间尺度简化得到总包机理，将时间尺度简化的阈值设定为 0 ~ 0.02。简化完成后，在列举的部分阈值下，总包机理的简化结果如表3.2 所示。

表3.2　部分阈值下，总包机理的简化结果

阈值	组分数/个	点火延迟时间的最大误差
0.000 016 11	98	0.069 882 78
0.000 021 44	98	0.069 882 78
0.000 023 58	97	0.070 260 79
0.000 031 38	97	0.070 260 79
0.000 045 95	97	0.070 260 79

阈值	组分数/个	点火延迟时间的最大误差
0.000 050 54	97	0.070 260 79
0.000 061 16	95	0.070 056 21
0.000 074 00	95	0.070 056 21
0.000 089 54	95	0.070 056 21
0.000 098 50	95	0.070 056 21
0.000 174 49	95	0.070 056 21
0.000 281 02	91	0.071 252 18
0.000 340 04	91	0.071 252 18
0.000 452 59	90	0.071 749 27
0.000 547 64	89	0.072 047 30
0.000 662 64	89	0.072 047 30
0.000 801 80	88	0.072 320 76
0.001 067 18	87	0.071 769 30
0.001 173 90	85	0.072 648 95
0.001 420 42	85	0.072 648 95
0.001 890 58	84	0.072 113 41
0.002 287 60	80	0.071 297 18
0.002 516 36	79	0.072 869 30
0.002 768 00	78	0.071 623 69
0.004 052 63	77	0.071 928 29
0.005 933 45	75	0.491 274 59
0.006 526 80	75	0.491 274 59
0.007 897 43	74	0.491 284 41
0.009 555 89	74	0.491 284 41
0.010 511 47	73	112.823 731 13

从表 3.2 中可以看出，QSSA 方法的阈值为 0.004 052 63 时，点火延迟时间的最大误差为 0.071 928 29 （<10%）；阈值为 0.005 933 45 时，点火延迟时间的最大误差为 0.491 274 59 （>10%）；阈值为 0.010 511 47 时，点火延迟时间的最大误差高达 112.823 731 13。

显而易见，若采用 QSSA 方法进行进一步简化，阈值增加到 0.005 933 45 之前，点火延迟时间的最大误差小于 10%；阈值再增大，则最大误差均大于 10%。设定选择总包机理的点火延迟时间的最大误差小于 10%，则阈值的选取应该为 0.004 052 63，此时的组分数为 77，相比原详细机理，得到的总包机理删除了 32 个组分，分别为 IC_8KETAB、$TC_3H_6O_2HCO$、IC_3H_7CO、$AC_8H_{16}OOH-B$、$AC_8H_{16}OOH-BO_2$、NC_3H_7CO、CH_2CCH_2OH、AC_8H_{17}、N、IC_4H_9、CH_3CO、$AC_8H_{17}O_2$、CH_2OH、CH、NC_7KET_{24}、$C_7H_{14}OOH2-4$、IC_4H_7O、A_1-、TC_4H_9、TC_3H_6CHO、IC_4H_5、$TC_3H_6O_2CHO$、IC_3H_7、$C_6H_5CH_2O$、NC_3H_7、$C_6H_4CH_3$、CH_2、PC_4H_9、HCO、$C_7H_{15}-2$、C_2H_3CO、IC_3H_5CO。

通过时间尺度简化，最后得到的 77 个组分的总包机理包含两部分，写成可直接运算的形式如下：

```
        SUBROUTINE CKWYP(P, T, Y, IWK, RWK, WDOT)
        IMPLICIT DOUBLE PRECISION (A-H, O-Z), INTEGER (I-N)
C    include 'ckstrt.h'
        PARAMETER (KK=77)
        PARAMETER (II=403)
        PARAMETER (NITER=30, ATOL=1.D-15, RTOL=1.D-5)
        PARAMETER (NQS=33)
        DIMENSION WDOT(*), Y(*), IWK(*), RWK(*)
        DIMENSION XCON(KK), XM(II), W(II)
        DIMENSION XCONQ(NQS), RF(II), RB(II)
        DIMENSION WT(KK), XCON0(KK)
        LOGICAL CONV
C    DIMENSION RB(II)
        DATA RU/ 8.31451D+07/
        SMALL = 1.D-50
        DATA WT/ 1.002056D+02, 3.19988D+01, 2.80134D+01, 4.400995D+01,
     &    1.801534D+01, 2.801055D+01, 2.01594D0, 1.700737D+01,
     &    3.401474D+01, 3.300677D+01, 1.00797D0, 1.59994D+01,
     &    3.103446D+01, 3.002649D+01, 1.503506D+01, 1.604303D+01,
     &    2.603824D+01, 2.704621D+01, 2.805418D+01, 2.906215D+01,
     &    4.102967D+01, 4.203764D+01, 4.405358D+01, 4.304561D+01,
```

```
&       4. 703386D + 01, 3. 204243D + 01, 4. 804183D + 01, 3. 007012D + 01,
&       3. 905736D + 01, 1. 142327D + 02, 4. 006533D + 01, 4. 10733D + 01,
&       4. 208127D + 01, 5. 610836D + 01, 7. 013545D + 01, 7. 210776D + 01,
&       1. 311964D + 02, 1. 631952D + 02, 1. 282161D + 02, 5. 610836D + 01,
&       5. 510039D + 01, 7. 109979D + 01, 7. 210776D + 01, 7. 009182D + 01,
&       5. 808067D + 01, 5. 70727D + 01, 8. 90715D + 01, 9. 007947D + 01,
&       9. 214181D + 01, 9. 113384D + 01, 1. 071332D + 02, 1. 081412D + 02,
&       1. 080976D + 02, 9. 411412D + 01, 1. 231326D + 02, 1. 061253D + 02,
&       1. 051173D + 02, 4. 40128D + 01, 3. 00061D + 01, 4. 60055D + 01,
&       2. 503027D + 01, 3. 804939D + 01, 5. 006054D + 01, 5. 106851D + 01,
&       5. 207648D + 01, 6. 50956D + 01, 9. 310615D + 01, 1. 271673D + 02,
&       1. 011291D + 02, 1. 02137D + 02, 1. 04153D + 02, 1. 521976D + 02,
&       1. 772278D + 02, 7. 811472D + 01, 1. 281753D + 02, 1. 782358D + 02, 2. 022581D + 02/
  SUMYOW = 0. D0
  DO K = 1, KK
     SUMYOW = SUMYOW + Y(K)/WT(K)
  ENDDO
  SUMYOW = SUMYOW * T * RU
  BIG = 0. D0
  DO K = 1, KK
     XCON(K) = P * Y(K)/(SUMYOW * WT(K))
     XCON0(K) = XCON(K)
     XCON(K) = MAX(XCON(K), SMALL)
     BIG = MAX(XCON(K), BIG)
  ENDDO
  CALL ELEMRATE(RF, RB, T)
  CALL THIRDBODY(KK, XCON, XM)
  CALL FALLOFF(T, XCON, XM, RF, RB)
  ADJ = 1. D0/BIG
  DO I = 1, NQS
     XCONQ(I) = 0. D0
  ENDDO
  DO ITER = 1, NITER
  CALL STEADY(ITER, XCONQ, XCON, RF, RB, ADJ, SMALL, ATOL, RTOL, CONV)
     IF(CONV) EXIT
  ENDDO
  CALL NETRATE(W, RF, RB, XCON0, XCONQ)
```

```
      CALL CALCWDOT(WDOT, W)
C     CALL CHECKQSS(KK, WDOT)
      DO K = 1, KK
        IF(XCON0(K) <=0. D0. AND. WDOT(K) <=0. D0) WDOT(K) = 0. D0
      ENDDO
      RETURN
      END
      SUBROUTINE ELEMRATE(RF, RB, T)
      IMPLICIT DOUBLE PRECISION (A – H, O – Z), INTEGER (I – N)
      DIMENSION RF( * ), RB( * )
      RUC = 1. 987215583174D0
      ALOGT = DLOG(T)
      TINV = 1. D3/(RUC * T)
      TP1 = T
      TP2 = TP1 * T
      TP3 = TP2 * T
      TM1 = 1. D0/TP1
      TM2 = 1. D0/TP2
      TM3 = 1. D0/TP3
      RF(1:403) = 0. D0
      RB(1:403) = 0. D0
      RF(1) = 1. 3D +88 * EXP( −2. 101D +01 * ALOGT − 1. 395D +02 * TINV)
      RB(1) = 2. 263D +83 * EXP( −2. 031D +01 * ALOGT − 4. 083D +01 * TINV)
      RF(2) = 2. 6D +06 * EXP(2. 4D0 * ALOGT − 4. 471D0 * TINV)
      RB(2) = 1. 807D +01 * EXP(3. 38D0 * ALOGT − 9. 318D0 * TINV)
      RF(3) = 9. 54D +04 * EXP(2. 71D0 * ALOGT − 2. 106D0 * TINV)
      RB(3) = 3. 481D −01 * EXP(3. 67D0 * ALOGT − 5. 541D0 * TINV)
      RF(4) = 1. 9D +06 * EXP(2. D0 * ALOGT + 5. 96D −01 * TINV)
      RB(4) = 3. 624D +02 * EXP(2. 87D0 * ALOGT − 1. 914D +01 * TINV)
      RF(5) = 4. D +03 * EXP(3. 37D0 * ALOGT − 1. 372D +01 * TINV)
      RB(5) = 4. 982D −01 * EXP(3. 66D0 * ALOGT − 2. 562D0 * TINV)
      RF(6) = 2. 8D +13 * EXP( −5. 015D +01 * TINV)
      RB(6) = 1. D +09 * EXP(6. 3D −01 * ALOGT − 3. 09D −01 * TINV)
      RF(7) = 3. 25D +19 * EXP( −1. 79D0 * ALOGT − 3. 136D +01 * TINV)
      RB(7) = 1. D +11 * EXP( −8. 2D0 * TINV)
      RF(8) = 1. 357D +23 * EXP( −2. 36D0 * ALOGT − 3. 767D +01 * TINV)
      RB(8) = 2. 34D +12
```

RF(9)　= 6. D + 10 * EXP(− 2. 045D + 01 * TINV)

RB(9)　= EXP(1. 534681D + 08 * TM3 + (− 8. 34261D + 05 * TM2) +

&　　(− 2. 287582D + 03 * TM1) + (2. 06222D + 01) + (2. 106267D − 04 * TP1) +

&　　(2. 762205D − 08 * TP2) + (− 7. 498642D − 12 * TP3))

RF(10)　= 1. 389D + 23 * EXP(− 2. 38D0 * ALOGT − 3. 76D + 01 * TINV)

RB(10)　= 7. 54D + 12

RF(11)　= 1. 25D + 10 * EXP(− 1. 745D + 01 * TINV)

RB(11)　= EXP(− 1. 530648D + 08 * TM3 + (7. 552983D + 05 * TM2) +

&　　(− 2. 364782D + 04 * TM1) + (1. 705366D + 01) + (1. 660082D − 03 * TP1) +

&　　(− 3. 064608D − 07 * TP2) + (2. 774556D − 11 * TP3))

RF(12)　= 5. D + 16 * EXP(− 3. 9D + 01 * TINV)

RB(12)　= 0. D0

RF(13)　= 1. 548D + 12 * EXP(5. 9D − 01 * ALOGT − 3. 009D + 01 * TINV)

RB(13)　= 0. D0

RF(14)　= 1. 5D + 30 * EXP(− 3. 925D0 * ALOGT − 8. 415D + 01 * TINV)

RB(14)　= 3. 59D + 14 * EXP(− 7. 5D − 01 * ALOGT)

RF(15)　= 7. 341D + 05 * EXP(2. 768D0 * ALOGT − 8. 147D0 * TINV)

RB(15)　= 5. 1D + 01 * EXP(3. 404D0 * ALOGT − 1. 048D + 01 * TINV)

RF(16)　= 7. 5D + 06 * EXP(1. 8D0 * ALOGT − 1. 431D0 * TINV)

RB(16)　= EXP(− 5. 83987D + 07 * TM3 + (4. 093673D + 05 * TM2) +

&　　(− 1. 115555D + 04 * TM1) + (2. 469319D + 01) + (1. 688459D − 03 * TP1) +

&　　(− 2. 880203D − 07 * TP2) + (2. 437542D − 11 * TP3))

RF(17)　= 2. D + 03 * EXP(3. 59D0 * ALOGT − 1. 716D + 01 * TINV)

RB(17)　= EXP(− 9. 439536D + 07 * TM3 + (6. 936165D + 05 * TM2) +

&　　(− 4. 690602D + 03 * TM1) + (2. 910857D + 01) + (2. 242347D − 03 * TP1) +

&　　(− 3. 214309D − 07 * TP2) + (2. 555755D − 11 * TP3))

RF(18)　= 6. 3D + 13 * EXP(− 5. 076D + 01 * TINV)

RB(18)　= 2. 296D + 10 * EXP(2. 88D − 01 * ALOGT + 1. 592D0 * TINV)

RF(19)　= 8. 55D + 03 * EXP(3. 05D0 * ALOGT − 3. 123D0 * TINV)

RB(19)　= 3. 118D − 01 * EXP(3. 666D0 * ALOGT − 4. 048D0 * TINV)

RF(20)　= 6. 09D + 02 * EXP(2. 48D0 * ALOGT − 8. 52D0 * TINV)

RB(20)　= 1. D + 14 * EXP(− 1. 4D − 01 * ALOGT − 2. 678D + 01 * TINV)

RF(21)　= 3. 465D + 20 * EXP(− 1. 653D0 * ALOGT − 3. 572D + 01 * TINV)

RB(21)　= 4. 52D + 12

RF(22)　= 2. 5D + 10 * EXP(− 2. 045D + 01 * TINV)

RB(22)　= EXP(1. 652628D + 08 * TM3 + (− 8. 972397D + 05 * TM2) +

&　　(− 2. 1771D + 03 * TM1) + (1. 968531D + 01) + (2. 166669D − 04 * TP1) +

    & $(3.53423D-08*TP2)+(-8.84977D-12*TP3))$

  $RF(23) = 3.D+11*EXP(-1.425D+01*TINV)$

  $RF(24) = 1.361D+23*EXP(-2.357D0*ALOGT-3.728D+01*TINV)$

  $RB(24) = 7.54D+12$

  $RF(25) = 2.5D+10*EXP(-2.1D+01*TINV)$

  $RB(25) = EXP(-2.855287D+07*TM3+(4.789789D+04*TM2)+$

  & $(-2.297683D+04*TM1)+(1.745232D+01)+(1.663366D-03*TP1)+$

  & $(-3.003831D-07*TP2)+(2.661212D-11*TP3))$

  $RF(26) = 1.25D+12$

  $RF(27) = 2.5D+12*EXP(-1.77D+01*TINV)$

  $RF(28) = 1.D+16*EXP(-3.9D+01*TINV)$

  $RF(29) = 7.D+12*EXP(-8.9D0*TINV)$

  $RB(29) = EXP(2.253965D+08*TM3+(-1.615988D+06*TM2)+$

  & $(-4.043392D+03*TM1)+(2.755554D+01)+(1.645464D-03*TP1)+$

  & $(-5.162882D-07*TP2)+(5.856468D-11*TP3))$

  $RF(30) = 7.D+12*EXP(-7.9D0*TINV)$

  $RB(30) = EXP(2.315895D+08*TM3+(-1.550619D+06*TM2)+$

  & $(-5.276981D+03*TM1)+(2.799508D+01)+(1.646089D-03*TP1)+$

  & $(-4.834479D-07*TP2)+(5.272758D-11*TP3))$

  $RF(31) = 1.77D+04*EXP(2.39D0*ALOGT+6.02D-01*TINV)$

  $RB(31) = EXP(1.564701D+08*TM3+(-1.009526D+06*TM2)+$

  & $(-1.198603D+04*TM1)+(2.128129D+01)+(3.674016D-03*TP1)+$

  & $(-8.213689D-07*TP2)+(8.101502D-11*TP3))$

  $RF(32) = 7.D+04*EXP(3.D0*ALOGT-1.2D+01*TINV)$

  $RB(32) = EXP(1.539148D+08*TM3+(-9.88728D+05*TM2)+$

  & $(-2.843628D+03*TM1)+(2.686303D+01)+(3.548968D-03*TP1)+$

  & $(-7.549783D-07*TP2)+(7.437313D-11*TP3))$

  $RF(33) = 2.18D+07*EXP(2.5D0*ALOGT-4.6D+01*TINV)$

  $RB(33) = EXP(1.56384D+08*TM3+(-1.046576D+06*TM2)+$

  & $(-2.65183D+02*TM1)+(2.673484D+01)+(3.561203D-03*TP1)+$

  & $(-7.868869D-07*TP2)+(7.726733D-11*TP3))$

  $RF(34) = 9.2D+12*EXP(-2.88D+01*TINV)$

  $RB(34) = EXP(3.994773D+08*TM3+(-2.397757D+06*TM2)+$

  & $(2.931971D+03*TM1)+(2.178724D+01)+(3.379642D-03*TP1)+$

  & $(-9.589867D-07*TP2)+(9.725416D-11*TP3))$

  $RF(35) = 2.34D+02*EXP(2.68D0*ALOGT-7.3D-01*TINV)$

  $RB(35) = EXP(3.087933D+08*TM3+(-1.684015D+06*TM2)+$

$\&$　　$(-1.504465D+03*TM1)+(1.671204D+01)+(5.397654D-03*TP1)+$

$\&$　　$(-1.303637D-06*TP2)+(1.257105D-10*TP3))$

$RF(36)\ =2.48D+14*EXP(-3.4D-01*ALOGT-4.67D0*TINV)$

$RB(36)\ =EXP(-1.090053D+08*TM3+(-3.089649D+04*TM2)+$

$\&$　　$(-8.234701D+03*TM1)+(2.924625D+01)+(2.054001D-03*TP1)+$

$\&$　　$(-9.517389D-07*TP2)+(1.168329D-10*TP3))$

$RF(37)\ =5.5D+12$

$RB(37)\ =EXP(-1.928339D+08*TM3+(1.286504D+06*TM2)+$

$\&$　　$(-1.154745D+04*TM1)+(3.338405D+01)+(-1.762474D-03*TP1)+$

$\&$　　$(5.098961D-07*TP2)+(-5.486114D-11*TP3))$

$RF(38)\ =1.899D+07*EXP(2.D0*ALOGT-9.696D0*TINV)$

$RB(38)\ =EXP(3.395994D+08*TM3+(-1.971098D+06*TM2)+$

$\&$　　$(2.51571D+03*TM1)+(2.104519D+01)+(5.228633D-03*TP1)+$

$\&$　　$(-1.264616D-06*TP2)+(1.216211D-10*TP3))$

$RF(39)\ =1.7D0*EXP(3.7D0*ALOGT-9.5D0*TINV)$

$RB(39)\ =EXP(2.673593D+08*TM3+(-1.241639D+06*TM2)+$

$\&$　　$(-8.766806D+02*TM1)+(2.211135D+01)+(5.457874D-03*TP1)+$

$\&$　　$(-1.346147D-06*TP2)+(1.284806D-10*TP3))$

$RF(40)\ =1.D+14$

$RB(40)\ =EXP(-4.316196D+08*TM3+(2.645219D+06*TM2)+$

$\&$　　$(-6.19553D+04*TM1)+(4.34366D+01)+(-3.808664D-03*TP1)+$

$\&$　　$(1.007892D-06*TP2)+(-9.981238D-11*TP3))$

$RF(41)\ =2.66D+16*EXP(-9.78304D+01*TINV)$

$RB(41)\ =EXP(1.062038D+08*TM3+(-9.176749D+05*TM2)+$

$\&$　　$(6.121182D+03*TM1)+(2.481905D+01)+(3.703201D-03*TP1)+$

$\&$　　$(-7.45484D-07*TP2)+(7.061503D-11*TP3))$

$RF(42)\ =1.09D+15*EXP(-8.74634D+01*TINV)$

$RB(42)\ =EXP(2.710777D+08*TM3+(-1.905982D+06*TM2)+$

$\&$　　$(6.519119D+03*TM1)+(2.574156D+01)+(2.251883D-03*TP1)+$

$\&$　　$(-5.501518D-07*TP2)+(5.703976D-11*TP3))$

$RF(43)\ =5.78D+13*EXP(-8.088D0*TINV)$

$RB(43)\ =EXP(9.667749D+07*TM3+(-7.21016D+05*TM2)+$

$\&$　　$(-6.515484D+03*TM1)+(2.51893D+01)+(2.775899D-03*TP1)+$

$\&$　　$(-6.656853D-07*TP2)+(6.73492D-11*TP3))$

$RF(44)\ =4.D+11*EXP(-7.7D0*TINV)$

$RB(44)\ =EXP(-1.680795D+08*TM3+(1.132535D+06*TM2)+$

$\&$　　$(-2.840356D+03*TM1)+(3.057351D+01)+(-1.342572D-03*TP1)+$

    & $(2.935268D-07*TP2)+(-2.880737D-11*TP3))$

  $RF(45) = 6.47D0*EXP(3.98D0*ALOGT-3.384D0*TINV)$

  $RB(45) = EXP(1.22944D+08*TM3+(-7.897986D+05*TM2)+$

    & $(-7.583416D+03*TM1)+(2.262877D+01)+(4.811083D-03*TP1)+$

    & $(-9.743389D-07*TP2)+(9.19769D-11*TP3))$

  $RF(46) = 6.D+10*EXP(7.D-01*ALOGT-7.632D0*TINV)$

  $RB(46) = EXP(1.969555D+08*TM3+(-1.406559D+06*TM2)+$

    & $(-6.200302D+03*TM1)+(2.165378D+01)+(2.752198D-03*TP1)+$

    & $(-6.589961D-07*TP2)+(6.686266D-11*TP3))$

  $RF(47) = 1.6D+12*EXP(-1.51D+01*TINV)$

  $RB(47) = EXP(2.007531D+08*TM3+(-1.280491D+06*TM2)+$

    & $(-2.824874D+03*TM1)+(2.469749D+01)+(6.45831D-04*TP1)+$

    & $(-2.173478D-07*TP2)+(2.403851D-11*TP3))$

  $RF(48) = 1.6D+12*EXP(-1.31D+01*TINV)$

  $RB(48) = EXP(-1.952449D+08*TM3+(1.304034D+06*TM2)+$

    & $(-1.179792D+04*TM1)+(3.114837D+01)+(-1.593409D-03*TP1)+$

    & $(4.740789D-07*TP2)+(-5.196054D-11*TP3))$

  $RF(49) = 1.51D+13$

  $RB(49) = EXP(-1.553126D+08*TM3+(1.080659D+06*TM2)+$

    & $(-3.632669D+04*TM1)+(3.600643D+01)+(-1.774291D-03*TP1)+$

    & $(5.313534D-07*TP2)+(-5.861737D-11*TP3))$

  $RF(50) = 2.D+14$

  $RB(50) = EXP(-1.128594D+08*TM3+(7.862174D+05*TM2)+$

    & $(-2.961462D+04*TM1)+(3.177878D+01)+(1.225666D-03*TP1)+$

    & $(-1.543494D-07*TP2)+(1.046214D-11*TP3))$

  $RF(51) = 5.D+12$

  $RB(51) = EXP(-2.335711D+08*TM3+(1.500161D+06*TM2)+$

    & $(-1.403997D+04*TM1)+(3.296234D+01)+(-2.388029D-03*TP1)+$

    & $(6.659163D-07*TP2)+(-7.272559D-11*TP3))$

  $RF(52) = 1.D+13$

  $RB(52) = EXP(-1.605419D+08*TM3+(7.392362D+05*TM2)+$

    & $(-1.142314D+04*TM1)+(3.225062D+01)+(-1.556781D-03*TP1)+$

    & $(4.577404D-07*TP2)+(-4.277262D-11*TP3))$

  $RF(53) = 1.D+14$

  $RB(53) = EXP(5.240636D+07*TM3+(-2.634882D+05*TM2)+$

    & $(-5.651653D+04*TM1)+(4.783385D+01)+(-1.339386D-03*TP1)+$

    & $(9.839146D-08*TP2)+(1.621878D-12*TP3))$

$$RF(54) = 1.382D + 41 * EXP(-9.44D0 * ALOGT - 9.02D0 * TINV)$$

$$RB(54) = EXP(1.37891D + 08 * TM3 + (-1.222868D + 06 * TM2) +$$
$$\&\quad (-8.688471D + 03 * TM1) + (3.562822D + 01) + (-8.764169D - 03 * TP1) +$$
$$\&\quad (1.585446D - 06 * TP2) + (-1.408646D - 10 * TP3))$$

$$RF(55) = 4.D + 76 * EXP(-1.996D + 01 * ALOGT - 6.4725D + 01 * TINV)$$

$$RB(55) = EXP(4.656544D + 08 * TM3 + (-3.886452D + 06 * TM2) +$$
$$\&\quad (-2.961406D + 04 * TM1) + (2.814147D + 01) + (-9.791767D - 03 * TP1) +$$
$$\&\quad (1.4141D - 06 * TP2) + (-1.111748D - 10 * TP3))$$

$$RF(56) = 1.7D + 76 * EXP(-1.996D + 01 * ALOGT - 6.4725D + 01 * TINV)$$

$$RB(56) = EXP(6.403078D + 08 * TM3 + (-5.021245D + 06 * TM2) +$$
$$\&\quad (-3.352901D + 04 * TM1) + (2.413653D + 01) + (-7.546388D - 03 * TP1) +$$
$$\&\quad (8.475501D - 07 * TP2) + (-5.09017D - 11 * TP3))$$

$$RF(57) = 6.3D + 10 * EXP(+7.2D - 01 * TINV)$$

$$RF(58) = 6.3D + 10 * EXP(+7.2D - 01 * TINV)$$

$$RF(59) = 6.3D + 10 * EXP(+7.2D - 01 * TINV)$$

$$RF(60) = 6.6D + 10 * EXP(-2.2D0 * TINV)$$

$$RB(60) = EXP(-3.682184D + 07 * TM3 + (1.681411D + 05 * TM2) +$$
$$\&\quad (-1.825614D + 04 * TM1) + (2.375892D + 01) + (1.223925D - 04 * TP1) +$$
$$\&\quad (3.07543D - 09 * TP2) + (-2.240667D - 12 * TP3))$$

$$RF(61) = 1.D + 14 * EXP(-2.91D + 01 * TINV)$$

$$RB(61) = EXP(7.021445D + 06 * TM3 + (-1.331046D + 05 * TM2) +$$
$$\&\quad (-6.482043D + 03 * TM1) + (3.023866D + 01) + (2.514958D - 04 * TP1) +$$
$$\&\quad (2.836718D - 08 * TP2) + (-5.891913D - 12 * TP3))$$

$$RF(62) = 1.464D + 20 * EXP(-1.97D0 * ALOGT - 3.509D + 01 * TINV)$$

$$RB(62) = EXP(1.053048D + 08 * TM3 + (-8.673769D + 05 * TM2) +$$
$$\&\quad (-9.413036D + 02 * TM1) + (2.353677D + 01) + (2.117975D - 03 * TP1) +$$
$$\&\quad (-4.907182D - 07 * TP2) + (5.012545D - 11 * TP3))$$

$$RF(63) = 2.D + 13$$

$$RB(63) = EXP(-5.238013D + 07 * TM3 + (4.443976D + 05 * TM2) +$$
$$\&\quad (-4.642851D + 04 * TM1) + (3.495197D + 01) + (-2.281605D - 04 * TP1) +$$
$$\&\quad (3.048132D - 09 * TP2) + (-1.756656D - 12 * TP3))$$

$$RF(64) = 3.44D + 09 * EXP(1.18D0 * ALOGT + 4.47D - 01 * TINV)$$

$$RB(64) = EXP(-4.483189D + 06 * TM3 + (2.435879D + 04 * TM2) +$$
$$\&\quad (-1.613785D + 04 * TM1) + (2.785345D + 01) + (1.38441D - 03 * TP1) +$$
$$\&\quad (-2.449515D - 07 * TP2) + (2.103155D - 11 * TP3))$$

$$RF(65) = 7.47D0 * EXP(3.98D0 * ALOGT - 1.384D0 * TINV)$$

$$RB(65) = EXP(-7.230086D + 07 * TM3 + (5.142354D + 05 * TM2) +$$

& $(-1.178276D+04*TM1)+(2.581983D+01)+(3.217674D-03*TP1)+$

& $(-5.0026D-07*TP2)+(4.001637D-11*TP3))$

$RF(66) = 4.D+15*EXP(-8.37D+01*TINV)$

$RB(66) = EXP(7.583278D+07*TM3+(-6.019483D+05*TM2)+$

& $(3.207148D+03*TM1)+(3.008903D+01)+(6.58474D-04*TP1)+$

& $(-7.607292D-08*TP2)+(5.079227D-12*TP3))$

$RF(67) = 7.D+11*EXP(-3.95D+01*TINV)$

$RB(67) = EXP(3.198947D+07*TM3+(-3.007025D+05*TM2)+$

& $(1.386977D+02*TM1)+(2.228184D+01)+(5.293706D-04*TP1)+$

& $(-1.013646D-07*TP2)+(8.730468D-12*TP3))$

$RF(68) = 7.D+02*EXP(3.D0*ALOGT-1.D+01*TINV)$

$RB(68) = EXP(-4.133007D+07*TM3+(3.15306D+05*TM2)+$

& $(-7.042971D+03*TM1)+(2.530521D+01)+(1.955559D-03*TP1)+$

& $(-2.808994D-07*TP2)+(2.24126D-11*TP3))$

$RF(69) = 2.D-06*EXP(5.6D0*ALOGT-1.5D0*TINV)$

$RB(69) = EXP(-1.422738D+08*TM3+(1.225833D+06*TM2)+$

& $(-1.525731D+04*TM1)+(2.740946D+01)+(3.400885D-03*TP1)+$

& $(-5.75025D-07*TP2)+(4.634546D-11*TP3))$

$RF(70) = 1.37D+21*EXP(-2.179D0*ALOGT-3.941D+01*TINV)$

$RB(70) = EXP(8.333492D+07*TM3+(-7.56187D+05*TM2)+$

& $(-2.533048D+03*TM1)+(2.614496D+01)+(1.848075D-03*TP1)+$

& $(-4.656792D-07*TP2)+(4.891143D-11*TP3))$

$RF(71) = 1.D+13$

$RB(71) = EXP(2.197369D+07*TM3+(-3.111979D+05*TM2)+$

& $(-1.559459D+04*TM1)+(2.646579D+01)+(2.678125D-03*TP1)+$

& $(-5.676029D-07*TP2)+(5.672871D-11*TP3))$

$RF(72) = 7.27D+29*EXP(-4.72D0*ALOGT-1.56D+01*TINV)$

$RB(72) = EXP(-4.365539D+08*TM3+(1.667272D+06*TM2)+$

& $(-1.172543D+04*TM1)+(4.125957D+01)+(-4.238128D-03*TP1)+$

& $(4.578602D-07*TP2)+(-1.568716D-11*TP3))$

$RF(73) = 1.D+14$

$RB(73) = EXP(-5.502604D+08*TM3+(2.690231D+06*TM2)+$

& $(-6.815805D+04*TM1)+(4.196972D+01)+(-1.559038D-03*TP1)+$

& $(2.739686D-08*TP2)+(1.927493D-11*TP3))$

$RF(74) = 3.D+13$

$RB(74) = EXP(-6.610298D+08*TM3+(3.387241D+06*TM2)+$

& $(-6.183631D+04*TM1)+(4.588844D+01)+(-3.572284D-03*TP1)+$

$$\&\qquad (4.789032D-07*TP2)+(-1.599295D-11*TP3))$$

$$RF(75) = 5.D+12$$

$$RB(75) = EXP(-5.807603D+08*TM3+(2.762972D+06*TM2)+$$
$$\&\qquad (-3.521724D+04*TM1)+(3.536401D+01)+(-1.295726D-03*TP1)+$$
$$\&\qquad (3.430673D-08*TP2)+(1.713924D-11*TP3))$$

$$RF(76) = 2.5D+14$$

$$RB(76) = EXP(-1.650534D+08*TM3+(1.040148D+06*TM2)+$$
$$\&\qquad (-4.591532D+04*TM1)+(3.898911D+01)+(-1.91569D-03*TP1)+$$
$$\&\qquad (4.018662D-07*TP2)+(-3.008634D-11*TP3))$$

$$RF(77) = 1.D+13*EXP(-3.89D+01*TINV)$$

$$RB(77) = EXP(1.212101D+08*TM3+(-7.38902D+05*TM2)+$$
$$\&\qquad (1.029569D+03*TM1)+(2.494052D+01)+(1.786586D-03*TP1)+$$
$$\&\qquad (-4.271578D-07*TP2)+(3.373758D-11*TP3))$$

$$RF(78) = 5.8D+12*EXP(-8.1D0*TINV)$$

$$RB(78) = EXP(3.974897D+08*TM3+(-1.874557D+06*TM2)+$$
$$\&\qquad (-5.229457D+03*TM1)+(2.187429D+01)+(1.106192D-03*TP1)+$$
$$\&\qquad (2.354623D-07*TP2)+(-5.501206D-11*TP3))$$

$$RF(79) = 1.2D+14*EXP(-1.24D+01*TINV)$$

$$RB(79) = EXP(1.297136D+08*TM3+(-8.125553D+05*TM2)+$$
$$\&\qquad (-1.301396D+04*TM1)+(2.776624D+01)+(2.18492D-03*TP1)+$$
$$\&\qquad (-4.894354D-07*TP2)+(3.863397D-11*TP3))$$

$$RF(80) = 1.3D+13*EXP(-2.9D0*TINV)$$

$$RB(80) = EXP(1.107693D+08*TM3+(-6.97009D+05*TM2)+$$
$$\&\qquad (-7.781066D+03*TM1)+(2.507327D+01)+(2.013246D-03*TP1)+$$
$$\&\qquad (-4.515063D-07*TP2)+(3.526787D-11*TP3))$$

$$RF(81) = 1.4D+08*EXP(1.4D0*ALOGT+9.6D-01*TINV)$$

$$RB(81) = EXP(7.850257D+07*TM3+(-3.647225D+05*TM2)+$$
$$\&\qquad (-1.549656D+04*TM1)+(2.622449D+01)+(2.768207D-03*TP1)+$$
$$\&\qquad (-5.893517D-07*TP2)+(4.749737D-11*TP3))$$

$$RF(82) = 1.D+12*EXP(-1.D+01*TINV)$$

$$RB(82) = EXP(1.329111D+08*TM3+(-7.926859D+05*TM2)+$$
$$\&\qquad (-3.647531D+03*TM1)+(2.493183D+01)+(1.486667D-03*TP1)+$$
$$\&\qquad (-3.529606D-07*TP2)+(2.752812D-11*TP3))$$

$$RF(83) = 7.6D+10*EXP(-4.38D+01*TINV)$$

$$RB(83) = EXP(3.222941D+08*TM3+(-1.54532D+06*TM2)+$$
$$\&\qquad (1.157437D+03*TM1)+(1.70218D+01)+(1.060943D-03*TP1)+$$
$$\&\qquad (3.154494D-07*TP2)+(-5.549213D-11*TP3))$$

$RF(84) = 3. D + 10 * EXP(-3.7D + 01 * TINV)$

$RB(84) = EXP(2.648123D + 07 * TM3 + (-3.242449D + 05 * TM2) +$
& $(1.828818D + 03 * TM1) + (1.948814D + 01) + (1.476948D - 03 * TP1) +$
& $(-3.580956D - 07 * TP2) + (3.665248D - 11 * TP3))$

$RF(85) = 1.2D + 14 * EXP(-1.24D + 01 * TINV)$

$RB(85) = EXP(3.49848D + 07 * TM3 + (-3.978982D + 05 * TM2) +$
& $(-1.317083D + 04 * TM1) + (2.8123D + 01) + (1.875283D - 03 * TP1) +$
& $(-4.203732D - 07 * TP2) + (4.154886D - 11 * TP3))$

$RF(86) = 1.3D + 13 * EXP(-5.D0 * TINV)$

$RB(86) = EXP(1.604049D + 07 * TM3 + (-2.823519D + 05 * TM2) +$
& $(-8.994684D + 03 * TM1) + (2.543004D + 01) + (1.703608D - 03 * TP1) +$
& $(-3.82444D - 07 * TP2) + (3.818276D - 11 * TP3))$

$RF(87) = 3. D + 06 * EXP(2. D0 * ALOGT + 1.31D0 * TINV)$

$RB(87) = EXP(-3.323036D + 07 * TM3 + (1.838929D + 05 * TM2) +$
& $(-1.60386D + 04 * TM1) + (2.702877D + 01) + (2.803791D - 03 * TP1) +$
& $(-5.710359D - 07 * TP2) + (5.439059D - 11 * TP3))$

$RF(88) = 1. D + 12 * EXP(-8. D0 * TINV)$

$RB(88) = EXP(3.818226D + 07 * TM3 + (-3.78029D + 05 * TM2) +$
& $(-2.79796D + 03 * TM1) + (2.52886D + 01) + (1.17703D - 03 * TP1) +$
& $(-2.838985D - 07 * TP2) + (3.044302D - 11 * TP3))$

$RF(89) = 4.9D + 12 * EXP(-4.4D0 * TINV)$

$RB(89) = EXP(6.079825D + 07 * TM3 + (-4.288321D + 05 * TM2) +$
& $(-1.425223D + 04 * TM1) + (3.024233D + 01) + (6.787499D - 04 * TP1) +$
& $(-2.530053D - 07 * TP2) + (2.973542D - 11 * TP3))$

$RF(90) = 1.5D + 14$

$RB(90) = EXP(-7.032457D + 07 * TM3 + (6.254908D + 05 * TM2) +$
& $(-4.575846D + 04 * TM1) + (3.812151D + 01) + (-1.606052D - 03 * TP1) +$
& $(3.32804D - 07 * TP2) + (-3.300124D - 11 * TP3))$

$RF(91) = 5.102D + 13 * EXP(-3.4D - 01 * ALOGT - 4.674D0 * TINV)$

$RB(91) = EXP(2.675361D + 07 * TM3 + (-1.442901D + 05 * TM2) +$
& $(-5.285997D + 04 * TM1) + (3.248578D + 01) + (-1.531396D - 03 * TP1) +$
& $(3.512747D - 07 * TP2) + (-3.561468D - 11 * TP3))$

$RF(92) = 8. D + 01 * EXP(3.25D0 * ALOGT - 5.59D0 * TINV)$

$RB(92) = EXP(-2.070361D + 07 * TM3 + (3.140896D + 05 * TM2) +$
& $(-4.442301D + 03 * TM1) + (3.026242D + 01) + (4.366226D - 04 * TP1) +$
& $(9.728227D - 08 * TP2) + (-1.699261D - 11 * TP3))$

$RF(93) = 2. D + 14$

RB(93) = EXP(− 9. 545706D + 06 * TM3 + (1. 727944D + 05 * TM2) +

&　(− 2. 612227D + 04 * TM1) + (4. 057246D + 01) + (− 2. 583741D − 03 * TP1) +

&　(6. 043677D − 07 * TP2) + (− 6. 019194D − 11 * TP3))

RF(94) = 8. 21D + 41 * EXP(− 7. 74D0 * ALOGT − 2. 777D + 01 * TINV)

RB(94) = EXP(2. 7721D + 08 * TM3 + (− 2. 194429D + 06 * TM2) +

&　(− 9. 7304D + 03 * TM1) + (4. 205883D + 01) + (− 5. 073726D − 03 * TP1) +

&　(7. 554001D − 07 * TP2) + (− 5. 861118D − 11 * TP3))

RF(95) = 5. 4D + 10 * EXP(− 4. 391D + 01 * TINV)

RB(95) = EXP(− 7. 559622D + 07 * TM3 + (4. 061407D + 05 * TM2) +

&　(− 1. 085536D + 04 * TM1) + (1. 59841D + 01) + (6. 691792D − 04 * TP1) +

&　(− 7. 557688D − 08 * TP2) + (4. 395724D − 12 * TP3))

RF(96) = 3. D + 13 * EXP(− 9. D0 * TINV)

RB(96) = EXP(4. 831144D + 07 * TM3 + (− 2. 935709D + 05 * TM2) +

&　(− 3. 364806D + 04 * TM1) + (3. 95709D + 01) + (− 3. 20411D − 03 * TP1) +

&　(7. 051391D − 07 * TP2) + (− 6. 748279D − 11 * TP3))

RF(97) = 2. 5D + 13 * EXP(− 4. 7D0 * TINV)

RF(98) = 2. 48D + 14 * EXP(− 3. 4D − 01 * ALOGT − 4. 674D0 * TINV)

RF(99) = 2. D + 06 * EXP(2. D0 * ALOGT − 4. D0 * TINV)

RF(100) = 1. 37D + 21 * EXP(− 2. 179D0 * ALOGT − 3. 941D + 01 * TINV)

RB(100) = 1. 51D + 11 * EXP(− 4. 81D0 * TINV)

RF(101) = 1. D + 13

RB(101) = EXP(− 2. 323033D + 07 * TM3 + (1. 338824D + 05 * TM2) +

&　(− 7. 677533D + 03 * TM1) + (2. 470737D + 01) + (6. 444782D − 04 * TP1) +

&　(− 8. 659001D − 08 * TP2) + (6. 415148D − 12 * TP3))

RF(102) = 3. D + 13

RB(102) = EXP(− 7. 670173D + 05 * TM3 + (1. 268598D + 05 * TM2) +

&　(− 9. 858559D + 03 * TM1) + (3. 010745D + 01) + (2. 680287D − 04 * TP1) +

&　(− 4. 403938D − 08 * TP2) + (4. 640487D − 12 * TP3))

RF(103) = 6. 31D + 13 * EXP(− 6. 0832D + 01 * TINV)

RB(103) = EXP(− 3. 431698D + 07 * TM3 + (1. 04587D + 05 * TM2) +

&　(1. 874234D + 03 * TM1) + (2. 611735D + 01) + (7. 981989D − 04 * TP1) +

&　(− 1. 050904D − 07 * TP2) + (6. 917068D − 12 * TP3))

RF(104) = 1. 624D + 07 * EXP(2. D0 * ALOGT − 8. 78196D0 * TINV)

RB(104) = EXP(− 1. 014381D + 08 * TM3 + (5. 930084D + 05 * TM2) +

&　(− 7. 307535D + 02 * TM1) + (2. 511682D + 01) + (2. 175597D − 03 * TP1) +

&　(− 2. 985934D − 07 * TP2) + (2. 170841D − 11 * TP3))

RF(105) = 2. 48D + 14 * EXP(− 3. 4D − 01 * ALOGT − 4. 674D0 * TINV)

RB(105) = EXP(9.707813D+07 * TM3 + (−7.697806D+05 * TM2) +
& (−7.101511D+03 * TM1) + (2.858714D+01) + (7.465582D−05 * TP1) +
& (1.847086D−08 * TP2) + (−2.613453D−12 * TP3))

RF(106) = 2.337D+04 * EXP(2.68D0 * ALOGT − 7.3D−01 * TINV)

RB(106) = EXP(−1.132999D+08 * TM3 + (7.645447D+05 * TM2) +
& (−5.663228D+03 * TM1) + (2.601441D+01) + (2.516292D−03 * TP1) +
& (−3.755432D−07 * TP2) + (2.916393D−11 * TP3))

RF(107) = 9.173D+20 * EXP(−1.63D0 * ALOGT − 7.399D+01 * TINV)

RB(107) = 4.D+12 * EXP(+5.96D−01 * TINV)

RF(108) = 1.D+12

RB(108) = EXP(1.013527D+07 * TM3 + (6.756625D+04 * TM2) +
& (−6.142011D+03 * TM1) + (2.655006D+01) + (5.722707D−04 * TP1) +
& (−1.371586D−07 * TP2) + (1.494965D−11 * TP3))

RF(109) = 1.6D+24 * EXP(−3.9D0 * ALOGT − 7.6D0 * TINV)

RB(109) = EXP(8.848976D+07 * TM3 + (−7.429002D+05 * TM2) +
& (−8.481926D+03 * TM1) + (2.731887D+01) + (−2.096249D−03 * TP1) +
& (2.940869D−07 * TP2) + (−2.298753D−11 * TP3))

RF(110) = 7.497D+17 * EXP(−1.41D0 * ALOGT − 2.958D+01 * TINV)

RB(110) = 3.3D+11 * EXP(−7.2D0 * TINV)

RF(111) = 1.159D+17 * EXP(−1.17D0 * ALOGT − 3.816D+01 * TINV)

RB(111) = 1.D+13 * EXP(−2.9D0 * TINV)

RF(112) = 1.6D+22 * EXP(−2.39D0 * ALOGT − 1.118D+01 * TINV)

RB(112) = EXP(5.953513D+06 * TM3 + (−6.763994D+04 * TM2) +
& (−9.933755D+03 * TM1) + (2.949595D+01) + (−3.601368D−05 * TP1) +
& (−7.124677D−08 * TP2) + (9.35611D−12 * TP3))

RF(113) = 3.2D+22 * EXP(−2.39D0 * ALOGT − 1.118D+01 * TINV)

RB(113) = EXP(−1.261842D+07 * TM3 + (−4.978681D+04 * TM2) +
& (−1.050435D+04 * TM1) + (3.025181D+01) + (−2.014106D−04 * TP1) +
& (−2.855587D−08 * TP2) + (5.213712D−12 * TP3))

RF(114) = 5.D+15 * EXP(−7.1D+01 * TINV)

RB(114) = 5.D+12

RF(115) = 1.D+19 * EXP(−1.D0 * ALOGT − 9.677D+01 * TINV)

RB(115) = 9.D+12

RF(116) = 1.D+12

RB(116) = 1.62D+12 * EXP(−1.323D+01 * TINV)

RF(117) = 7.23D+05 * EXP(2.34D0 * ALOGT + 1.05D0 * TINV)

RB(117) = 2.D+05 * EXP(2.34D0 * ALOGT − 8.028D+01 * TINV)

RF(118) = 2. D + 13 * EXP(5. D − 01 * ALOGT − 4. 22D + 01 * TINV)

RB(118) = 1. D + 07 * EXP(5. D − 01 * ALOGT − 4. D0 * TINV)

RF(119) = 2. 69D + 10 * EXP(7. 6D − 01 * ALOGT + 3. 4D − 01 * TINV)

RB(119) = 1. 852D + 10 * EXP(7. 5D − 01 * ALOGT − 3. 122D + 01 * TINV)

RF(120) = 2. 8D + 12 * EXP(− 1. 36D + 01 * TINV)

RB(120) = 1. D + 12 * EXP(− 1. D + 01 * TINV)

RF(121) = 5. 325D + 15 * EXP(− 8. 6D − 01 * ALOGT − 1. 34D + 01 * TINV)

RB(121) = 1. 5D + 11 * EXP(− 4. 8D0 * TINV)

RF(122) = 1. 71D + 42 * EXP(− 9. 211D0 * ALOGT − 1. 979D + 01 * TINV)

RB(122) = EXP(6. 527823D + 07 * TM3 + (− 8. 737684D + 05 * TM2) +

&　(− 1. 171164D + 04 * TM1) + (3. 171948D + 01) + (− 6. 518983D − 03 * TP1) +

&　(1. 112246D − 06 * TP2) + (− 9. 678144D − 11 * TP3))

RF(123) = 2. 284D + 14 * EXP(− 5. 5D − 01 * ALOGT − 2. 84D + 01 * TINV)

RB(123) = 4. 1D + 11 * EXP(− 7. 204D0 * TINV)

RF(124) = 2. 667D + 15 * EXP(− 6. 4D − 01 * ALOGT − 3. 682D + 01 * TINV)

RB(124) = 1. D + 13 * EXP(− 2. 5D0 * TINV)

RF(125) = 4. 65D + 46 * EXP(− 9. 83D0 * ALOGT − 5. 508D + 01 * TINV)

RB(125) = 5. 889D + 44 * EXP(− 9. 42D0 * ALOGT − 1. 698D + 01 * TINV)

RF(126) = 7. D + 24 * EXP(− 3. 9D0 * ALOGT − 6. 6D0 * TINV)

RB(126) = EXP(1. 873051D + 08 * TM3 + (− 1. 617829D + 06 * TM2) +

&　(− 3. 38073D + 03 * TM1) + (2. 626133D + 01) + (− 1. 638904D − 03 * TP1) +

&　(1. 775866D − 07 * TP2) + (− 1. 067045D − 11 * TP3))

RF(127) = 1. 6D + 24 * EXP(− 3. 9D0 * ALOGT − 7. 6D0 * TINV)

RB(127) = EXP(7. 24523D + 07 * TM3 + (− 6. 74268D + 05 * TM2) +

&　(− 9. 203724D + 03 * TM1) + (2. 753277D + 01) + (− 1. 992505D − 03 * TP1) +

&　(2. 777008D − 07 * TP2) + (− 2. 208657D − 11 * TP3))

RF(128) = 1. 64D + 37 * EXP(− 7. 4D0 * ALOGT − 3. 867D + 01 * TINV)

RB(128) = 1. 592D + 34 * EXP(− 7. 11D0 * ALOGT − 1. 803D + 01 * TINV)

RF(129) = 4. 98D + 32 * EXP(− 6. 23D0 * ALOGT − 4. 007D + 01 * TINV)

RB(129) = 1. 606D + 29 * EXP(− 5. 24D0 * ALOGT − 6. 265D0 * TINV)

RF(130) = 5. 2D + 06 * EXP(2. D0 * ALOGT + 2. 98D − 01 * TINV)

RB(130) = 4. 563D + 08 * EXP(1. 39D0 * ALOGT − 3. 247D + 01 * TINV)

RF(131) = 3. 07D + 55 * EXP(− 1. 149D + 01 * ALOGT − 1. 143D + 02 * TINV)

RB(131) = 3. 3D + 52 * EXP(− 1. 11D + 01 * ALOGT − 2. 446D + 01 * TINV)

RF(132) = 6. D + 12 * EXP(− 3. 99D + 01 * TINV)

RB(132) = 2. 209D + 12 * EXP(− 2. 8D − 01 * ALOGT − 3. D − 02 * TINV)

RF(133) = 2. 787D + 25 * EXP(− 4. 07D0 * ALOGT − 2. 845D + 01 * TINV)

$$RB(133) = 1.99D + 17 * EXP(-2.1D0 * ALOGT)$$

$$RF(134) = 3.675D + 12 * EXP(-1.31D0 * TINV)$$

$$RB(134) = 1.236D + 14 * EXP(-2.4D - 01 * ALOGT - 4.335D + 01 * TINV)$$

$$RF(135) = 1.D + 11 * EXP(-2.575D + 01 * TINV)$$

$$RB(135) = 8.258D + 11 * EXP(-5.2D - 01 * ALOGT - 2.28D + 01 * TINV)$$

$$RF(136) = 4.244D + 18 * EXP(-1.43D0 * ALOGT - 4.8D0 * TINV)$$

$$RB(136) = EXP(-1.102904D + 08 * TM3 + (5.581679D + 05 * TM2) +$$
$$\&\quad (-1.820087D + 04 * TM1) + (1.984671D + 01) + (3.735562D - 03 * TP1) +$$
$$\&\quad (-8.39274D - 07 * TP2) + (8.216902D - 11 * TP3))$$

$$RF(137) = 2.879D + 16 * EXP(-6.3D - 01 * ALOGT - 4.128D + 01 * TINV)$$

$$RB(137) = 1.3D + 13 * EXP(-1.2D0 * TINV)$$

$$RF(138) = 2.69D + 10 * EXP(7.6D - 01 * ALOGT + 3.4D - 01 * TINV)$$

$$RB(138) = 1.164D + 10 * EXP(7.5D - 01 * ALOGT - 3.12D + 01 * TINV)$$

$$RF(139) = 1.684D + 12 * EXP(+7.81D - 01 * TINV)$$

$$RB(139) = 1.194D + 13 * EXP(-9.D - 02 * ALOGT - 2.981D + 01 * TINV)$$

$$RF(140) = 1.426D + 13 * EXP(-4.D - 02 * ALOGT - 1.095D + 01 * TINV)$$

$$RB(140) = 1.5D + 11 * EXP(-4.81D0 * TINV)$$

$$RF(141) = 3.D + 12 * EXP(-1.192D + 01 * TINV)$$

$$RB(141) = 7.707D + 12 * EXP(-3.3D - 01 * ALOGT - 1.199D + 01 * TINV)$$

$$RF(142) = 7.D + 12 * EXP(+1.D0 * TINV)$$

$$RB(142) = 2.182D + 13 * EXP(-1.7D - 01 * ALOGT - 1.205D + 01 * TINV)$$

$$RF(143) = 7.D + 12 * EXP(+1.D0 * TINV)$$

$$RB(143) = 2.131D + 15 * EXP(-7.5D - 01 * ALOGT - 1.681D + 01 * TINV)$$

$$RF(144) = 7.29D + 29 * EXP(-5.71D0 * ALOGT - 2.145D + 01 * TINV)$$

$$RB(144) = EXP(1.917237D + 08 * TM3 + (-1.37092D + 06 * TM2) +$$
$$\&\quad (-6.378138D + 03 * TM1) + (1.990878D + 01) + (-1.3646D - 03 * TP1) +$$
$$\&\quad (1.703534D - 07 * TP2) + (-1.337545D - 11 * TP3))$$

$$RF(145) = 1.23D + 47 * EXP(-9.74D0 * ALOGT - 7.426D + 01 * TINV)$$

$$RB(145) = 3.017D + 41 * EXP(-8.7D0 * ALOGT - 2.662D + 01 * TINV)$$

$$RF(146) = 2.47D + 13 * EXP(-4.5D - 01 * ALOGT - 2.302D + 01 * TINV)$$

$$RB(146) = 1.62D + 14 * EXP(-7.6D - 01 * ALOGT - 7.339D + 01 * TINV)$$

$$RF(147) = 7.14D + 15 * EXP(-1.21D0 * ALOGT - 2.105D + 01 * TINV)$$

$$RB(147) = 1.226D + 15 * EXP(-1.2D0 * ALOGT - 9.019D + 01 * TINV)$$

$$RF(148) = 1.391D + 11 * EXP(-1.56D + 01 * TINV)$$

$$RB(148) = 4.233D + 11 * EXP(-1.6D - 01 * ALOGT - 3.167D + 01 * TINV)$$

$$RF(149) = 3.D + 10 * EXP(-1.649D0 * TINV)$$

$$RB(149) = 6.312D + 10 * EXP(-1.4D - 01 * ALOGT - 3.898D + 01 * TINV)$$

RF(150) = 5. D + 13 * EXP(- 2.91D + 01 * TINV)

RB(150) = 3.071D + 11 * EXP(5.3D - 01 * ALOGT - 1.647D + 01 * TINV)

RF(151) = 1.446D + 13

RB(151) = EXP(- 7.342277D + 07 * TM3 + (4.975855D + 05 * TM2) +

&　　(3.308561D + 03 * TM1) + (2.247201D + 01) + (1.670131D - 03 * TP1) +

&　　(- 2.670917D - 07 * TP2) + (2.214113D - 11 * TP3))

RF(152) = 4.335D + 12

RB(152) = EXP(- 1.870017D + 07 * TM3 + (3.128929D + 04 * TM2) +

&　　(- 4.207552D + 04 * TM1) + (2.236046D + 01) + (1.940404D - 03 * TP1) +

&　　(- 3.6242D - 07 * TP2) + (3.565994D - 11 * TP3))

RF(153) = 2.69D + 10 * EXP(7.6D - 01 * ALOGT + 3.4D - 01 * TINV)

RB(153) = 4.4D + 10 * EXP(7.8D - 01 * ALOGT - 3.608D + 01 * TINV)

RF(154) = 1. D + 12 * EXP(- 1.192D + 01 * TINV)

RB(154) = 9.709D + 12 * EXP(- 3.1D - 01 * ALOGT - 1.688D + 01 * TINV)

RF(155) = 1.278D + 20 * EXP(- 1.89D0 * ALOGT - 3.446D + 01 * TINV)

RB(155) = 1.51D + 11 * EXP(- 4.809D0 * TINV)

RF(156) = 3.9D + 48 * EXP(- 1.1002D + 01 * ALOGT - 2.125D + 01 * TINV)

RB(156) = EXP(1.093338D + 08 * TM3 + (- 1.239286D + 06 * TM2) +

&　　(- 8.606876D + 03 * TM1) + (3.152134D + 01) + (- 7.515315D - 03 * TP1) +

&　　(1.25657D - 06 * TP2) + (- 1.080254D - 10 * TP3))

RF(157) = 8.569D + 18 * EXP(- 1.57D0 * ALOGT - 4.034D + 01 * TINV)

RB(157) = 1.3D + 13 * EXP(- 1.56D0 * TINV)

RF(158) = 2. D + 13

RB(158) = 4.822D + 09 * EXP(6.9D - 01 * ALOGT - 1.209D + 01 * TINV)

RF(159) = 2.41D + 13

RB(159) = 2.985D + 12 * EXP(5.7D - 01 * ALOGT - 8.382D + 01 * TINV)

RF(160) = 4.818D + 13

RB(160) = 1.293D + 16 * EXP(- 1.9D - 01 * ALOGT - 7.938D + 01 * TINV)

RF(161) = 5.113D + 30 * EXP(- 4.194D0 * ALOGT - 8.978D + 01 * TINV)

RB(161) = EXP(7.387709D + 07 * TM3 + (- 7.92591D + 05 * TM2) +

&　　(9.634484D + 02 * TM1) + (3.047114D + 01) + (- 1.158367D - 03 * TP1) +

&　　(1.995845D - 07 * TP2) + (- 1.742767D - 11 * TP3))

RF(162) = 1.25D + 05 * EXP(2.483D0 * ALOGT - 4.45D - 01 * TINV)

RB(162) = EXP(- 9.262205D + 07 * TM3 + (5.908627D + 05 * TM2) +

&　　(- 1.402498D + 04 * TM1) + (2.66274D + 01) + (2.081528D - 03 * TP1) +

&　　(- 3.310218D - 07 * TP2) + (2.650574D - 11 * TP3))

RF(163) = 6.03D + 13 * EXP(- 4.85D + 01 * TINV)

$RB(163) = EXP(-1.922212D+07*TM3+(-2.511188D+04*TM2)+$
$\& \quad (-6.095614D+02*TM1)+(2.641682D+01)+(4.767832D-04*TP1)+$
$\& \quad (-7.723069D-08*TP2)+(5.565083D-12*TP3))$

$RF(164) = 1.7D+13*EXP(-2.046D+01*TINV)$

$RB(164) = EXP(-7.52114D+06*TM3+(-7.889579D+04*TM2)+$
$\& \quad (-5.719428D+03*TM1)+(2.74446D+01)+(1.768643D-04*TP1)+$
$\& \quad (-3.033466D-09*TP2)+(-6.443804D-13*TP3))$

$RF(165) = 1.76D+04*EXP(2.48D0*ALOGT-6.13D0*TINV)$

$RB(165) = EXP(-5.720745D+07*TM3+(5.858033D+05*TM2)+$
$\& \quad (-2.161074D+04*TM1)+(3.34539D+01)+(2.545352D-04*TP1)+$
$\& \quad (-3.746641D-08*TP2)+(2.468609D-12*TP3))$

$RF(166) = 1.2D+11*EXP(+1.1D0*TINV)$

$RB(166) = EXP(-1.505085D+08*TM3+(8.251768D+05*TM2)+$
$\& \quad (-1.466996D+04*TM1)+(3.17241D+01)+(-2.481284D-03*TP1)+$
$\& \quad (5.198913D-07*TP2)+(-4.86431D-11*TP3))$

$RF(167) = 1.288D+11*EXP(-9.D0*TINV)$

$RB(167) = EXP(9.496765D+07*TM3+(-5.431595D+05*TM2)+$
$\& \quad (-3.298568D+03*TM1)+(2.529368D+01)+(-8.674578D-04*TP1)+$
$\& \quad (2.332319D-07*TP2)+(-2.677872D-11*TP3))$

$RF(168) = 1.D+12$

$RB(168) = EXP(7.950963D+07*TM3+(-3.467513D+05*TM2)+$
$\& \quad (-1.924495D+04*TM1)+(3.202771D+01)+(-1.26467D-03*TP1)+$
$\& \quad (3.168644D-07*TP2)+(-3.169941D-11*TP3))$

$RF(169) = 1.D+16*EXP(-4.3D+01*TINV)$

$RF(170) = 3.5D+07*EXP(1.65D0*ALOGT+9.7275D-01*TINV)$

$RB(170) = EXP(-6.204783D+06*TM3+(1.632377D+05*TM2)+$
$\& \quad (-1.321334D+04*TM1)+(2.294039D+01)+(2.125372D-03*TP1)+$
$\& \quad (-3.659032D-07*TP2)+(2.936941D-11*TP3))$

$RF(171) = 3.1D+06*EXP(2.D0*ALOGT+2.9828D-01*TINV)$

$RB(171) = EXP(-1.234812D+07*TM3+(1.101611D+05*TM2)+$
$\& \quad (-1.616935D+04*TM1)+(2.836297D+01)+(1.645005D-03*TP1)+$
$\& \quad (-3.020458D-07*TP2)+(2.703696D-11*TP3))$

$RF(172) = 1.2D+08*EXP(1.65D0*ALOGT-3.2744D-01*TINV)$

$RB(172) = EXP(7.055979D+07*TM3+(-5.637364D+05*TM2)+$
$\& \quad (6.823558D+03*TM1)+(2.23025D+01)+(3.200025D-03*TP1)+$
$\& \quad (-5.79237D-07*TP2)+(5.297992D-11*TP3))$

$RF(173) = 1.7D+05*EXP(2.5D0*ALOGT-2.49283D0*TINV)$

RB(173) = EXP(− 1.49834D + 07 * TM3 + (8.653035D + 04 * TM2) +

&　(− 1.014576D + 04 * TM1) + (2.692674D + 01) + (2.15492D − 03 * TP1) +

&　(− 3.628265D − 07 * TP2) + (3.077156D − 11 * TP3))

RF(174) = 1.6D + 22 * EXP(− 2.39D0 * ALOGT − 1.118547D + 01 * TINV)

RB(174) = EXP(5.203526D + 07 * TM3 + (− 4.952488D + 05 * TM2) +

&　(− 7.813471D + 03 * TM1) + (2.917603D + 01) + (3.019507D − 04 * TP1) +

&　(− 1.757868D − 07 * TP2) + (2.156505D − 11 * TP3))

RF(175) = 1.8D + 13

RB(175) = EXP(6.822775D + 07 * TM3 + (− 3.766504D + 05 * TM2) +

&　(− 2.1763D + 04 * TM1) + (2.91428D + 01) + (1.02472D − 03 * TP1) +

&　(− 1.701678D − 07 * TP2) + (1.122649D − 11 * TP3))

RF(176) = 4.99D + 15 * EXP(− 1.4D0 * ALOGT − 2.242806D + 01 * TINV)

RB(176) = EXP(9.940042D + 07 * TM3 + (− 6.155669D + 05 * TM2) +

&　(− 4.360695D + 03 * TM1) + (2.441552D + 01) + (− 1.791312D − 04 * TP1) +

&　(1.051807D − 08 * TP2) + (− 2.952636D − 12 * TP3))

RF(177) = 3.D + 12 * EXP(− 3.2D − 01 * ALOGT + 1.3098D − 01 * TINV)

RB(177) = EXP(5.323476D + 07 * TM3 + (− 9.818515D + 04 * TM2) +

&　(− 2.32984D + 04 * TM1) + (3.020115D + 01) + (9.171458D − 05 * TP1) +

&　(− 8.085278D − 08 * TP2) + (4.692353D − 12 * TP3))

RF(178) = 6.D + 12

RB(178) = EXP(5.669291D + 07 * TM3 + (− 2.413874D + 05 * TM2) +

&　(− 2.965887D + 04 * TM1) + (3.015252D + 01) + (8.024893D − 04 * TP1) +

&　(− 1.516758D − 07 * TP2) + (1.080716D − 11 * TP3))

RF(179) = 2.D + 14

RB(179) = EXP(− 9.120681D + 07 * TM3 + (6.992226D + 05 * TM2) +

&　(− 4.613683D + 04 * TM1) + (3.710778D + 01) + (− 4.472665D − 04 * TP1) +

&　(6.381387D − 08 * TP2) + (− 5.64761D − 12 * TP3))

RF(180) = 2.66D + 12

RB(180) = EXP(− 4.73635D + 07 * TM3 + (3.979768D + 05 * TM2) +

&　(− 2.08262D + 04 * TM1) + (3.194426D + 01) + (− 3.181631D − 04 * TP1) +

&　(8.910558D − 08 * TP2) + (− 9.29885D − 12 * TP3))

RF(181) = 3.D + 12

RB(181) = EXP(− 5.033139D + 07 * TM3 + (2.472631D + 05 * TM2) +

&　(4.605096D + 03 * TM1) + (2.098683D + 01) + (1.826729D − 03 * TP1) +

&　(− 3.132244D − 07 * TP2) + (2.837542D − 11 * TP3))

RF(182) = 1.5D + 24 * EXP(− 2.83D0 * ALOGT − 1.861855D + 01 * TINV)

RB(182) = EXP(1.520488D + 08 * TM3 + (− 1.008451D + 06 * TM2) +

& $(-1.281952D+04 * TM1) + (4.252994D+01) + (-3.417363D-03 * TP1) +$

& $(6.004709D-07 * TP2) + (-5.238863D-11 * TP3))$

$RF(183) = 2.D+07 * EXP(1.8D0 * ALOGT - 1.D0 * TINV)$

$RB(183) = EXP(-1.545086D+08 * TM3 + (9.644026D+05 * TM2) +$

& $(-6.42299D+04 * TM1) + (2.856373D+01) + (2.044662D-03 * TP1) +$

& $(-3.831141D-07 * TP2) + (3.726645D-11 * TP3))$

$RF(184) = 7.3D+12 * EXP(-2.25D0 * TINV)$

$RB(184) = EXP(-4.56325D+07 * TM3 + (3.522708D+04 * TM2) +$

& $(-1.524548D+04 * TM1) + (2.324538D+01) + (1.326803D-03 * TP1) +$

& $(-2.861826D-07 * TP2) + (3.03062D-11 * TP3))$

$RF(185) = 5.3D+06 * EXP(2.D0 * ALOGT - 2.D0 * TINV)$

$RB(185) = EXP(2.928783D+07 * TM3 + (-2.915047D+05 * TM2) +$

& $(-1.621503D+04 * TM1) + (2.398888D+01) + (2.771481D-03 * TP1) +$

& $(-5.838153D-07 * TP2) + (5.79226D-11 * TP3))$

$RF(186) = 4.D+13$

$RB(186) = EXP(-1.035675D+08 * TM3 + (6.042429D+05 * TM2) +$

& $(-3.092641D+04 * TM1) + (3.388284D+01) + (-7.554891D-04 * TP1) +$

& $(8.259849D-08 * TP2) + (-2.678867D-12 * TP3))$

$RF(187) = 4.D+14 * EXP(-4.1826D+01 * TINV)$

$RB(187) = EXP(-1.015708D+08 * TM3 + (4.06079D+05 * TM2) +$

& $(-3.595295D+04 * TM1) + (2.28562D+01) + (2.056266D-03 * TP1) +$

& $(-3.832765D-07 * TP2) + (3.595218D-11 * TP3))$

$RF(188) = 3.D+13$

$RB(188) = EXP(-1.328427D+08 * TM3 + (1.100888D+06 * TM2) +$

& $(-4.724768D+04 * TM1) + (4.012106D+01) + (-1.573742D-03 * TP1) +$

& $(3.455833D-07 * TP2) + (-3.653325D-11 * TP3))$

$RF(189) = 2.5D+12$

$RB(189) = EXP(-8.899946D+07 * TM3 + (7.996428D+05 * TM2) +$

& $(-2.193706D+04 * TM1) + (3.679262D+01) + (-1.444639D-03 * TP1) +$

& $(3.708751D-07 * TP2) + (-4.01845D-11 * TP3))$

$RF(190) = 3.D+10 * EXP(-2.86807D0 * TINV)$

$RB(190) = EXP(-1.190392D+08 * TM3 + (8.033345D+05 * TM2) +$

& $(-4.60026D+04 * TM1) + (2.581343D+01) + (-1.885164D-04 * TP1) +$

& $(6.62115D-08 * TP2) + (-8.329814D-12 * TP3))$

$RF(191) = 2.277D+15 * EXP(-6.9D-01 * ALOGT - 1.749D-01 * TINV)$

$RB(191) = EXP(6.141171D+07 * TM3 + (-1.489876D+05 * TM2) +$

& $(-4.554945D+04 * TM1) + (4.093007D+01) + (-1.728753D-03 * TP1) +$

```
&    (2.250509D－07 * TP2) + (－1.576131D－11 * TP3))
RF(192) = 5.21D+17 * EXP(－9.9D－01 * ALOGT － 1.58D0 * TINV)
RB(192) = EXP(3.564409D+07 * TM3 + (－1.597613D+05 * TM2) +
&    (－5.096707D+04 * TM1) + (3.942024D+01) + (－3.896778D－04 * TP1) +
&    (－8.481169D－08 * TP2) + (1.551915D－11 * TP3))
RF(193) = 1.15D+08 * EXP(1.9D0 * ALOGT － 7.53D0 * TINV)
RB(193) = EXP(－9.677343D+07 * TM3 + (5.905244D+05 * TM2) +
&    (－7.157945D+03 * TM1) + (2.762641D+01) + (1.182494D－03 * TP1) +
&    (－7.972291D－08 * TP2) + (－9.377533D－13 * TP3))
RF(194) = 3.55D+06 * EXP(2.4D0 * ALOGT － 5.83D0 * TINV)
RB(194) = EXP(－1.298878D+08 * TM3 + (8.177025D+05 * TM2) +
&    (－6.317887D+03 * TM1) + (2.725346D+01) + (1.298505D－03 * TP1) +
&    (－8.408249D－08 * TP2) + (－9.885769D－13 * TP3))
RF(195) = 1.48D+07 * EXP(1.9D0 * ALOGT － 9.5D－01 * TINV)
RB(195) = EXP(－1.083082D+08 * TM3 + (7.257871D+05 * TM2) +
&    (－1.174265D+04 * TM1) + (2.768444D+01) + (9.60264D－04 * TP1) +
&    (－6.123098D－08 * TP2) + (－1.357079D－12 * TP3))
RF(196) = 6.03D+13 * EXP(－5.187D+01 * TINV)
RB(196) = EXP(－5.14306D+07 * TM3 + (2.399755D+05 * TM2) +
&    (－3.143469D+02 * TM1) + (2.686877D+01) + (－3.090409D－04 * TP1) +
&    (1.432515D－07 * TP2) + (－1.843213D－11 * TP3))
RF(197) = 3.46D+01 * EXP(3.61D0 * ALOGT － 1.692D+01 * TINV)
RB(197) = EXP(－1.420377D+08 * TM3 + (9.921751D+05 * TM2) +
&    (－5.32414D+03 * TM1) + (2.679097D+01) + (1.468123D－03 * TP1) +
&    (－8.787545D－08 * TP2) + (－7.05381D－13 * TP3))
RF(198) = 1.94D+01 * EXP(3.64D0 * ALOGT － 1.71D+01 * TINV)
RB(198) = EXP(－2.15912D+08 * TM3 + (1.164366D+06 * TM2) +
&    (－4.041696D+03 * TM1) + (2.578784D+01) + (9.283165D－04 * TP1) +
&    (7.456847D－08 * TP2) + (－2.013863D－11 * TP3))
RF(199) = 9.569D+08 * EXP(1.463D0 * ALOGT － 1.355D0 * TINV)
RB(199) = EXP(－9.652326D+07 * TM3 + (7.82879D+05 * TM2) +
&    (－2.114159D+04 * TM1) + (3.233307D+01) + (4.003205D－05 * TP1) +
&    (4.519738D－08 * TP2) + (－7.438849D－12 * TP3))
RF(200) = 7.561D+14 * EXP(－1.01D0 * ALOGT － 4.749D0 * TINV)
RB(200) = EXP(3.984186D+07 * TM3 + (－3.804947D+05 * TM2) +
&    (－7.664453D+03 * TM1) + (2.668823D+01) + (9.15069D－05 * TP1) +
&    (－1.088027D－07 * TP2) + (1.409372D－11 * TP3))
```

$RF(201) = 4.769D + 04 * EXP(2.312D0 * ALOGT - 9.468D0 * TINV)$

$RB(201) = EXP(-1.466272D + 08 * TM3 + (1.163614D + 06 * TM2) +$

     & $(-1.952989D + 04 * TM1) + (2.873644D + 01) + (4.896079D - 04 * TP1) +$

     & $(3.578839D - 08 * TP2) + (-1.019109D - 11 * TP3))$

$RF(202) = 1.1D + 14$

$RB(202) = EXP(1.000412D + 08 * TM3 + (-6.377884D + 05 * TM2) +$

     & $(-3.674959D + 04 * TM1) + (3.433525D + 01) + (4.165097D - 04 * TP1) +$

     & $(-1.43816D - 07 * TP2) + (1.734495D - 11 * TP3))$

$RF(203) = 8.265D + 02 * EXP(2.41D0 * ALOGT - 5.285D0 * TINV)$

$RB(203) = EXP(-4.260172D + 07 * TM3 + (2.742639D + 05 * TM2) +$

     & $(-3.403346D + 04 * TM1) + (2.318821D + 01) + (1.937358D - 03 * TP1) +$

     & $(-3.660293D - 07 * TP2) + (3.484009D - 11 * TP3))$

$RF(204) = 6.08D + 12 * EXP(2.7D - 01 * ALOGT - 2.8D - 01 * TINV)$

$RB(204) = EXP(-4.271032D + 07 * TM3 + (4.212432D + 05 * TM2) +$

     & $(-5.704873D + 04 * TM1) + (3.778457D + 01) + (-4.039022D - 04 * TP1) +$

     & $(2.416837D - 08 * TP2) + (-6.957286D - 14 * TP3))$

$RF(205) = 7.453D + 06 * EXP(1.88D0 * ALOGT - 1.83D - 01 * TINV)$

$RB(205) = EXP(-3.129494D + 07 * TM3 + (2.324415D + 05 * TM2) +$

     & $(-1.458069D + 04 * TM1) + (2.310108D + 01) + (2.09231D - 03 * TP1) +$

     & $(-3.426652D - 07 * TP2) + (2.675204D - 11 * TP3))$

$RF(206) = 6.098D + 06 * EXP(1.88D0 * ALOGT - 1.83D - 01 * TINV)$

$RB(206) = EXP(4.359295D + 07 * TM3 + (-2.819425D + 05 * TM2) +$

     & $(-8.428278D + 03 * TM1) + (2.720306D + 01) + (1.108665D - 03 * TP1) +$

     & $(-1.376437D - 07 * TP2) + (9.7389D - 12 * TP3))$

$RF(207) = 2.23D + 04 * EXP(2.745D0 * ALOGT - 2.216D0 * TINV)$

$RB(207) = EXP(-8.960991D + 07 * TM3 + (6.147537D + 05 * TM2) +$

     & $(-7.613105D + 03 * TM1) + (2.651648D + 01) + (2.18564D - 03 * TP1) +$

     & $(-3.482462D - 07 * TP2) + (2.818891D - 11 * TP3))$

$RF(208) = 8.D + 12 * EXP(-9.6D - 01 * TINV)$

$RB(208) = EXP(1.696731D + 07 * TM3 + (-3.277995D + 04 * TM2) +$

     & $(-6.761847D + 03 * TM1) + (2.835784D + 01) + (3.867448D - 04 * TP1) +$

     & $(-7.567893D - 08 * TP2) + (7.835667D - 12 * TP3))$

$RF(209) = 6.62D0 * EXP(3.7D0 * ALOGT - 9.5D0 * TINV)$

$RB(209) = EXP(-1.292018D + 08 * TM3 + (1.042618D + 06 * TM2) +$

     & $(-6.176733D + 03 * TM1) + (2.825343D + 01) + (2.208461D - 03 * TP1) +$

     & $(-3.852594D - 07 * TP2) + (3.052803D - 11 * TP3))$

$RF(210) = 4.22D + 13 * EXP(-5.762D + 01 * TINV)$

RB(210) = EXP(−8.784837D +06 ∗ TM3 + (−5.971615D +04 ∗ TM2) +
& (2.349276D +03 ∗ TM1) + (2.579917D +01) + (4.301485D −04 ∗ TP1) +
& (−7.229596D −08 ∗ TP2) + (5.511057D −12 ∗ TP3))

RF(211) = 2.937D +09 ∗ EXP(8.9D −01 ∗ ALOGT −1.253D +01 ∗ TINV)

RB(211) = EXP(7.404088D +07 ∗ TM3 + (−3.259785D +05 ∗ TM2) +
& (−1.074152D +04 ∗ TM1) + (3.064686D +01) + (2.929867D −05 ∗ TP1) +
& (−5.156606D −10 ∗ TP2) + (9.252781D −13 ∗ TP3))

RF(212) = 1.71D +10 ∗ EXP(1.266D0 ∗ ALOGT −2.709D0 ∗ TINV)

RB(212) = EXP(−9.322193D +07 ∗ TM3 + (7.915219D +05 ∗ TM2) +
& (−2.199101D +04 ∗ TM1) + (3.361285D +01) + (4.325714D −04 ∗ TP1) +
& (−7.817191D −08 ∗ TP2) + (7.175592D −12 ∗ TP3))

RF(213) = 1.7D +29 ∗ EXP(−5.312D0 ∗ ALOGT −6.503D0 ∗ TINV)

RB(213) = EXP(1.694246D +08 ∗ TM3 + (−1.183555D +06 ∗ TM2) +
& (−4.225444D +04 ∗ TM1) + (2.905729D +01) + (−2.793996D −03 ∗ TP1) +
& (3.848603D −07 ∗ TP2) + (−2.957364D −11 ∗ TP3))

RF(214) = 7.D +14 ∗ EXP(−6.11D −01 ∗ ALOGT −5.262D0 ∗ TINV)

RB(214) = EXP(5.907084D +07 ∗ TM3 + (−4.462847D +05 ∗ TM2) +
& (−5.441789D +03 ∗ TM1) + (3.08862D +01) + (−8.47179D −04 ∗ TP1) +
& (1.513008D −07 ∗ TP2) + (−1.230353D −11 ∗ TP3))

RF(215) = 5.19D +15 ∗ EXP(−1.26D0 ∗ ALOGT −3.313D0 ∗ TINV)

RF(216) = 7.395D +08 ∗ EXP(1.28D0 ∗ ALOGT −2.472D0 ∗ TINV)

RB(216) = EXP(−8.391624D +07 ∗ TM3 + (5.972031D +05 ∗ TM2) +
& (−2.675195D +04 ∗ TM1) + (2.610429D +01) + (1.473736D −03 ∗ TP1) +
& (−1.943489D −07 ∗ TP2) + (1.456563D −11 ∗ TP3))

RF(217) = 2.958D +09 ∗ EXP(1.28D0 ∗ ALOGT −2.472D0 ∗ TINV)

RB(217) = EXP(3.61624D +07 ∗ TM3 + (−1.509814D +05 ∗ TM2) +
& (−1.116949D +04 ∗ TM1) + (3.012145D +01) + (7.338504D −04 ∗ TP1) +
& (−8.701999D −08 ∗ TP2) + (6.629261D −12 ∗ TP3))

RF(218) = 6.62D +11 ∗ EXP(−2.294D0 ∗ TINV)

RB(218) = EXP(−2.85232D +07 ∗ TM3 + (1.436202D +05 ∗ TM2) +
& (−9.806225D +03 ∗ TM1) + (2.549416D +01) + (6.802073D −04 ∗ TP1) +
& (−1.47884D −07 ∗ TP2) + (1.158876D −11 ∗ TP3))

RF(219) = 2.084D +18 ∗ EXP(−6.15D −01 ∗ ALOGT −9.254D +01 ∗ TINV)

RB(219) = EXP(−4.079945D +06 ∗ TM3 + (−2.619979D +05 ∗ TM2) +
& (1.265627D +03 ∗ TM1) + (2.991611D +01) + (6.073979D −04 ∗ TP1) +
& (−6.261429D −08 ∗ TP2) + (3.016113D −12 ∗ TP3))

RF(220) = 3.07D +05 ∗ EXP(2.55D0 ∗ ALOGT −5.44D0 ∗ TINV)

$RB(220) = EXP(-4.371054D+07*TM3+(1.734252D+05*TM2)+$
$\&\quad(-7.558216D+03*TM1)+(2.608987D+01)+(2.142342D-03*TP1)+$
$\&\quad(-2.918998D-07*TP2)+(2.104252D-11*TP3))$

$RF(221) = 1.99D+05*EXP(2.56D0*ALOGT-1.03D+01*TINV)$

$RB(221) = EXP(-2.006608D+07*TM3+(1.578745D+05*TM2)+$
$\&\quad(-5.829611D+03*TM1)+(2.788804D+01)+(1.588283D-03*TP1)+$
$\&\quad(-2.14544D-07*TP2)+(1.520248D-11*TP3))$

$RF(222) = 3.88D+05*EXP(2.5D0*ALOGT-3.08D0*TINV)$

$RB(222) = EXP(-6.123781D+07*TM3+(2.778082D+05*TM2)+$
$\&\quad(-5.87151D+03*TM1)+(2.549607D+01)+(1.9419D-03*TP1)+$
$\&\quad(-2.497418D-07*TP2)+(1.73449D-11*TP3))$

$RF(223) = 3.08D+04*EXP(2.65D0*ALOGT+8.067D-01*TINV)$

$RB(223) = EXP(-5.807937D+07*TM3+(3.310145D+05*TM2)+$
$\&\quad(-1.24042D+04*TM1)+(2.661396D+01)+(1.977649D-03*TP1)+$
$\&\quad(-2.818655D-07*TP2)+(2.128624D-11*TP3))$

$RF(224) = 1.5D+02*EXP(3.03D0*ALOGT+7.63D-01*TINV)$

$RB(224) = EXP(-4.49208D+07*TM3+(3.980717D+05*TM2)+$
$\&\quad(-8.598086D+03*TM1)+(2.616688D+01)+(1.636476D-03*TP1)+$
$\&\quad(-2.358033D-07*TP2)+(1.789949D-11*TP3))$

$RF(225) = 1.08D+04*EXP(2.55D0*ALOGT-1.053D+01*TINV)$

$RB(225) = EXP(-4.051309D+07*TM3+(1.932944D+05*TM2)+$
$\&\quad(-1.960875D+03*TM1)+(2.469565D+01)+(1.44409D-03*TP1)+$
$\&\quad(-1.55425D-07*TP2)+(9.936682D-12*TP3))$

$RF(226) = 1.81D+12*EXP(-1.371D+01*TINV)$

$RB(226) = EXP(-4.126979D+07*TM3+(-2.105359D+05*TM2)+$
$\&\quad(2.255084D+02*TM1)+(2.47588D+01)+(-5.80169D-04*TP1)+$
$\&\quad(2.252284D-07*TP2)+(-2.660333D-11*TP3))$

$RF(227) = 3.11D+14*EXP(-1.61D0*ALOGT+1.051D0*TINV)$

$RF(228) = 6.D+13$

$RB(228) = EXP(-8.471839D+07*TM3+(5.536854D+05*TM2)+$
$\&\quad(-3.161969D+04*TM1)+(3.435914D+01)+(-3.425588D-04*TP1)+$
$\&\quad(9.17686D-08*TP2)+(-1.119638D-11*TP3))$

$RF(229) = 5.4D+11*EXP(4.54D-01*ALOGT-3.6D0*TINV)$

$RB(229) = EXP(-3.375919D+07*TM3+(1.477905D+05*TM2)+$
$\&\quad(-1.704358D+04*TM1)+(2.991158D+01)+(2.909644D-05*TP1)+$
$\&\quad(-3.049917D-09*TP2)+(-2.019404D-13*TP3))$

$RF(230) = 1.51D+15*EXP(-1.D0*ALOGT)$

RB(230) = EXP(5. 389629D + 06 ∗ TM3 + (3. 1553D + 04 ∗ TM2) +

&　　(− 9. 567839D + 03 ∗ TM1) + (2. 899327D + 01) + (− 4. 723513D − 04 ∗ TP1) +

&　　(2. 393741D − 08 ∗ TP2) + (2. 329144D − 13 ∗ TP3))

RF(231) = 2. 41D + 14 ∗ EXP(− 5. 017D0 ∗ TINV)

RB(231) = EXP(− 2. 295056D + 07 ∗ TM3 + (2. 548172D + 05 ∗ TM2) +

&　　(− 1. 302798D + 04 ∗ TM1) + (3. 430912D + 01) + (1. 030177D − 04 ∗ TP1) +

&　　(− 6. 06399D − 08 ∗ TP2) + (6. 863441D − 12 ∗ TP3))

RF(232) = 1. 021D + 14 ∗ EXP(− 5. 9D − 02 ∗ ALOGT − 7. 423D0 ∗ TINV)

RB(232) = EXP(8. 707781D + 07 ∗ TM3 + (− 5. 119726D + 05 ∗ TM2) +

&　　(− 6. 839394D + 02 ∗ TM1) + (3. 373806D + 01) + (− 5. 892767D − 04 ∗ TP1) +

&　　(1. 309613D − 07 ∗ TP2) + (− 1. 189806D − 11 ∗ TP3))

RF(233) = 2. D + 12 ∗ EXP(1. 01D0 ∗ TINV)

RB(233) = EXP(− 2. 996854D + 07 ∗ TM3 + (2. 048325D + 05 ∗ TM2) +

&　　(− 1. 408926D + 04 ∗ TM1) + (2. 686075D + 01) + (1. 157111D − 04 ∗ TP1) +

&　　(2. 206644D − 08 ∗ TP2) + (− 3. 758102D − 12 ∗ TP3))

RF(234) = 2. 45D + 22 ∗ EXP(− 1. 74D0 ∗ ALOGT − 8. 636D + 01 ∗ TINV)

RB(234) = EXP(2. 631688D + 07 ∗ TM3 + (− 3. 942298D + 05 ∗ TM2) +

&　　(1. 280798D + 03 ∗ TM1) + (2. 974778D + 01) + (3. 946973D − 04 ∗ TP1) +

&　　(− 6. 161322D − 08 ∗ TP2) + (2. 543881D − 12 ∗ TP3))

RF(235) = 1. 31D + 05 ∗ EXP(2. 58D0 ∗ ALOGT − 1. 22D0 ∗ TINV)

RB(235) = EXP(− 7. 694471D + 07 ∗ TM3 + (5. 169285D + 05 ∗ TM2) +

&　　(− 1. 001802D + 04 ∗ TM1) + (2. 683527D + 01) + (2. 188954D − 03 ∗ TP1) +

&　　(− 3. 235632D − 07 ∗ TP2) + (2. 456813D − 11 ∗ TP3))

RF(236) = 2. 72D + 03 ∗ EXP(3. 1D0 ∗ ALOGT − 5. 21D0 ∗ TINV)

RB(236) = EXP(− 7. 130138D + 07 ∗ TM3 + (3. 995768D + 05 ∗ TM2) +

&　　(− 8. 947974D + 03 ∗ TM1) + (2. 620062D + 01) + (2. 46507D − 03 ∗ TP1) +

&　　(− 3. 535155D − 07 ∗ TP2) + (2. 617015D − 11 ∗ TP3))

RF(237) = 5. 94D + 12 ∗ EXP(− 1. 868D0 ∗ TINV)

RB(237) = EXP(− 2. 277135D + 07 ∗ TM3 + (5. 64533D + 04 ∗ TM2) +

&　　(− 7. 47818D + 03 ∗ TM1) + (2. 554527D + 01) + (5. 328273D − 04 ∗ TP1) +

&　　(− 6. 742452D − 08 ∗ TP2) + (4. 095258D − 12 ∗ TP3))

RF(238) = 3. 37D + 12 ∗ EXP(+ 6. 19D − 01 ∗ TINV)

RB(238) = EXP(− 1. 536187D + 07 ∗ TM3 + (7. 616997D + 04 ∗ TM2) +

&　　(− 1. 457489D + 04 ∗ TM1) + (2. 755722D + 01) + (4. 82271D − 04 ∗ TP1) +

&　　(− 8. 686167D − 08 ∗ TP2) + (7. 042021D − 12 ∗ TP3))

RF(239) = 3. 01D + 13 ∗ EXP(− 3. 915D + 01 ∗ TINV)

RB(239) = EXP(− 1. 233059D + 07 ∗ TM3 + (1. 456016D + 04 ∗ TM2) +

$$\& \quad (6.873322D + 02 * TM1) + (2.729769D + 01) + (3.061675D - 04 * TP1) +$$
$$\& \quad (-4.307615D - 08 * TP2) + (2.564977D - 12 * TP3))$$

$RF(240) = 3.01D + 12 * EXP(-1.192D + 01 * TINV)$

$RB(240) = EXP(-6.295828D + 05 * TM3 + (-3.922386D + 04 * TM2) +$
$$\& \quad (-4.83014D + 03 * TM1) + (2.7289D + 01) + (6.248765D - 06 * TP1) +$$
$$\& \quad (3.112103D - 08 * TP2) + (-3.644481D - 12 * TP3))$$

$RF(241) = 1.72D + 05 * EXP(2.4D0 * ALOGT - 8.15D - 01 * TINV)$

$RB(241) = EXP(-6.299807D + 07 * TM3 + (3.785548D + 05 * TM2) +$
$$\& \quad (-1.397736D + 04 * TM1) + (2.745017D + 01) + (1.840081D - 03 * TP1) +$$
$$\& \quad (-2.758193D - 07 * TP2) + (2.110944D - 11 * TP3))$$

$RF(242) = 1.43D + 15 * EXP(-1.5D - 01 * ALOGT - 4.56D + 01 * TINV)$

$RB(242) = EXP(4.039733D + 07 * TM3 + (-3.022849D + 05 * TM2) +$
$$\& \quad (-3.2764D + 03 * TM1) + (3.24486D + 01) + (4.603059D - 04 * TP1) +$$
$$\& \quad (-7.043273D - 08 * TP2) + (6.35943D - 12 * TP3))$$

$RF(243) = 2.93D + 12 * EXP(2.9D - 01 * ALOGT - 4.03D + 01 * TINV)$

$RB(243) = EXP(-8.744665D + 07 * TM3 + (4.99584D + 05 * TM2) +$
$$\& \quad (-1.861472D + 04 * TM1) + (2.603816D + 01) + (1.384509D - 03 * TP1) +$$
$$\& \quad (-2.115515D - 07 * TP2) + (1.702562D - 11 * TP3))$$

$RF(244) = 8.953D + 13 * EXP(-6.D - 01 * ALOGT - 1.012D + 01 * TINV)$

$RF(245) = 1.07D + 12 * EXP(6.3D - 01 * ALOGT - 1.69D + 01 * TINV)$

$RB(245) = EXP(-7.670215D + 07 * TM3 + (3.420451D + 05 * TM2) +$
$$\& \quad (-3.593178D + 03 * TM1) + (2.698357D + 01) + (1.557058D - 03 * TP1) +$$
$$\& \quad (-2.262797D - 07 * TP2) + (1.743413D - 11 * TP3))$$

$RF(246) = 9.413D + 07 * EXP(1.917D0 * ALOGT - 4.499D + 01 * TINV)$

$RB(246) = EXP(2.198454D + 06 * TM3 + (-7.424719D + 04 * TM2) +$
$$\& \quad (-1.33877D + 03 * TM1) + (3.021471D + 01) + (1.626518D - 03 * TP1) +$$
$$\& \quad (-2.312262D - 07 * TP2) + (1.82189D - 11 * TP3))$$

$RF(247) = 8.1D + 11$

$RB(247) = EXP(8.825792D + 07 * TM3 + (-4.120683D + 05 * TM2) +$
$$\& \quad (-3.883563D + 04 * TM1) + (3.506656D + 01) + (-1.018779D - 03 * TP1) +$$
$$\& \quad (1.002394D - 07 * TP2) + (-4.529498D - 12 * TP3))$$

$RF(248) = 1.401D + 15 * EXP(-1.71D - 01 * ALOGT - 8.783D0 * TINV)$

$RB(248) = EXP(1.327139D + 06 * TM3 + (-1.467018D + 05 * TM2) +$
$$\& \quad (-2.531096D + 03 * TM1) + (2.982211D + 01) + (4.497355D - 04 * TP1) +$$
$$\& \quad (-6.601707D - 08 * TP2) + (4.006937D - 12 * TP3))$$

$RF(249) = 7.704D + 13 * EXP(-1.71D - 01 * ALOGT - 4.183D0 * TINV)$

$RB(249) = EXP(-1.105282D + 08 * TM3 + (6.654548D + 05 * TM2) +$

&　　（ $-1.953874D+04*TM1$ ）$+$（$2.738613D+01$）$+$（$5.726524D-04*TP1$）$+$

&　　（ $-8.944189D-08*TP2$ ）$+$（$6.614921D-12*TP3$ ））

　$RF(250)$ $=$ $1.75D+12*EXP($ $-1.35D0*TINV$ ）

　$RB(250)$ $=$ $EXP($ $-5.736611D+07*TM3$ $+$（$2.978247D+05*TM2$）$+$

&　　（ $-2.563937D+04*TM1$ ）$+$（$2.762882D+01$）$+$（$3.317872D-04*TP1$）$+$

&　　（ $-2.477885D-08*TP2$ ）$+$（$3.453732D-14*TP3$ ））

　$RF(251)$ $=$ $1.D+13*EXP($ $-2.D0*TINV$ ）

　$RB(251)$ $=$ $EXP($ $-1.505383D+07*TM3$ $+$（$2.673918D+04*TM2$）$+$

&　　（ $-7.173623D+03*TM1$ ）$+$（$2.821089D+01$）$+$（$3.258933D-04*TP1$）$+$

&　　（ $-6.198781D-08*TP2$ ）$+$（$4.721427D-12*TP3$ ））

　$RF(252)$ $=$ $3.83D+01*EXP(3.36D0*ALOGT$ $-4.312D0*TINV$ ）

　$RB(252)$ $=$ $EXP($ $-9.532325D+07*TM3$ $+$（$8.300158D+05*TM2$）$+$

&　　（ $-1.411727D+04*TM1$ ）$+$（$2.84672D+01$）$+$（$1.979899D-03*TP1$）$+$

&　　（ $-3.678396D-07*TP2$ ）$+$（$2.768329D-11*TP3$ ））

　$RF(253)$ $=$ $1.27D+16*EXP($ $-6.3D-01*ALOGT$ $-3.83D-01*TINV$ ）

　$RB(253)$ $=$ $EXP($ $-4.154727D+07*TM3$ $+$（$4.368458D+05*TM2$）$+$

&　　（ $-5.419344D+04*TM1$ ）$+$（$3.889805D+01$）$+$（ $-8.421389D-04*TP1$ ）$+$

&　　（$2.796468D-08*TP2$）$+$（ $-4.197852D-14*TP3$ ））

　$RF(254)$ $=$ $6.14D+05*EXP(2.5D0*ALOGT$ $-9.587D0*TINV$ ）

　$RB(254)$ $=$ $EXP($ $-4.678855D+07*TM3$ $+$（$2.082502D+05*TM2$）$+$

&　　（ $-5.262415D+03*TM1$ ）$+$（$2.606663D+01$）$+$（$2.18731D-03*TP1$）$+$

&　　（ $-2.736937D-07*TP2$ ）$+$（$2.098871D-11*TP3$ ））

　$RF(255)$ $=$ $5.83D+04*EXP(2.6D0*ALOGT$ $-2.19D0*TINV$ ）

　$RB(255)$ $=$ $EXP($ $-6.115744D+07*TM3$ $+$（$3.658399D+05*TM2$）$+$

&　　（ $-9.529548D+03*TM1$ ）$+$（$2.653566D+01$）$+$（$2.022616D-03*TP1$）$+$

&　　（ $-2.636593D-07*TP2$ ）$+$（$2.123242D-11*TP3$ ））

　$RF(256)$ $=$ $1.02D+09*EXP(1.5D0*ALOGT$ $-8.6D0*TINV$ ）

　$RB(256)$ $=$ $EXP($ $-3.739272D+07*TM3$ $+$（$1.005327D+05*TM2$）$+$

&　　（ $-3.377902D+03*TM1$ ）$+$（$2.586062D+01$）$+$（$1.440267D-03*TP1$）$+$

&　　（ $-1.511871D-07*TP2$ ）$+$（$1.099207D-11*TP3$ ））

　$RF(257)$ $=$ $1.695D+01*EXP(3.74D0*ALOGT$ $-2.101D+01*TINV$ ）

　$RB(257)$ $=$ $EXP($ $-7.873293D+07*TM3$ $+$（$5.049671D+05*TM2$）$+$

&　　（ $-4.011966D+03*TM1$ ）$+$（$2.638936D+01$）$+$（$2.202515D-03*TP1$）$+$

&　　（ $-2.420948D-07*TP2$ ）$+$（$1.810473D-11*TP3$ ））

　$RF(258)$ $=$ $1.16D+05*EXP(2.23D0*ALOGT$ $+3.022D0*TINV$ ）

　$RB(258)$ $=$ $EXP($ $-7.875687D+07*TM3$ $+$（$7.741355D+05*TM2$）$+$

&　　（ $-2.984489D+04*TM1$ ）$+$（$3.30871D+01$）$+$（$9.325202D-04*TP1$）$+$

$$\& \quad (-1.886348D-07*TP2)+(1.52701D-11*TP3))$$

$$RF(259) = 6.8D+13*EXP(-2.617D+01*TINV)$$

$$RB(259) = EXP(-3.035097D+06*TM3+(-2.864535D+04*TM2)+$$
$$\& \quad (-2.545484D+03*TM1)+(3.004009D+01)+(7.91934D-04*TP1)+$$
$$\& \quad (-1.135498D-07*TP2)+(9.118557D-12*TP3))$$

$$RF(260) = 4.38D-19*EXP(9.5D0*ALOGT+5.501D0*TINV)$$

$$RB(260) = EXP(-3.1611D+08*TM3+(2.393609D+06*TM2)+$$
$$\& \quad (-2.080598D+04*TM1)+(2.469471D+01)+(6.128838D-03*TP1)+$$
$$\& \quad (-9.423263D-07*TP2)+(7.575985D-11*TP3))$$

$$RF(261) = 1.D+12*EXP(2.69D-01*ALOGT+6.875D-01*TINV)$$

$$RB(261) = EXP(1.692634D+07*TM3+(-4.064685D+04*TM2)+$$
$$\& \quad (-1.202211D+04*TM1)+(3.072176D+01)+(-5.994992D-04*TP1)+$$
$$\& \quad (1.38691D-07*TP2)+(-1.258374D-11*TP3))$$

$$RF(262) = 5.54D+13*EXP(5.D-02*ALOGT+1.36D-01*TINV)$$

$$RB(262) = EXP(5.05975D+07*TM3+(-1.909269D+05*TM2)+$$
$$\& \quad (-3.441187D+04*TM1)+(3.496983D+01)+(-1.968834D-04*TP1)+$$
$$\& \quad (3.675391D-08*TP2)+(-2.781593D-12*TP3))$$

$$RF(263) = 7.546D+12*EXP(-2.832D+01*TINV)$$

$$RB(263) = EXP(3.499053D+07*TM3+(-1.425976D+05*TM2)+$$
$$\& \quad (5.589212D+02*TM1)+(3.094879D+01)+(-9.809338D-04*TP1)+$$
$$\& \quad (1.857908D-07*TP2)+(-1.589765D-11*TP3))$$

$$RF(264) = 2.641D0*EXP(3.283D0*ALOGT-8.105D0*TINV)$$

$$RB(264) = EXP(-1.153694D+08*TM3+(9.048716D+05*TM2)+$$
$$\& \quad (-3.395317D+04*TM1)+(2.464785D+01)+(1.797494D-03*TP1)+$$
$$\& \quad (-2.550666D-07*TP2)+(2.017048D-11*TP3))$$

$$RF(265) = 7.812D+09*EXP(9.D-01*ALOGT)$$

$$RB(265) = EXP(8.072137D+07*TM3+(-2.280571D+05*TM2)+$$
$$\& \quad (-1.648022D+04*TM1)+(3.444788D+01)+(-1.00859D-04*TP1)+$$
$$\& \quad (-5.325881D-08*TP2)+(1.006997D-11*TP3))$$

$$RF(266) = 1.99D+12*EXP(-1.166D+01*TINV)$$

$$RB(266) = EXP(-4.586515D+07*TM3+(-8.469893D+04*TM2)+$$
$$\& \quad (-3.211151D+03*TM1)+(2.528944D+01)+(-4.597745D-04*TP1)+$$
$$\& \quad (1.55546D-07*TP2)+(-2.092093D-11*TP3))$$

$$RF(267) = 5.08D+12*EXP(+1.411D0*TINV)$$

$$RB(267) = EXP(-1.618734D+07*TM3+(1.129522D+05*TM2)+$$
$$\& \quad (-1.38989D+04*TM1)+(3.009708D+01)+(-1.379828D-03*TP1)+$$
$$\& \quad (3.174625D-07*TP2)+(-3.22318D-11*TP3))$$

$RF(268) = 2.47D + 11 * EXP(+ 1.57D0 * TINV)$

$RB(268) = EXP(-6.132318D + 07 * TM3 + (1.117093D + 05 * TM2) +$

$\&\quad (-1.702892D + 04 * TM1) + (2.788748D + 01) + (-8.569863D - 04 * TP1) +$

$\&\quad (2.391785D - 07 * TP2) + (-2.584162D - 11 * TP3))$

$RF(269) = 1.4D + 16 * EXP(-1.61D0 * ALOGT - 1.86D0 * TINV)$

$RF(270) = 9.6D + 13$

$RB(270) = EXP(-1.25521D + 08 * TM3 + (6.295358D + 05 * TM2) +$

$\&\quad (-2.178877D + 04 * TM1) + (2.897292D + 01) + (-2.646857D - 04 * TP1) +$

$\&\quad (1.132898D - 07 * TP2) + (-1.48186D - 11 * TP3))$

$RF(271) = 3.6D + 13$

$RB(271) = EXP(-5.117793D + 07 * TM3 + (2.555501D + 05 * TM2) +$

$\&\quad (-2.941895D + 04 * TM1) + (3.075853D + 01) + (-3.988947D - 04 * TP1) +$

$\&\quad (1.316718D - 07 * TP2) + (-1.633417D - 11 * TP3))$

$RF(272) = 6.31D + 14 * EXP(-4.23D + 01 * TINV)$

$RB(272) = EXP(-2.035454D + 07 * TM3 + (2.165809D + 05 * TM2) +$

$\&\quad (5.476233D + 01 * TM1) + (2.835753D + 01) + (7.214037D - 04 * TP1) +$

$\&\quad (-1.005969D - 07 * TP2) + (7.371774D - 12 * TP3))$

$RF(273) = 1.5D + 14 * EXP(-2.603D + 01 * TINV)$

$RB(273) = EXP(-6.982676D + 07 * TM3 + (1.853628D + 05 * TM2) +$

$\&\quad (-3.538929D + 03 * TM1) + (3.395567D + 01) + (-1.255321D - 03 * TP1) +$

$\&\quad (3.014561D - 07 * TP2) + (-3.073802D - 11 * TP3))$

$RF(274) = 1.04D + 14 * EXP(-1.529D + 01 * TINV)$

$RB(274) = EXP(-7.434309D + 07 * TM3 + (3.739858D + 05 * TM2) +$

$\&\quad (-6.400159D + 01 * TM1) + (2.950897D + 01) + (1.342087D - 04 * TP1) +$

$\&\quad (-1.838192D - 08 * TP2) + (1.51556D - 12 * TP3))$

$RF(275) = 5.08D + 04 * EXP(2.67D0 * ALOGT - 6.292D0 * TINV)$

$RB(275) = EXP(-9.461255D + 07 * TM3 + (7.116614D + 05 * TM2) +$

$\&\quad (-5.211684D + 03 * TM1) + (2.945817D + 01) + (1.364562D - 03 * TP1) +$

$\&\quad (-1.878923D - 07 * TP2) + (1.433742D - 11 * TP3))$

$RF(276) = 4.38D + 13 * EXP(-6.99D0 * TINV)$

$RB(276) = EXP(-1.153484D + 07 * TM3 + (1.35263D + 05 * TM2) +$

$\&\quad (-1.141336D + 04 * TM1) + (3.351899D + 01) + (-2.222306D - 04 * TP1) +$

$\&\quad (1.849205D - 08 * TP2) + (-4.193391D - 13 * TP3))$

$RF(277) = 2.97D + 06 * EXP(2.02D0 * ALOGT - 1.34D + 01 * TINV)$

$RB(277) = EXP(-6.465666D + 07 * TM3 + (4.31277D + 05 * TM2) +$

$\&\quad (-2.845982D + 02 * TM1) + (2.677017D + 01) + (1.212802D - 03 * TP1) +$

$\&\quad (-1.51409D - 07 * TP2) + (1.04469D - 11 * TP3))$

$RF(278) = 4.65D + 12 * EXP(4.4D - 01 * ALOGT)$

$RB(278) = EXP(-5.631297D + 07 * TM3 + (3.994819D + 05 * TM2) +$
& $(-2.572225D + 04 * TM1) + (3.315782D + 01) + (1.240592D - 04 * TP1) +$
& $(-6.250577D - 08 * TP2) + (6.568678D - 12 * TP3))$

$RF(279) = 7.079D + 13 * EXP(-2.95D - 01 * TINV)$

$RB(279) = EXP(-8.478385D + 07 * TM3 + (4.158789D + 05 * TM2) +$
& $(-1.94447D + 04 * TM1) + (2.89947D + 01) + (3.608685D - 04 * TP1) +$
& $(-4.273028D - 08 * TP2) + (3.04584D - 12 * TP3))$

$RF(280) = 5.176D + 05 * EXP(2.433D0 * ALOGT - 5.35D + 01 * TINV)$

$RB(280) = EXP(-7.745517D + 07 * TM3 + (6.168547D + 05 * TM2) +$
& $(-1.819387D + 03 * TM1) + (3.021432D + 01) + (1.001539D - 03 * TP1) +$
& $(-1.434992D - 07 * TP2) + (1.123571D - 11 * TP3))$

$RF(281) = 3.25D + 13$

$RB(281) = EXP(-1.044077D + 07 * TM3 + (4.189318D + 04 * TM2) +$
& $(-2.692644D + 04 * TM1) + (3.098266D + 01) + (2.266597D - 04 * TP1) +$
& $(-2.434835D - 08 * TP2) + (1.530279D - 12 * TP3))$

$RF(282) = 2.456D + 13 * EXP(+4.97D - 01 * TINV)$

$RB(282) = EXP(-3.031282D + 06 * TM3 + (6.160978D + 04 * TM2) +$
& $(-3.502455D + 04 * TM1) + (3.328129D + 01) + (1.761035D - 04 * TP1) +$
& $(-4.378553D - 08 * TP2) + (4.477045D - 12 * TP3))$

$RF(283) = 1.3D + 11 * EXP(+1.63D0 * TINV)$

$RB(283) = EXP(1.1701D + 07 * TM3 + (-5.378397D + 04 * TM2) +$
& $(-1.839982D + 04 * TM1) + (2.78847D + 01) + (-2.999188D - 04 * TP1) +$
& $(7.41972D - 08 * TP2) + (-6.20946D - 12 * TP3))$

$RF(284) = 3.658D + 14 * EXP(-1.2D + 01 * TINV)$

$RB(284) = EXP(1.170103D + 07 * TM3 + (-5.378413D + 04 * TM2) +$
& $(-2.525866D + 04 * TM1) + (3.5827D + 01) + (-2.999186D - 04 * TP1) +$
& $(7.419714D - 08 * TP2) + (-6.209453D - 12 * TP3))$

$RF(285) = 2.D + 12 * EXP(9.D - 01 * ALOGT - 4.875D + 01 * TINV)$

$RB(285) = EXP(-7.814768D + 07 * TM3 + (3.693548D + 05 * TM2) +$
& $(-1.393283D + 02 * TM1) + (2.872652D + 01) + (1.307723D - 03 * TP1) +$
& $(-1.677554D - 07 * TP2) + (1.157154D - 11 * TP3))$

$RF(286) = 2.15D + 10 * EXP(1.D0 * ALOGT - 6.D0 * TINV)$

$RB(286) = EXP(-3.153762D + 07 * TM3 + (2.033949D + 05 * TM2) +$
& $(-1.211351D + 04 * TM1) + (2.898915D + 01) + (1.273622D - 03 * TP1) +$
& $(-2.210521D - 07 * TP2) + (1.773637D - 11 * TP3))$

$RF(287) = 9.55D + 06 * EXP(2.D0 * ALOGT - 3.97D0 * TINV)$

RB(287) ＝ EXP(－7. 882207D ＋07 ＊ TM3 ＋(5. 422052D ＋05 ＊ TM2) ＋
&　　(－1. 157514D ＋04 ＊ TM1) ＋(2. 795038D ＋01) ＋(1. 677317D －03 ＊ TP1) ＋
&　　(－2. 677003D －07 ＊ TP2) ＋(2. 100081D －11 ＊ TP3))

RF(288) ＝ 1. 74D ＋12 ＊ EXP(－3. 18D －01 ＊ TINV)

RB(288) ＝ EXP(－1. 473228D ＋07 ＊ TM3 ＋(1. 153937D ＋05 ＊ TM2) ＋
&　　(－1. 621461D ＋04 ＊ TM1) ＋(2. 834016D ＋01) ＋(4. 760223D －04 ＊ TP1) ＋
&　　(－1. 179827D －07 ＊ TP2) ＋(1. 068651D －11 ＊ TP3))

RF(289) ＝ 7. 59D ＋13 ＊ EXP(－7. 269D0 ＊ TINV)

RB(289) ＝ EXP(－1. 473227D ＋07 ＊ TM3 ＋(1. 153937D ＋05 ＊ TM2) ＋
&　　(－1. 971247D ＋04 ＊ TM1) ＋(3. 211569D ＋01) ＋(4. 760224D －04 ＊ TP1) ＋
&　　(－1. 179828D －07 ＊ TP2) ＋(1. 068651D －11 ＊ TP3))

RF(290) ＝ 7. 015D ＋04 ＊ EXP(2. 053D0 ＊ ALOGT ＋3. 557D －01 ＊ TINV)

RB(290) ＝ EXP(2. 699346D ＋07 ＊ TM3 ＋(9. 789418D ＋02 ＊ TM2) ＋
&　　(－1. 330019D ＋04 ＊ TM1) ＋(3. 220974D ＋01) ＋(3. 966847D －04 ＊ TP1) ＋
&　　(－4. 853661D －08 ＊ TP2) ＋(3. 935991D －12 ＊ TP3))

RF(291) ＝ 5. 757D ＋12 ＊ EXP(－6. 64D －01 ＊ ALOGT －3. 318D －01 ＊ TINV)

RB(291) ＝ EXP(1. 039937D ＋08 ＊ TM3 ＋(－6. 056297D ＋05 ＊ TM2) ＋
&　　(－1. 110439D ＋04 ＊ TM1) ＋(3. 100375D ＋01) ＋(－1. 166593D －03 ＊ TP1) ＋
&　　(1. 8126D －07 ＊ TP2) ＋(－1. 407916D －11 ＊ TP3))

RF(292) ＝ 1. 57D ＋05 ＊ EXP(2. 18D0 ＊ ALOGT －1. 794D ＋01 ＊ TINV)

RB(292) ＝ EXP(－6. 138955D ＋07 ＊ TM3 ＋(4. 452122D ＋05 ＊ TM2) ＋
&　　(－4. 192195D ＋04 ＊ TM1) ＋(3. 102747D ＋01) ＋(8. 306253D －04 ＊ TP1) ＋
&　　(－1. 020083D －07 ＊ TP2) ＋(7. 823916D －12 ＊ TP3))

RF(293) ＝ 1. D ＋14

RF(294) ＝ 8. D ＋13

RF(295) ＝ 4. 78D ＋12 ＊ EXP(－1. 42D －01 ＊ ALOGT －1. 15D0 ＊ TINV)

RF(296) ＝ 7. 57D ＋22 ＊ EXP(－1. 9D0 ＊ ALOGT)

RB(296) ＝ EXP(1. 43872D ＋08 ＊ TM3 ＋(－9. 289664D ＋05 ＊ TM2) ＋
&　　(－3. 395744D ＋04 ＊ TM1) ＋(4. 40642D ＋01) ＋(－2. 035602D －03 ＊ TP1) ＋
&　　(2. 994051D －07 ＊ TP2) ＋(－2. 276925D －11 ＊ TP3))

RF(297) ＝ 5. 7D ＋11 ＊ EXP(6. 6D －01 ＊ ALOGT －1. 487D ＋01 ＊ TINV)

RB(297) ＝ EXP(－2. 304465D ＋07 ＊ TM3 ＋(6. 780782D ＋04 ＊ TM2) ＋
&　　(－1. 164147D ＋01 ＊ TM1) ＋(3. 134952D ＋01) ＋(6. 137504D －04 ＊ TP1) ＋
&　　(－3. 782358D －08 ＊ TP2) ＋(2. 465768D －12 ＊ TP3))

RF(298) ＝ 7. 58D ＋12 ＊ EXP(－4. 1D －01 ＊ TINV)

RB(298) ＝ EXP(－4. 818339D ＋07 ＊ TM3 ＋(2. 216989D ＋05 ＊ TM2) ＋
&　　(－1. 742832D ＋04 ＊ TM1) ＋(3. 006108D ＋01) ＋(1. 049037D －04 ＊ TP1) ＋

  & $(-7.29436D-09*TP2)+(1.740872D-12*TP3))$

  $RF(299) = 3.D+13$

  $RF(300) = 8.07D+15*EXP(-5.342D+01*TINV)$

  $RB(300) = EXP(1.545804D+07*TM3+(-1.964083D+05*TM2)+$

  & $(-6.406505D+03*TM1)+(3.194239D+01)+(3.972118D-04*TP1)+$

  & $(-8.36325D-08*TP2)+(4.920696D-12*TP3))$

  $RF(301) = 7.82D+07*EXP(1.63D0*ALOGT+1.055D0*TINV)$

  $RB(301) = EXP(-3.376775D+07*TM3+(2.291221D+05*TM2)+$

  & $(-1.579329D+04*TM1)+(2.759537D+01)+(1.511167D-03*TP1)+$

  & $(-2.65279D-07*TP2)+(2.02055D-11*TP3))$

  $RF(302) = 5.74D+07*EXP(1.9D0*ALOGT-2.74D0*TINV)$

  $RB(302) = EXP(-2.988476D+07*TM3+(1.541404D+05*TM2)+$

  & $(-1.005971D+04*TM1)+(2.710856D+01)+(1.888747D-03*TP1)+$

  & $(-3.06607D-07*TP2)+(2.241508D-11*TP3))$

  $RF(303) = 6.26D+09*EXP(1.15D0*ALOGT-2.26D0*TINV)$

  $RB(303) = EXP(-2.757395D+07*TM3+(1.022387D+05*TM2)+$

  & $(-8.664201D+03*TM1)+(2.596685D+01)+(1.285546D-03*TP1)+$

  & $(-2.052447D-07*TP2)+(1.407608D-11*TP3))$

  $RF(304) = 1.88D+04*EXP(2.7D0*ALOGT-1.152D+01*TINV)$

  $RB(304) = EXP(-4.935947D+07*TM3+(3.52621D+05*TM2)+$

  & $(-7.067638D+03*TM1)+(2.675843D+01)+(1.65079D-03*TP1)+$

  & $(-2.37794D-07*TP2)+(1.661366D-11*TP3))$

  $RF(305) = 1.06D+13*EXP(-1.5D0*TINV)$

  $RB(305) = EXP(9.856322D+06*TM3+(-3.419378D+04*TM2)+$

  & $(-3.82016D+04*TM1)+(2.89439D+01)+(8.71338D-05*TP1)+$

  & $(-3.940517D-08*TP2)+(2.891138D-12*TP3))$

  $RF(306) = 2.64D+12*EXP(-1.5D0*TINV)$

  $RF(307) = 1.D+18*EXP(-1.56D0*ALOGT)$

  $RB(307) = EXP(3.892387D+07*TM3+(-3.641195D+05*TM2)+$

  & $(8.732487D+01*TM1)+(2.913645D+01)+(-4.258305D-04*TP1)+$

  & $(1.299204D-08*TP2)+(4.38872D-13*TP3))$

  $RF(308) = 1.13D+07*EXP(2.D0*ALOGT-3.D0*TINV)$

  $RB(308) = EXP(-7.350198D+07*TM3+(5.659637D+05*TM2)+$

  & $(-1.264858D+04*TM1)+(3.149582D+01)+(1.400253D-03*TP1)+$

  & $(-2.696113D-07*TP2)+(2.362423D-11*TP3))$

  $RF(309) = 3.3D+13$

  $RB(309) = EXP(3.40874D+07*TM3+(-1.339125D+05*TM2)+$

&　　（ − 3. 652706D + 04 ∗ TM1）+（3. 170463D + 01）+（ − 2. 129376D − 04 ∗ TP1）+

&　　（4. 16143D − 08 ∗ TP2）+（ − 4. 525268D − 12 ∗ TP3））

RF（310）　= 1. 713D + 13 ∗ EXP（ + 7. 55D − 01 ∗ TINV）

RB（310）　= EXP（9. 600375D + 07 ∗ TM3 +（ − 3. 730999D + 05 ∗ TM2）+

&　　（ − 2. 8978D + 04 ∗ TM1）+（3. 605078D + 01）+（ − 9. 204615D − 04 ∗ TP1）+

&　　（1. 874142D − 07 ∗ TP2）+（ − 1. 543856D − 11 ∗ TP3））

RF（311）　= 2. 5D + 16 ∗ EXP（ − 8. D − 01 ∗ ALOGT）

RB（311）　= EXP（ − 4. 444298D + 06 ∗ TM3 +（1. 129533D + 05 ∗ TM2）+

&　　（ − 5. 568099D + 04 ∗ TM1）+（3. 631678D + 01）+（ − 8. 080336D − 04 ∗ TP1）+

&　　（6. 399662D − 08 ∗ TP2）+（ − 2. 085181D − 12 ∗ TP3））

RF（312）　= 3. 5D + 13 ∗ EXP（ − 3. 3D − 01 ∗ TINV）

RB（312）　= EXP（ − 2. 550524D + 06 ∗ TM3 +（3. 1976D + 04 ∗ TM2）+

&　　（ − 3. 799039D + 04 ∗ TM1）+（3. 257657D + 01）+（5. 813334D − 05 ∗ TP1）+

&　　（ − 1. 091834D − 08 ∗ TP2）+（1. 091649D − 12 ∗ TP3））

RF（313）　= 2. 65D + 12 ∗ EXP（ − 6. 4D0 ∗ TINV）

RB（313）　= EXP（ − 3. 351014D + 07 ∗ TM3 +（1. 647951D + 05 ∗ TM2）+

&　　（ − 1. 950311D + 04 ∗ TM1）+（2. 713779D + 01）+（ − 3. 065094D − 05 ∗ TP1）+

&　　（8. 754906D − 09 ∗ TP2）+（ − 2. 382874D − 13 ∗ TP3））

RF（314）　= 7. 333D + 13 ∗ EXP（ − 1. 12D0 ∗ TINV）

RB（314）　= EXP（4. 083295D + 07 ∗ TM3 +（ − 2. 091907D + 05 ∗ TM2）+

&　　（ − 2. 44763D + 04 ∗ TM1）+（3. 322464D + 01）+（ − 1. 648597D − 04 ∗ TP1）+

&　　（2. 713682D − 08 ∗ TP2）+（ − 1. 753847D − 12 ∗ TP3））

RF（315）　= 2. 9D + 13 ∗ EXP（ − 2. 315D + 01 ∗ TINV）

RB（315）　= EXP（ − 1. 17471D + 07 ∗ TM3 +（1. 799324D + 04 ∗ TM2）+

&　　（ − 2. 955283D + 04 ∗ TM1）+（2. 519196D + 01）+（1. 307778D − 03 ∗ TP1）+

&　　（ − 3. 115898D − 07 ∗ TP2）+（3. 102367D − 11 ∗ TP3））

RF（316）　= 4. 4D + 14 ∗ EXP（ − 1. 888D + 01 ∗ TINV）

RB（316）　= EXP（ − 5. 513058D + 07 ∗ TM3 +（2. 591599D + 05 ∗ TM2）+

&　　（ − 4. 131573D + 04 ∗ TM1）+（2. 800299D + 01）+（1. 530771D − 03 ∗ TP1）+

&　　（ − 3. 49645D − 07 ∗ TP2）+（3. 386917D − 11 ∗ TP3））

RF（317）　= 2. D + 12 ∗ EXP（ − 2. 106D + 01 ∗ TINV）

RB（317）　= EXP（2. 965325D + 07 ∗ TM3 +（ − 1. 567189D + 05 ∗ TM2）+

&　　（ − 2. 311648D + 04 ∗ TM1）+（2. 55054D + 01）+（1. 169902D − 03 ∗ TP1）+

&　　（ − 3. 069147D − 07 ∗ TP2）+（3. 082332D − 11 ∗ TP3））

RF（318）　= 1. 3D + 11 ∗ EXP（ − 5. 962D + 01 ∗ TINV）

RB（318）　= EXP（ − 8. 465175D + 05 ∗ TM3 +（ − 8. 397892D + 04 ∗ TM2）+

&　　（ − 9. 57971D + 03 ∗ TM1）+（1. 916206D + 01）+（1. 433214D − 03 ∗ TP1）+

```
&        (-3.000049D-07*TP2)+(2.868765D-11*TP3))
 RF(319)  = 2.11D+12*EXP(+4.8D-01*TINV)
 RB(319)  = EXP(-2.117305D+07*TM3+(1.052944D+05*TM2)+
&        (-3.801338D+03*TM1)+(3.051975D+01)+(-3.908961D-04*TP1)+
&        (1.195118D-07*TP2)+(-1.176752D-11*TP3))
 RF(320)  = 1.06D+20*EXP(-1.41D0*ALOGT)
 RB(320)  = EXP(4.92864D+07*TM3+(-2.822482D+05*TM2)+
&        (-3.566464D+04*TM1)+(4.177919D+01)+(-1.465479D-03*TP1)+
&        (2.31856D-07*TP2)+(-1.898088D-11*TP3))
 RF(321)  = 3.9D+12*EXP(+2.4D-01*TINV)
 RB(321)  = EXP(1.073227D+07*TM3+(-6.340114D+04*TM2)+
&        (-2.276278D+04*TM1)+(2.672035D+01)+(6.175558D-04*TP1)+
&        (-1.438601D-07*TP2)+(1.32978D-11*TP3))
 RF(322)  = 1.32D+14*EXP(-3.6D-01*TINV)
 RB(322)  = EXP(-6.361079D+07*TM3+(3.105845D+05*TM2)+
&        (-1.543453D+04*TM1)+(2.747574D+01)+(7.517647D-04*TP1)+
&        (-1.622421D-07*TP2)+(1.481336D-11*TP3))
 RF(323)  = 1.12D+14*EXP(-8.33D-01*ALOGT-2.541D0*TINV)
 RB(323)  = EXP(3.710736D+07*TM3+(-3.936029D+05*TM2)+
&        (-6.366579D+03*TM1)+(2.62389D+01)+(-3.125397D-04*TP1)+
&        (1.625814D-08*TP2)+(-6.533238D-13*TP3))
 RF(324)  = 5.D+13
 RB(324)  = EXP(-4.061828D+07*TM3+(4.581788D+05*TM2)+
&        (-1.16122D+03*TM1)+(3.203786D+01)+(-5.280412D-04*TP1)+
&        (1.302145D-07*TP2)+(-1.62565D-11*TP3))
 RF(325)  = 9.03D+13
 RB(325)  = EXP(1.134335D+08*TM3+(-7.445474D+05*TM2)+
&        (-1.432477D+04*TM1)+(3.513155D+01)+(-7.05425D-04*TP1)+
&        (1.202709D-07*TP2)+(-7.710083D-12*TP3))
 RF(326)  = 6.D+13*EXP(-1.292D+01*TINV)
 RB(326)  = EXP(-1.423202D+07*TM3+(1.247615D+05*TM2)+
&        (8.270296D+01*TM1)+(3.044653D+01)+(5.399128D-04*TP1)+
&        (-9.406758D-08*TP2)+(6.697567D-12*TP3))
 RF(327)  = 1.14D+17*EXP(-1.068D+02*TINV)
 RB(327)  = EXP(3.264251D+07*TM3+(-2.380937D+05*TM2)+
&        (1.3426D+04*TM1)+(3.470346D+01)+(4.929123D-04*TP1)+
&        (-2.499021D-08*TP2)+(-1.430733D-12*TP3))
```

RF(328) = 1. 2D + 13

RB(328) = EXP(9. 808407D + 07 * TM3 + (- 6. 935098D + 05 * TM2) +

&　　(- 1. 156486D + 04 * TM1) + (3. 265638D + 01) + (- 5. 807609D - 04 * TP1) +

&　　(8. 581506D - 08 * TP2) + (- 4. 982428D - 12 * TP3))

RF(329) = 6. 8D + 13

RB(329) = EXP(- 5. 438004D + 07 * TM3 + (3. 346454D + 05 * TM2) +

&　　(- 1. 541941D + 04 * TM1) + (3. 30382D + 01) + (3. 581084D - 04 * TP1) +

&　　(- 4. 40433D - 08 * TP2) + (2. 034072D - 12 * TP3))

RF(330) = 1. 4D + 14

RB(330) = EXP(- 1. 66256D + 08 * TM3 + (1. 132691D + 06 * TM2) +

&　　(- 1. 989681D + 04 * TM1) + (3. 452265D + 01) + (2. 294401D - 05 * TP1) +

&　　(5. 415424D - 08 * TP2) + (- 8. 913066D - 12 * TP3))

RF(331) = 4. 17D + 36 * EXP(- 7. 3D0 * ALOGT - 8. 723D0 * TINV)

RB(331) = EXP(2. 667491D + 08 * TM3 + (- 1. 874256D + 06 * TM2) +

&　　(- 3. 440129D + 04 * TM1) + (3. 615285D + 01) + (- 5. 268014D - 03 * TP1) +

&　　(7. 78357D - 07 * TP2) + (- 5. 983409D - 11 * TP3))

RF(332) = 2. D + 13

RB(332) = EXP(- 1. 924877D + 07 * TM3 + (1. 437852D + 05 * TM2) +

&　　(- 2. 630531D + 04 * TM1) + (3. 076911D + 01) + (7. 863039D - 04 * TP1) +

&　　(- 1. 467929D - 07 * TP2) + (1. 298025D - 11 * TP3))

RF(333) = 4. D + 13

RB(333) = EXP(1. 145588D + 08 * TM3 + (- 7. 118732D + 05 * TM2) +

&　　(- 6. 570893D + 03 * TM1) + (3. 610092D + 01) + (- 5. 861961D - 04 * TP1) +

&　　(7. 126841D - 08 * TP2) + (- 4. 054142D - 12 * TP3))

RF(334) = 7. 89D + 12 * EXP(- 1. 348D0 * TINV)

RB(334) = EXP(- 2. 683503D + 07 * TM3 + (2. 336008D + 05 * TM2) +

&　　(- 3. 223305D + 04 * TM1) + (2. 332067D + 01) + (1. 271512D - 03 * TP1) +

&　　(- 1. 653433D - 07 * TP2) + (1. 121975D - 11 * TP3))

RF(335) = 6. 68D + 12 * EXP(+ 4. 087D - 01 * TINV)

RB(335) = EXP(3. 178911D + 07 * TM3 + (- 2. 99912D + 04 * TM2) +

&　　(1. 279939D + 04 * TM1) + (2. 287925D + 01) + (9. 399487D - 04 * TP1) +

&　　(- 1. 337005D - 07 * TP2) + (7. 9486D - 12 * TP3))

RF(336) = 2. D + 13

RB(336) = EXP(- 1. 037893D + 08 * TM3 + (5. 837001D + 05 * TM2) +

&　　(- 1. 11881D + 04 * TM1) + (2. 871469D + 01) + (4. 721578D - 04 * TP1) +

&　　(- 1. 122308D - 08 * TP2) + (- 3. 459775D - 12 * TP3))

RF(337) = 5. D + 13

RB(337) = EXP(−3.273855D +07 ∗ TM3 +(2.296006D +05 ∗ TM2) +

&　(−3.035189D +04 ∗ TM1) +(3.65883D +01) +(−2.323608D −04 ∗ TP1) +

&　(3.058714D −08 ∗ TP2) +(−1.716733D −12 ∗ TP3))

RF(338) = 5.D +12

RB(338) = EXP(−9.225449D +07 ∗ TM3 +(4.484373D +05 ∗ TM2) +

&　(−3.292224D +03 ∗ TM1) +(2.522006D +01) +(6.943881D −04 ∗ TP1) +

&　(−2.971505D −08 ∗ TP2) +(−3.040445D −12 ∗ TP3))

RF(339) = 1.39D +14

RB(339) = EXP(−1.439373D +08 ∗ TM3 +(7.93584D +05 ∗ TM2) +

&　(−3.319177D +04 ∗ TM1) +(3.311994D +01) +(2.903534D −04 ∗ TP1) +

&　(3.88012D −08 ∗ TP2) +(−8.123269D −12 ∗ TP3))

RF(340) = 4.D +13

RB(340) = EXP(−1.426564D +08 ∗ TM3 +(1.038861D +06 ∗ TM2) +

&　(−8.486782D +03 ∗ TM1) +(3.259685D +01) +(−3.370561D −04 ∗ TP1) +

&　(9.934694D −08 ∗ TP2) +(−1.261308D −11 ∗ TP3))

RF(341) = 3.2D +08 ∗ EXP(1.44D0 ∗ ALOGT −5.494D −01 ∗ TINV)

RB(341) = EXP(1.013611D +08 ∗ TM3 +(−5.070658D +05 ∗ TM2) +

&　(−1.732531D +04 ∗ TM1) +(2.219062D +01) +(2.171313D −03 ∗ TP1) +

&　(−4.044377D −07 ∗ TP2) +(3.461698D −11 ∗ TP3))

RF(342) = 2.4D +11 ∗ EXP(−9.995D0 ∗ TINV)

RB(342) = EXP(−7.572464D +07 ∗ TM3 +(6.491241D +05 ∗ TM2) +

&　(−4.452955D +04 ∗ TM1) +(4.107348D +01) +(−2.414084D −03 ∗ TP1) +

&　(4.682862D −07 ∗ TP2) +(−4.272499D −11 ∗ TP3))

RF(343) = 1.12D +16 ∗ EXP(−4.651D +01 ∗ TINV)

RB(343) = EXP(5.356769D +07 ∗ TM3 +(−5.00119D +05 ∗ TM2) +

&　(−8.884891D +02 ∗ TM1) +(3.591854D +01) +(3.623941D −04 ∗ TP1) +

&　(−4.067158D −08 ∗ TP2) +(3.721126D −12 ∗ TP3))

RF(344) = 1.51D +14 ∗ EXP(−4.242D +01 ∗ TINV)

RB(344) = EXP(1.107363D +08 ∗ TM3 +(−7.550487D +05 ∗ TM2) +

&　(−2.119108D +04 ∗ TM1) +(3.225852D +01) +(5.671813D −05 ∗ TP1) +

&　(7.711295D −09 ∗ TP2) +(−5.931836D −13 ∗ TP3))

RF(345) = 1.1D +30 ∗ EXP(−4.92D0 ∗ ALOGT −1.073D +01 ∗ TINV)

RB(345) = EXP(8.586596D +07 ∗ TM3 +(−5.983404D +05 ∗ TM2) +

&　(−2.331297D +04 ∗ TM1) +(3.502652D +01) +(−3.193211D −03 ∗ TP1) +

&　(4.567921D −07 ∗ TP2) +(−3.634334D −11 ∗ TP3))

RF(346) = 5.D +13

RB(346) = EXP(1.822792D +07 ∗ TM3 +(−2.725265D +05 ∗ TM2) +

```
&        ( - 3. 017328D + 04 * TM1) + (3. 169124D + 01) + (6. 316247D - 04 * TP1) +
&        ( - 1. 282408D - 07 * TP2) + (1. 226875D - 11 * TP3))
    RF(347)  = 3. D + 13
    RB(347)  = EXP(6. 693095D + 06 * TM3 + ( - 1. 372635D + 05 * TM2) +
&        ( - 3. 806916D + 04 * TM1) + (3. 328874D + 01) + (4. 093942D - 04 * TP1) +
&        ( - 1. 097488D - 07 * TP2) + (1. 184941D - 11 * TP3))
    RF(348)  = 1. 1D + 20 * EXP( - 9. 863D + 01 * TINV)
    RB(348)  = EXP(5. 418355D + 07 * TM3 + ( - 4. 207501D + 05 * TM2) +
&        (1. 190416D + 03 * TM1) + (4. 022486D + 01) + (3. 680399D - 04 * TP1) +
&        ( - 7. 79949D - 10 * TP2) + ( - 3. 370295D - 12 * TP3))
    RF(349)  = 5. 01D + 06 * EXP(2. D0 * ALOGT - 5. 961D0 * TINV)
    RB(349)  = EXP( - 3. 783657D + 07 * TM3 + (2. 533707D + 05 * TM2) +
&        ( - 6. 7374D + 03 * TM1) + (2. 499097D + 01) + (1. 788009D - 03 * TP1) +
&        ( - 2. 575039D - 07 * TP2) + (1. 843839D - 11 * TP3))
    RF(350)  = 7. 5D + 06 * EXP(2. D0 * ALOGT - 5. 019D0 * TINV)
    RB(350)  = EXP( - 4. 937139D + 07 * TM3 + (3. 886336D + 05 * TM2) +
&        ( - 1. 415924D + 04 * TM1) + (2. 750277D + 01) + (1. 565778D - 03 * TP1) +
&        ( - 2. 390119D - 07 * TP2) + (1. 801905D - 11 * TP3))
    RF(351)  = 1. D + 12 * EXP( - 2. 98D0 * TINV)
    RB(351)  = EXP( - 5. 390759D + 06 * TM3 + ( - 6. 639214D + 04 * TM2) +
&        ( - 1. 84644D + 03 * TM1) + (2. 708283D + 01) + (1. 05838D - 04 * TP1) +
&        ( - 1. 763402D - 08 * TP2) + (6. 510656D - 13 * TP3))
    RF(352)  = 1. D + 14
    RB(352)  = EXP(3. 112836D + 06 * TM3 + ( - 1. 400456D + 05 * TM2) +
&        ( - 2. 772563D + 04 * TM1) + (3. 202881D + 01) + (5. 041724D - 04 * TP1) +
&        ( - 7. 991169D - 08 * TP2) + (5. 547459D - 12 * TP3))
    RF(353)  = 2. D + 07 * EXP(2. D0 * ALOGT - 9. 991D - 01 * TINV)
    RB(353)  = EXP( - 6. 510233D + 07 * TM3 + (4. 417455D + 05 * TM2) +
&        ( - 3. 799527D + 04 * TM1) + (3. 301402D + 01) + (1. 43268D - 03 * TP1) +
&        ( - 2. 305744D - 07 * TP2) + (1. 838919D - 11 * TP3))
    RF(354)  = 1. D + 14 * EXP( - 4. 361D + 01 * TINV)
    RB(354)  = EXP( - 5. 721556D + 07 * TM3 + (2. 030037D + 05 * TM2) +
&        (4. 069064D + 03 * TM1) + (2. 645772D + 01) + (8. 82042D - 04 * TP1) +
&        ( - 1. 001714D - 07 * TP2) + (5. 272803D - 12 * TP3))
    RF(355)  = 1. D + 13
    RB(355)  = EXP( - 6. 834039D + 07 * TM3 + (4. 503258D + 05 * TM2) +
&        ( - 3. 914967D + 04 * TM1) + (2. 239438D + 01) + (1. 526549D - 03 * TP1) +
```

      $(-3.004106D-07*TP2)+(2.811026D-11*TP3))$

 $RF(356)=2.D+12$

 $RB(356)=EXP(-6.888986D+07*TM3+(3.785218D+05*TM2)+$

      $(4.670609D+03*TM1)+(1.926217D+01)+(1.846559D-03*TP1)+$

      $(-3.395015D-07*TP2)+(3.006112D-11*TP3))$

 $RF(357)=3.D+35*EXP(-7.18D0*ALOGT-8.413D0*TINV)$

 $RB(357)=EXP(-1.849949D+07*TM3+(-6.925645D+04*TM2)+$

      $(-1.858515D+04*TM1)+(5.012178D+01)+(-6.26704D-03*TP1)+$

      $(1.120416D-06*TP2)+(-9.922632D-11*TP3))$

 $RF(358)=5.D+13*EXP(-1.48D+01*TINV)$

 $RB(358)=EXP(5.6028D+06*TM3+(2.528328D+05*TM2)+$

      $(-5.376009D+04*TM1)+(4.855749D+01)+(-1.217494D-03*TP1)+$

      $(2.104809D-07*TP2)+(-1.696688D-11*TP3))$

 $RF(359)=1.D+14$

 $RB(359)=EXP(2.319979D+06*TM3+(-9.107172D+04*TM2)+$

      $(-5.16232D+04*TM1)+(2.788397D+01)+(1.215874D-05*TP1)+$

      $(-6.063741D-09*TP2)+(7.708397D-13*TP3))$

 $RF(360)=1.D+14$

 $RB(360)=EXP(9.048991D+07*TM3+(-5.248038D+05*TM2)+$

      $(-5.329074D+04*TM1)+(3.279263D+01)+(3.686506D-04*TP1)+$

      $(-1.56801D-07*TP2)+(1.464432D-11*TP3))$

 $RF(361)=9.6D+70*EXP(-1.777D+01*ALOGT-3.112D+01*TINV)$

 $RB(361)=EXP(4.574208D+08*TM3+(-3.418152D+06*TM2)+$

      $(-4.565645D+04*TM1)+(5.618534D+01)+(-1.254507D-02*TP1)+$

      $(1.889938D-06*TP2)+(-1.465355D-10*TP3))$

 $RF(362)=2.D+13*EXP(-2.186D+01*TINV)$

 $RB(362)=EXP(7.134567D+07*TM3+(-4.664797D+05*TM2)+$

      $(2.570781D+03*TM1)+(2.94116D+01)+(-2.417034D-04*TP1)+$

      $(-5.273427D-09*TP2)+(1.469489D-12*TP3))$

 $RF(363)=7.9D+12*EXP(-6.358D0*TINV)$

 $RB(363)=EXP(2.067827D+08*TM3+(-1.492304D+06*TM2)+$

      $(-3.719907D+04*TM1)+(3.166702D+01)+(-3.820519D-04*TP1)+$

      $(-1.47483D-09*TP2)+(3.525688D-12*TP3))$

 $RF(364)=1.1D+13*EXP(-8.147D0*TINV)$

 $RB(364)=EXP(-1.44774D+08*TM3+(8.679428D+05*TM2)+$

      $(-3.046025D+03*TM1)+(3.01864D+01)+(-2.710944D-04*TP1)+$

      $(1.071609D-07*TP2)+(-9.462803D-12*TP3))$

$RF(365) = 2.2D + 13 * EXP(-4.491D0 * TINV)$

$RB(365) = EXP(-7.422049D + 07 * TM3 + (4.75721D + 05 * TM2) +$
$\& \quad (2.799178D + 03 * TM1) + (2.874424D + 01) + (7.830203D - 04 * TP1) +$
$\& \quad (-7.047453D - 08 * TP2) + (1.184978D - 12 * TP3))$

$RF(366) = 2.7D + 13 * EXP(-9.701D0 * TINV)$

$RB(366) = EXP(-1.258297D + 08 * TM3 + (7.523964D + 05 * TM2) +$
$\& \quad (-4.280363D + 03 * TM1) + (3.155476D + 01) + (-9.942018D - 05 * TP1) +$
$\& \quad (6.923175D - 08 * TP2) + (-6.096702D - 12 * TP3))$

$RF(367) = 2.D + 14 * EXP(-9.701D0 * TINV)$

$RB(367) = EXP(-1.847792D + 08 * TM3 + (1.211027D + 06 * TM2) +$
$\& \quad (-4.128037D + 03 * TM1) + (3.11471D + 01) + (9.471284D - 04 * TP1) +$
$\& \quad (-1.149974D - 07 * TP2) + (6.240593D - 12 * TP3))$

$RF(368) = 2.1D + 13 * EXP(-4.57D0 * TINV)$

$RB(368) = EXP(-1.373645D + 08 * TM3 + (8.876594D + 05 * TM2) +$
$\& \quad (-9.594234D + 03 * TM1) + (3.341178D + 01) + (-3.216507D - 04 * TP1) +$
$\& \quad (8.772378D - 08 * TP2) + (-6.516039D - 12 * TP3))$

$RF(369) = 2.18D - 04 * EXP(4.5D0 * ALOGT + 9.935D - 01 * TINV)$

$RB(369) = EXP(-2.174088D + 08 * TM3 + (1.771934D + 06 * TM2) +$
$\& \quad (-1.386526D + 04 * TM1) + (2.542783D + 01) + (3.157218D - 03 * TP1) +$
$\& \quad (-4.318059D - 07 * TP2) + (3.244551D - 11 * TP3))$

$RF(370) = 7.9D + 11 * EXP(-6.358D0 * TINV)$

$RB(370) = EXP(3.815989D + 08 * TM3 + (-2.292582D + 06 * TM2) +$
$\& \quad (6.575896D + 02 * TM1) + (2.661995D + 01) + (1.701685D - 03 * TP1) +$
$\& \quad (-6.185481D - 07 * TP2) + (5.846685D - 11 * TP3))$

$RF(371) = 2.51D + 12 * EXP(-6.15D0 * TINV)$

$RB(371) = EXP(4.071311D + 08 * TM3 + (-2.456885D + 06 * TM2) +$
$\& \quad (-3.790307D + 02 * TM1) + (2.786008D + 01) + (1.333635D - 03 * TP1) +$
$\& \quad (-5.857538D - 07 * TP2) + (5.706085D - 11 * TP3))$

$RF(372) = 3.D + 08 * EXP(1.45D0 * ALOGT - 8.942D - 01 * TINV)$

$RB(372) = EXP(-3.513519D + 08 * TM3 + (2.078939D + 06 * TM2) +$
$\& \quad (-1.109965D + 04 * TM1) + (2.871522D + 01) + (-4.723785D - 04 * TP1) +$
$\& \quad (4.844783D - 07 * TP2) + (-5.017307D - 11 * TP3))$

$RF(373) = 1.92D + 07 * EXP(1.83D0 * ALOGT - 2.186D - 01 * TINV)$

$RB(373) = EXP(-4.413492D + 08 * TM3 + (2.598617D + 06 * TM2) +$
$\& \quad (-9.178965D + 03 * TM1) + (2.394207D + 01) + (9.639138D - 04 * TP1) +$
$\& \quad (2.653149D - 07 * TP2) + (-3.255072D - 11 * TP3))$

$RF(374) = 5.D + 11 * EXP(-2.987D0 * TINV)$

$$RF(375) = 4.3D+13 * EXP(-9.713D0 * TINV)$$

$$RB(375) = EXP(1.219349D+08 * TM3 + (-6.544921D+05 * TM2) +$$
$$\&\quad (2.771341D+03 * TM1) + (4.072772D+01) + (4.104881D-05 * TP1) +$$
$$\&\quad (-2.95776D-08 * TP2) + (4.491798D-12 * TP3))$$

$$RF(376) = 3.18D+23 * EXP(-3.2D0 * ALOGT - 4.232D0 * TINV)$$

$$RB(376) = EXP(1.906476D+08 * TM3 + (-1.121946D+06 * TM2) +$$
$$\&\quad (-7.973691D+04 * TM1) + (5.106979D+01) + (-3.917505D-03 * TP1) +$$
$$\&\quad (5.285392D-07 * TP2) + (-3.769487D-11 * TP3))$$

$$RF(377) = 2.D-10 * EXP(7.1D0 * ALOGT - 1.562D0 * TINV)$$

$$RB(377) = EXP(-9.737245D+07 * TM3 + (9.774788D+05 * TM2) +$$
$$\&\quad (-3.143542D+04 * TM1) + (4.136448D+01) + (2.664544D-03 * TP1) +$$
$$\&\quad (-4.120162D-07 * TP2) + (3.460624D-11 * TP3))$$

$$RF(378) = 4.D+13 * EXP(-1.013D+01 * TINV)$$

$$RB(378) = EXP(1.020619D+08 * TM3 + (-4.039954D+05 * TM2) +$$
$$\&\quad (-5.131336D+04 * TM1) + (4.248183D+01) + (-6.797043D-04 * TP1) +$$
$$\&\quad (5.26367D-08 * TP2) + (-4.447558D-12 * TP3))$$

$$RF(379) = 2.2D+13 * EXP(-4.501D0 * TINV)$$

$$RB(379) = EXP(3.292884D+07 * TM3 + (-4.216468D+05 * TM2) +$$
$$\&\quad (-1.58926D+04 * TM1) + (1.738178D+01) + (1.422587D-03 * TP1) +$$
$$\&\quad (-2.646968D-07 * TP2) + (2.464755D-11 * TP3))$$

$$RF(380) = 2.D+13 * EXP(-1.47D+01 * TINV)$$

$$RB(380) = EXP(-5.040037D+07 * TM3 + (1.429439D+05 * TM2) +$$
$$\&\quad (-3.040809D+03 * TM1) + (2.442999D+01) + (7.533029D-04 * TP1) +$$
$$\&\quad (-1.190487D-07 * TP2) + (9.18814D-12 * TP3))$$

$$RF(381) = 2.5D+14 * EXP(-1.59D+01 * TINV)$$

$$RB(381) = EXP(-3.145606D+07 * TM3 + (2.739749D+04 * TM2) +$$
$$\&\quad (-4.097008D+03 * TM1) + (2.742614D+01) + (9.249772D-04 * TP1) +$$
$$\&\quad (-1.569779D-07 * TP2) + (1.255424D-11 * TP3))$$

$$RF(382) = 2.1D+13 * EXP(-4.57D0 * TINV)$$

$$RB(382) = EXP(-4.299092D+07 * TM3 + (1.626606D+05 * TM2) +$$
$$\&\quad (-6.291439D+03 * TM1) + (2.705753D+01) + (7.027465D-04 * TP1) +$$
$$\&\quad (-1.384858D-07 * TP2) + (1.21349D-11 * TP3))$$

$$RF(383) = 1.3D+13 * EXP(-1.053D+01 * TINV)$$

$$RF(384) = 7.8D+13$$

$$RB(384) = EXP(-3.883687D+06 * TM3 + (2.00195D+05 * TM2) +$$
$$\&\quad (-5.659354D+04 * TM1) + (3.889842D+01) + (-6.557465D-04 * TP1) +$$
$$\&\quad (6.940859D-08 * TP2) + (-4.006617D-12 * TP3))$$

RF(385) = 1.6D+16 * EXP(-1.33D0 * ALOGT - 6.557D0 * TINV)

RB(385) = EXP(1.268253D+08 * TM3 + (-6.828071D+05 * TM2) +
& (-4.587145D+04 * TM1) + (4.487062D+01) + (-2.410062D-03 * TP1) +
& (4.499263D-07 * TP2) + (-4.020725D-11 * TP3))

RF(386) = 1.9D+31 * EXP(-5.26D0 * ALOGT - 2.086D+01 * TINV)

RB(386) = EXP(1.744652D+08 * TM3 + (-1.218012D+06 * TM2) +
& (-2.367069D+04 * TM1) + (4.570041D+01) + (-4.934505D-03 * TP1) +
& (8.664106D-07 * TP2) + (-7.130931D-11 * TP3))

RF(387) = 2. D+17 * EXP(-1.152D+02 * TINV)

RB(387) = EXP(1.091082D+08 * TM3 + (-1.059807D+06 * TM2) +
& (5.893561D+03 * TM1) + (1.636526D+01) + (2.743905D-03 * TP1) +
& (-5.356909D-07 * TP2) + (4.638378D-11 * TP3))

RF(388) = 1. D+11 * EXP(-9.935D0 * TINV)

RB(388) = EXP(6.950526D+07 * TM3 + (-4.001392D+05 * TM2) +
& (2.185732D+03 * TM1) + (1.749818D+01) + (1.528991D-03 * TP1) +
& (-3.577442D-07 * TP2) + (3.280023D-11 * TP3))

RF(389) = 2.413D+02 * EXP(2.2313D0 * ALOGT + 1.131D0 * TINV)

RF(390) = 1.1D+24 * EXP(-2.92D0 * ALOGT - 1.592D+01 * TINV)

RB(390) = EXP(2.444833D+08 * TM3 + (-1.393062D+06 * TM2) +
& (-5.619959D+04 * TM1) + (5.196312D+01) + (-2.526045D-03 * TP1) +
& (3.765281D-07 * TP2) + (-3.293353D-11 * TP3))

RF(391) = 1. D+11 * EXP(-4.968D0 * TINV)

RB(391) = EXP(2.129913D+08 * TM3 + (-1.520765D+06 * TM2) +
& (-4.053784D+03 * TM1) + (2.770883D+01) + (-1.884136D-04 * TP1) +
& (3.494512D-08 * TP2) + (-2.811172D-12 * TP3))

RF(392) = 1. D+12 * EXP(-4.968D0 * TINV)

RB(392) = EXP(2.186339D+08 * TM3 + (-1.517229D+06 * TM2) +
& (-2.850785D+03 * TM1) + (3.042018D+01) + (8.314206D-05 * TP1) +
& (2.455504D-08 * TP2) + (-3.551965D-12 * TP3))

RF(393) = 1.1D+23 * EXP(-2.92D0 * ALOGT - 1.592D+01 * TINV)

RB(393) = EXP(2.155425D+08 * TM3 + (-1.352134D+06 * TM2) +
& (-3.210731D+04 * TM1) + (4.56975D+01) + (-3.283576D-03 * TP1) +
& (4.826381D-07 * TP2) + (-3.73685D-11 * TP3))

RF(394) = 1.1D+23 * EXP(-2.92D0 * ALOGT - 1.592D+01 * TINV)

RB(394) = EXP(3.155587D+08 * TM3 + (-2.073596D+06 * TM2) +
& (-2.760152D+04 * TM1) + (3.975202D+01) + (-1.987623D-03 * TP1) +
& (2.460384D-07 * TP2) + (-1.945836D-11 * TP3))

$RF(395) = 3.3D + 33 * EXP(-5.7D0 * ALOGT - 2.533D + 01 * TINV)$

$RB(395) = EXP(3.425425D + 08 * TM3 + (-2.261534D + 06 * TM2) +$
        $\& \quad (-3.680667D + 04 * TM1) + (5.042923D + 01) + (-4.684202D - 03 * TP1) +$
        $\& \quad (7.180264D - 07 * TP2) + (-5.704669D - 11 * TP3))$

$RF(396) = 3.3D + 33 * EXP(-5.7D0 * ALOGT - 2.533D + 01 * TINV)$

$RB(396) = EXP(5.197083D + 09 * TM3 + (-2.866984D + 07 * TM2) +$
        $\& \quad (4.148482D + 03 * TM1) + (-1.029904D + 01) + (2.946876D - 02 * TP1) +$
        $\& \quad (-8.97431D - 06 * TP2) + (1.028699D - 09 * TP3))$

$RF(397) = 2.765D + 04 * EXP(2.45D0 * ALOGT - 2.908D + 01 * TINV)$

$RF(398) = 2.D + 13 * EXP(-1.47D + 01 * TINV)$

$RB(398) = EXP(4.908008D + 09 * TM3 + (-2.698604D + 07 * TM2) +$
        $\& \quad (5.46596D + 04 * TM1) + (-3.634589D + 01) + (3.498095D - 02 * TP1) +$
        $\& \quad (-9.783428D - 06 * TP2) + (1.091278D - 09 * TP3))$

$RF(399) = 2.5D + 14 * EXP(-1.59D + 01 * TINV)$

$RB(399) = EXP(4.926952D + 09 * TM3 + (-2.710158D + 07 * TM2) +$
        $\& \quad (5.36034D + 04 * TM1) + (-3.334974D + 01) + (3.515262D - 02 * TP1) +$
        $\& \quad (-9.821357D - 06 * TP2) + (1.094644D - 09 * TP3))$

$RF(400) = 2.D + 12 * EXP(-7.352D0 * TINV)$

$RF(401) = 1.D + 14$

$RB(401) = EXP(-4.962292D + 09 * TM3 + (2.732917D + 07 * TM2) +$
        $\& \quad (-1.142939D + 05 * TM1) + (9.992276D + 01) + (-3.488339D - 02 * TP1) +$
        $\& \quad (9.733788D - 06 * TP2) + (-1.086096D - 09 * TP3))$

$RF(402) = 6.6D + 24 * EXP(-3.36D0 * ALOGT - 1.768D + 01 * TINV)$

$RB(402) = EXP(-4.743839D + 09 * TM3 + (2.585186D + 07 * TM2) +$
        $\& \quad (-9.160274D + 04 * TM1) + (1.059974D + 02) + (-3.737488D - 02 * TP1) +$
        $\& \quad (1.018366D - 05 * TP2) + (-1.124825D - 09 * TP3))$

$RF(403) = 2.D + 13 * EXP(-4.173D + 01 * TINV)$

$RB(403) = EXP(4.933963D + 09 * TM3 + (-2.704581D + 07 * TM2) +$
        $\& \quad (5.394079D + 04 * TM1) + (-3.878668D + 01) + (3.506257D - 02 * TP1) +$
        $\& \quad (-9.835687D - 06 * TP2) + (1.098913D - 09 * TP3))$

RETURN

END

SUBROUTINE NETRATE(W, RF, RB, XCON, XCONQ)

IMPLICIT DOUBLE PRECISION (A - H, O - Z), INTEGER (I - N)

DIMENSION RF(*), XCON(*), XCONQ(*), W(*)

DIMENSION RB(*)

$W(1) = RF(1) * XCON(1) - RB(1) * XCON(11) * XCONQ(9)$

$$W(2) = RF(2) * XCON(1) * XCON(11) - RB(2) * XCONQ(9) * XCON(7)$$

$$W(3) = RF(3) * XCON(1) * XCON(12) - RB(3) * XCONQ(9) * XCON(8)$$

$$W(4) = RF(4) * XCON(1) * XCON(8) - RB(4) * XCONQ(9) * XCON(5)$$

$$W(5) = RF(5) * XCON(1) * XCON(10) - RB(5) * XCONQ(9) * XCON(9)$$

$$W(6) = RF(6) * XCON(1) * XCON(2) - RB(6) * XCONQ(9) * XCON(10)$$

$$W(7) = RF(7) * XCONQ(9) - RB(7) * XCONQ(7) * XCON(33)$$

$$W(8) = RF(8) * XCON(37) - RB(8) * XCONQ(9) * XCON(2)$$

$$W(9) = RF(9) * XCON(37) - RB(9) * XCONQ(10)$$

$$W(10) = RF(10) * XCON(38) - RB(10) * XCONQ(10) * XCON(2)$$

$$W(11) = RF(11) * XCON(38) - RB(11) * XCONQ(11) * XCON(8)$$

$$W(12) = RF(12) * XCONQ(11) - RB(12) * XCON(36) * XCON(46) * XCON(8)$$

$$W(13) = RF(13) * XCONQ(10) - RB(13) * XCON(8) * XCON(23) * XCON(35)$$

$$W(14) = RF(14) * XCON(30) - RB(14) * XCONQ(18) * XCONQ(17)$$

$$W(15) = RF(15) * XCON(30) * XCON(11) - RB(15) * XCONQ(12) * XCON(7)$$

$$W(16) = RF(16) * XCON(30) * XCON(8) - RB(16) * XCONQ(12) * XCON(5)$$

$$W(17) = RF(17) * XCON(30) * XCON(10) - RB(17) * XCONQ(12) * XCON(9)$$

$$W(18) = RF(18) * XCON(30) * XCON(2) - RB(18) * XCONQ(12) * XCON(10)$$

$$W(19) = RF(19) * XCON(30) * XCON(12) - RB(19) * XCONQ(12) * XCON(8)$$

$$W(20) = RF(20) * XCON(40) * XCONQ(17) - RB(20) * XCONQ(12)$$

$$W(21) = RF(21) * XCONQ(13) - RB(21) * XCONQ(12) * XCON(2)$$

$$W(22) = RF(22) * XCONQ(13) - RB(22) * XCONQ(14)$$

$$W(23) = RF(23) * XCONQ(14)$$

$$W(24) = RF(24) * XCONQ(15) - RB(24) * XCONQ(14) * XCON(2)$$

$$W(25) = RF(25) * XCONQ(15) - RB(25) * XCONQ(16) * XCON(8)$$

$$W(26) = RF(26) * XCON(39) * XCON(8)$$

$$W(27) = RF(27) * XCON(39) * XCON(10)$$

$$W(28) = RF(28) * XCONQ(16)$$

$$W(29) = RF(29) * XCONQ(9) * XCON(49) - RB(29) * XCON(1) * XCON(50)$$

$$W(30) = RF(30) * XCONQ(12) * XCON(49) - RB(30) * XCON(30) * XCON(50)$$

$$W(31) = RF(31) * XCON(49) * XCON(8) - RB(31) * XCON(50) * XCON(5)$$

$$W(32) = RF(32) * XCON(49) * XCON(10) - RB(32) * XCON(50) * XCON(9)$$

$$W(33) = RF(33) * XCON(49) * XCON(2) - RB(33) * XCON(50) * XCON(10)$$

$$W(34) = RF(34) * XCON(49) * XCON(10) - RB(34) * XCONQ(27) * XCON(9)$$

$$W(35) = RF(35) * XCON(49) * XCON(8) - RB(35) * XCONQ(27) * XCON(5)$$

$$W(36) = RF(36) * XCON(49) * XCON(12) - RB(36) * XCON(51) * XCON(11)$$

$$W(37) = RF(37) * XCON(50) * XCON(10) - RB(37) * XCONQ(28) * XCON(8)$$

$$W(38) = RF(38) * XCON(49) * XCON(11) - RB(38) * XCONQ(27) * XCON(7)$$

$$W(39) = RF(39) * XCON(49) * XCON(15) - RB(39) * XCONQ(27) * XCON(16)$$

$$W(40) = RF(40) * XCONQ(27) * XCON(11) - RB(40) * XCON(49)$$

$$W(41) = RF(41) * XCON(49) - RB(41) * XCONQ(32) * XCON(15)$$

$$W(42) = RF(42) * XCON(49) - RB(42) * XCON(50) * XCON(11)$$

$$W(43) = RF(43) * XCON(49) * XCON(11) - RB(43) * XCON(74) * XCON(15)$$

$$W(44) = RF(44) * XCON(54) * XCON(15) - RB(44) * XCON(49) * XCON(8)$$

$$W(45) = RF(45) * XCON(49) * XCON(11) - RB(45) * XCON(50) * XCON(7)$$

$$W(46) = RF(46) * XCON(49) * XCON(12) - RB(46) * XCON(50) * XCON(8)$$

$$W(47) = RF(47) * XCON(67) * XCON(49) - RB(47) * XCON(54) * XCON(50)$$

$$W(48) = RF(48) * XCON(56) * XCON(50) - RB(48) * XCON(57) * XCON(49)$$

$$W(49) = RF(49) * XCON(50) * XCON(12) - RB(49) * XCON(56) * XCON(11)$$

$$W(50) = RF(50) * XCON(50) * XCON(12) - RB(50) * XCONQ(32) * XCON(14)$$

$$W(51) = RF(51) * XCON(50) * XCON(25) - RB(51) * XCONQ(28) * XCON(13)$$

$$W(52) = RF(52) * XCONQ(27) * XCON(11) - RB(52) * XCON(50) * XCON(11)$$

$$W(53) = RF(53) * XCON(31) * XCON(64) - RB(53) * XCON(50)$$

$$W(54) = RF(54) * XCON(50) * XCON(2) - RB(54) * XCON(55)$$

$$W(55) = RF(55) * XCON(55) - RB(55) * XCON(56) * XCON(8)$$

$$W(56) = RF(56) * XCON(55) - RB(56) * XCON(67) * XCON(14)$$

$$W(57) = RF(57) * XCON(55) * XCON(10)$$

$$W(58) = RF(58) * XCON(55) * XCON(25)$$

$$W(59) = RF(59) * XCON(55) * XCON(55)$$

$$W(60) = RF(60) * XCONQ(28) * XCON(2) - RB(60) * XCON(10) * XCON(56)$$

$$W(61) = RF(61) * XCONQ(28) - RB(61) * XCON(56) * XCON(11)$$

$$W(62) = RF(62) * XCONQ(28) - RB(62) * XCONQ(32) * XCON(14)$$

$$W(63) = RF(63) * XCONQ(28) * XCON(15) - RB(63) * XCON(56) * XCON(16)$$

$$W(64) = RF(64) * XCON(56) * XCON(8) - RB(64) * XCON(5) * XCON(57)$$

$$W(65) = RF(65) * XCON(56) * XCON(11) - RB(65) * XCON(7) * XCON(57)$$

$$W(66) = RF(66) * XCON(56) - RB(66) * XCON(57) * XCON(11)$$

$$W(67) = RF(67) * XCON(56) * XCON(2) - RB(67) * XCON(57) * XCON(10)$$

$$W(68) = RF(68) * XCON(56) * XCON(10) - RB(68) * XCON(57) * XCON(9)$$

$$W(69) = RF(69) * XCON(56) * XCON(15) - RB(69) * XCON(57) * XCON(16)$$

$$W(70) = RF(70) * XCON(57) - RB(70) * XCONQ(32) * XCON(6)$$

$$W(71) = RF(71) * XCON(57) * XCON(10) - RB(71) * XCONQ(32) * XCON(4) * XCON(8)$$

$$W(72) = RF(72) * XCONQ(27) * XCON(2) - RB(72) * XCON(51) * XCON(12)$$

$$W(73) = RF(73) * XCONQ(27) * XCON(12) - RB(73) * XCON(51)$$

$$W(74) = RF(74) * XCONQ(27) * XCON(8) - RB(74) * XCON(52)$$

$$W(75) = RF(75) * XCONQ(27) * XCON(10) - RB(75) * XCON(51) * XCON(8)$$

$$W(76) = RF(76) * XCON(51) * XCON(11) - RB(76) * XCON(52)$$

$$W(77) = RF(77) * XCON(52) * XCON(2) - RB(77) * XCON(51) * XCON(10)$$

$$W(78) = RF(78) * XCON(52) * XCON(11) - RB(78) * XCON(54) * XCON(15)$$

$$W(79) = RF(79) * XCON(52) * XCON(11) - RB(79) * XCON(51) * XCON(7)$$

$$W(80) = RF(80) * XCON(52) * XCON(12) - RB(80) * XCON(51) * XCON(8)$$

$$W(81) = RF(81) * XCON(52) * XCON(8) - RB(81) * XCON(51) * XCON(5)$$

$$W(82) = RF(82) * XCON(52) * XCON(10) - RB(82) * XCON(51) * XCON(9)$$

$$W(83) = RF(83) * XCON(51) - RB(83) * XCON(11) * XCON(74) * XCON(6)$$

$$W(84) = RF(84) * XCON(54) * XCON(2) - RB(84) * XCON(67) * XCON(10)$$

$$W(85) = RF(85) * XCON(54) * XCON(11) - RB(85) * XCON(67) * XCON(7)$$

$$W(86) = RF(86) * XCON(54) * XCON(12) - RB(86) * XCON(67) * XCON(8)$$

$$W(87) = RF(87) * XCON(54) * XCON(8) - RB(87) * XCON(67) * XCON(5)$$

$$W(88) = RF(88) * XCON(54) * XCON(10) - RB(88) * XCON(67) * XCON(9)$$

$$W(89) = RF(89) * XCON(54) * XCONQ(32) - RB(89) * XCON(67) * XCON(74)$$

$$W(90) = RF(90) * XCON(67) * XCON(11) - RB(90) * XCON(54)$$

$$W(91) = RF(91) * XCON(74) * XCON(12) - RB(91) * XCON(54)$$

$$W(92) = RF(92) * XCON(74) * XCON(8) - RB(92) * XCON(54) * XCON(11)$$

$$W(93) = RF(93) * XCON(67) * XCON(12) - RB(93) * XCON(53) * XCON(11)$$

$$W(94) = RF(94) * XCONQ(32) * XCON(2) - RB(94) * XCON(67) * XCON(12)$$

$$W(95) = RF(95) * XCON(67) - RB(95) * XCON(66) * XCON(6)$$

$$W(96) = RF(96) * XCONQ(32) * XCON(2) - RB(96) * XCON(53) * XCON(11)$$

$$W(97) = RF(97) * XCON(53) * XCON(11)$$

$$W(98) = RF(98) * XCON(53) * XCON(12)$$

$$W(99) = RF(99) * XCON(53) * XCON(8)$$

$$W(100) = RF(100) * XCONQ(29) - RB(100) * XCON(18) * XCON(6)$$

$$W(101) = RF(101) * XCON(65) * XCON(12) - RB(101) * XCON(21) * XCON(18)$$

$$W(102) = RF(102) * XCON(65) * XCON(8) - RB(102) * XCON(22) * XCON(18)$$

$$W(103) = RF(103) * XCON(74) * XCON(2) - RB(103) * XCONQ(32) * XCON(10)$$

$$W(104) = RF(104) * XCON(74) * XCON(12) - RB(104) * XCONQ(32) * XCON(8)$$

$$W(105) = RF(105) * XCON(74) * XCON(12) - RB(105) * XCON(67) * XCON(11)$$

$$W(106) = RF(106) * XCON(74) * XCON(8) - RB(106) * XCONQ(32) * XCON(5)$$

$$W(107) = RF(107) * XCON(35) - RB(107) * XCON(20) * XCON(32)$$

$$W(108) = RF(108) * XCON(35) * XCON(8) - RB(108) * XCONQ(7) * XCON(14)$$

$$W(109) = RF(109) * XCONQ(7) * XCON(2) - RB(109) * XCON(34) * XCON(10)$$

$$W(110) = RF(110) * XCONQ(7) - RB(110) * XCON(20) * XCON(19)$$

$$W(111) = RF(111) * XCONQ(7) - RB(111) * XCON(34) * XCON(11)$$

$$W(112) = RF(112) * XCON(34) * XCON(11) - RB(112) * XCON(19) * XCON(20)$$

$$W(113) = RF(113) * XCON(34) * XCON(11) - RB(113) * XCON(33) * XCON(15)$$

$$W(114) = RF(114) * XCON(34) - RB(114) * XCON(32) * XCON(15)$$

$$W(115) = RF(115) * XCON(34) - RB(115) * XCON(18) * XCON(20)$$

$$W(116) = RF(116) * XCON(34) * XCON(8) - RB(116) * XCONQ(6) * XCON(14)$$

$$W(117) = RF(117) * XCON(34) * XCON(12) - RB(117) * XCON(33) * XCON(14)$$

$$W(118) = RF(118) * XCON(36) * XCON(2) - RB(118) * XCONQ(8) * XCON(10)$$

$$W(119) = RF(119) * XCON(36) * XCON(8) - RB(119) * XCONQ(8) * XCON(5)$$

$$W(120) = RF(120) * XCON(36) * XCON(10) - RB(120) * XCONQ(8) * XCON(9)$$

$$W(121) = RF(121) * XCONQ(8) - RB(121) * XCONQ(6) * XCON(6)$$

$$W(122) = RF(122) * XCONQ(6) * XCON(2) - RB(122) * XCON(33) * XCON(10)$$

$$W(123) = RF(123) * XCONQ(6) - RB(123) * XCON(15) * XCON(19)$$

$$W(124) = RF(124) * XCONQ(6) - RB(124) * XCON(11) * XCON(33)$$

$$W(125) = RF(125) * XCONQ(18) - RB(125) * XCON(11) * XCON(40)$$

$$W(126) = RF(126) * XCONQ(18) * XCON(2) - RB(126) * XCON(40) * XCON(10)$$

$$W(127) = RF(127) * XCONQ(17) * XCON(2) - RB(127) * XCON(40) * XCON(10)$$

$$W(128) = RF(128) * XCONQ(17) - RB(128) * XCON(33) * XCON(15)$$

$$W(129) = RF(129) * XCONQ(17) - RB(129) * XCON(40) * XCON(11)$$

$$W(130) = RF(130) * XCON(40) * XCON(8) - RB(130) * XCON(41) * XCON(5)$$

$$W(131) = RF(131) * XCON(40) - RB(131) * XCON(41) * XCON(11)$$

$$W(132) = RF(132) * XCON(40) * XCON(2) - RB(132) * XCON(41) * XCON(10)$$

$$W(133) = RF(133) * XCONQ(25) - RB(133) * XCONQ(24) * XCON(2)$$

$$W(134) = RF(134) * XCONQ(24) * XCON(10) - RB(134) * XCON(43) * XCON(2)$$

$$W(135) = RF(135) * XCONQ(25) - RB(135) * XCONQ(26)$$

$$W(136) = RF(136) * XCONQ(26) - RB(136) * XCON(45) * XCON(6) * XCON(8)$$

$$W(137) = RF(137) * XCONQ(24) - RB(137) * XCON(44) * XCON(11)$$

$$W(138) = RF(138) * XCON(43) * XCON(8) - RB(138) * XCONQ(20) * XCON(5)$$

$$W(139) = RF(139) * XCON(43) * XCON(8) - RB(139) * XCONQ(24) * XCON(5)$$

$$W(140) = RF(140) * XCONQ(20) - RB(140) * XCONQ(21) * XCON(6)$$

$$W(141) = RF(141) * XCON(43) * XCON(10) - RB(141) * XCONQ(20) * XCON(9)$$

$$W(142) = RF(142) * XCON(41) * XCON(10) - RB(142) * XCONQ(19) * XCON(8)$$

$$W(143) = RF(143) * XCON(25) * XCON(41) - RB(143) * XCON(13) * XCONQ(19)$$

$$W(144) = RF(144) * XCON(41) * XCON(2) - RB(144) * XCON(31) * XCON(14) * XCON(8)$$

$$W(145) = RF(145) * XCON(41) - RB(145) * XCON(31) * XCON(15)$$

$$W(146) = RF(146) * XCON(41) * XCON(2) - RB(146) * XCON(44) * XCON(8)$$

$$W(147) = RF(147) * XCON(41) * XCON(2) - RB(147) * XCON(46) * XCON(14)$$

$$W(148) = RF(148) * XCONQ(19) - RB(148) * XCON(42)$$

$$W(149) = RF(149) * XCONQ(19) * XCON(2) - RB(149) * XCON(44) * XCON(10)$$

$$W(150) = RF(150) * XCONQ(19) - RB(150) * XCON(44) * XCON(11)$$

$$W(151) = RF(151) * XCON(42) * XCON(10) - RB(151) * XCONQ(23) * XCON(14) * XCON(8)$$

$$W(152) = RF(152) * XCONQ(23) * XCON(2) - RB(152) * XCONQ(5) * XCON(6) * XCON(14)$$

$$W(153) = RF(153) * XCON(44) * XCON(8) - RB(153) * XCONQ(22) * XCON(5)$$

$$W(154) = RF(154) * XCON(44) * XCON(10) - RB(154) * XCONQ(22) * XCON(9)$$

$$W(155) = RF(155) * XCONQ(22) - RB(155) * XCON(32) * XCON(6)$$

$$W(156) = RF(156) * XCONQ(21) * XCON(2) - RB(156) * XCON(33) * XCON(10)$$

$$W(157) = RF(157) * XCONQ(21) - RB(157) * XCON(11) * XCON(33)$$

$$W(158) = RF(158) * XCONQ(21) * XCON(11) - RB(158) * XCON(20) * XCON(15)$$

$$W(159) = RF(159) * XCONQ(21) * XCON(8) - RB(159) * XCON(33) * XCON(5)$$

$$W(160) = RF(160) * XCONQ(21) * XCON(12) - RB(160) * XCON(45) * XCON(11)$$

$$W(161) = RF(161) * XCON(45) - RB(161) * XCONQ(4) * XCON(15)$$

$$W(162) = RF(162) * XCON(45) * XCON(8) - RB(162) * XCON(46) * XCON(5)$$

$$W(163) = RF(163) * XCON(45) * XCON(2) - RB(163) * XCON(46) * XCON(10)$$

$$W(164) = RF(164) * XCON(45) * XCON(10) - RB(164) * XCON(46) * XCON(9)$$

$$W(165) = RF(165) * XCON(22) * XCON(15) - RB(165) * XCON(46)$$

$$W(166) = RF(166) * XCON(46) * XCON(2) - RB(166) * XCON(47)$$

$$W(167) = RF(167) * XCON(14) * XCON(47) - RB(167) * XCONQ(1) * XCON(48)$$

$$W(168) = RF(168) * XCON(10) * XCON(47) - RB(168) * XCON(48) * XCON(2)$$

$$W(169) = RF(169) * XCON(48)$$

$$W(170) = RF(170) * XCON(33) * XCON(12) - RB(170) * XCON(20) * XCONQ(1)$$

$$W(171) = RF(171) * XCON(33) * XCON(8) - RB(171) * XCON(32) * XCON(5)$$

$$W(172) = RF(172) * XCON(33) * XCON(12) - RB(172) * XCON(22) * XCON(15) * XCON(11)$$

$$W(173) = RF(173) * XCON(33) * XCON(11) - RB(173) * XCON(32) * XCON(7)$$

$$W(174) = RF(174) * XCON(33) * XCON(11) - RB(174) * XCON(19) * XCON(15)$$

$$W(175) = RF(175) * XCON(32) * XCON(11) - RB(175) * XCON(31) * XCON(7)$$

$$W(176) = RF(176) * XCON(32) * XCON(2) - RB(176) * XCON(31) * XCON(10)$$

$$W(177) = RF(177) * XCON(32) * XCON(15) - RB(177) * XCON(31) * XCON(16)$$

$$W(178) = RF(178) * XCON(32) * XCON(8) - RB(178) * XCON(31) * XCON(5)$$

$$W(179) = RF(179) * XCON(32) * XCON(11) - RB(179) * XCON(33)$$

$$W(180) = RF(180) * XCON(32) * XCON(10) - RB(180) * XCON(33) * XCON(2)$$

$$W(181) = RF(181) * XCON(32) * XCON(10) - RB(181) * XCON(8) * XCON(18) *$$

XCON(14)

$W(182) = RF(182) * XCON(15) * XCON(18) - RB(182) * XCON(32) * XCON(11)$

$W(183) = RF(183) * XCON(31) * XCON(12) - RB(183) * XCON(19) * XCON(6)$

$W(184) = RF(184) * XCON(31) * XCON(12) - RB(184) * XCON(21) * XCON(15)$

$W(185) = RF(185) * XCON(31) * XCON(8) - RB(185) * XCON(29) * XCON(5)$

$W(186) = RF(186) * XCON(31) * XCON(11) - RB(186) * XCON(32)$

$W(187) = RF(187) * XCON(31) * XCON(2) - RB(187) * XCON(15) * XCONQ(1) *$
XCON(6)

$W(188) = RF(188) * XCON(29) * XCON(11) - RB(188) * XCON(31)$

$W(189) = RF(189) * XCON(29) * XCON(10) - RB(189) * XCON(31) * XCON(2)$

$W(190) = RF(190) * XCON(29) * XCON(2) - RB(190) * XCON(22) * XCONQ(1)$

$W(191) = RF(191) * XCON(15) * XCON(15) - RB(191) * XCON(28)$

$W(192) = RF(192) * XCON(20) * XCON(11) - RB(192) * XCON(28)$

$W(193) = RF(193) * XCON(28) * XCON(11) - RB(193) * XCON(20) * XCON(7)$

$W(194) = RF(194) * XCON(28) * XCON(12) - RB(194) * XCON(20) * XCON(8)$

$W(195) = RF(195) * XCON(28) * XCON(8) - RB(195) * XCON(20) * XCON(5)$

$W(196) = RF(196) * XCON(28) * XCON(2) - RB(196) * XCON(20) * XCON(10)$

$W(197) = RF(197) * XCON(28) * XCON(10) - RB(197) * XCON(20) * XCON(9)$

$W(198) = RF(198) * XCON(28) * XCON(25) - RB(198) * XCON(20) * XCON(27)$

$W(199) = RF(199) * XCON(19) * XCON(11) - RB(199) * XCON(20)$

$W(200) = RF(200) * XCON(20) * XCON(2) - RB(200) * XCON(19) * XCON(10)$

$W(201) = RF(201) * XCON(22) * XCON(15) - RB(201) * XCON(20) * XCON(6)$

$W(202) = RF(202) * XCON(20) * XCON(12) - RB(202) * XCON(23) * XCON(11)$

$W(203) = RF(203) * XCON(20) * XCON(2) - RB(203) * XCON(23) * XCON(8)$

$W(204) = RF(204) * XCON(18) * XCON(11) - RB(204) * XCON(19)$

$W(205) = RF(205) * XCON(19) * XCON(12) - RB(205) * XCON(15) * XCONQ(1)$

$W(206) = RF(206) * XCON(19) * XCON(12) - RB(206) * XCON(24) * XCON(11)$

$W(207) = RF(207) * XCON(19) * XCON(8) - RB(207) * XCON(18) * XCON(5)$

$W(208) = RF(208) * XCON(19) * XCON(8) - RB(208) * XCON(14) * XCON(15)$

$W(209) = RF(209) * XCON(19) * XCON(15) - RB(209) * XCON(18) * XCON(16)$

$W(210) = RF(210) * XCON(19) * XCON(2) - RB(210) * XCON(18) * XCON(10)$

$W(211) = RF(211) * XCON(19) * XCON(8) - RB(211) * XCON(23) * XCON(11)$

$W(212) = RF(212) * XCON(17) * XCON(11) - RB(212) * XCON(18)$

$W(213) = RF(213) * XCON(18) * XCON(2) - RB(213) * XCON(14) * XCONQ(1)$

$W(214) = RF(214) * XCON(18) * XCON(2) - RB(214) * XCON(24) * XCON(12)$

$W(215) = RF(215) * XCON(18) * XCON(2)$

$W(216) = RF(216) * XCON(17) * XCON(12) - RB(216) * XCONQ(3) * XCON(6)$

$$W(217) = RF(217) * XCON(17) * XCON(12) - RB(217) * XCON(21) * XCON(11)$$

$$W(218) = RF(218) * XCON(14) * XCON(13) - RB(218) * XCON(26) * XCONQ(1)$$

$$W(219) = RF(219) * XCON(26) - RB(219) * XCON(15) * XCON(8)$$

$$W(220) = RF(220) * XCON(26) * XCON(11) - RB(220) * XCONQ(5) * XCON(7)$$

$$W(221) = RF(221) * XCON(26) * XCON(11) - RB(221) * XCON(13) * XCON(7)$$

$$W(222) = RF(222) * XCON(26) * XCON(12) - RB(222) * XCONQ(5) * XCON(8)$$

$$W(223) = RF(223) * XCON(26) * XCON(8) - RB(223) * XCONQ(5) * XCON(5)$$

$$W(224) = RF(224) * XCON(26) * XCON(8) - RB(224) * XCON(13) * XCON(5)$$

$$W(225) = RF(225) * XCON(26) * XCON(10) - RB(225) * XCONQ(5) * XCON(9)$$

$$W(226) = RF(226) * XCON(26) * XCON(25) - RB(226) * XCONQ(5) * XCON(27)$$

$$W(227) = RF(227) * XCON(25) * XCON(25)$$

$$W(228) = RF(228) * XCON(25) * XCON(8) - RB(228) * XCON(26) * XCON(2)$$

$$W(229) = RF(229) * XCON(14) * XCON(11) - RB(229) * XCONQ(5)$$

$$W(230) = RF(230) * XCONQ(5) * XCON(2) - RB(230) * XCON(14) * XCON(10)$$

$$W(231) = RF(231) * XCONQ(5) * XCON(2) - RB(231) * XCON(14) * XCON(10)$$

$$W(232) = RF(232) * XCON(15) * XCON(8) - RB(232) * XCONQ(5) * XCON(11)$$

$$W(233) = RF(233) * XCON(22) * XCON(8) - RB(233) * XCONQ(5) * XCON(6)$$

$$W(234) = RF(234) * XCON(23) - RB(234) * XCON(15) * XCONQ(1)$$

$$W(235) = RF(235) * XCON(23) * XCON(11) - RB(235) * XCONQ(4) * XCON(7)$$

$$W(236) = RF(236) * XCON(23) * XCON(11) - RB(236) * XCON(24) * XCON(7)$$

$$W(237) = RF(237) * XCON(23) * XCON(12) - RB(237) * XCONQ(4) * XCON(8)$$

$$W(238) = RF(238) * XCON(23) * XCON(8) - RB(238) * XCONQ(4) * XCON(5)$$

$$W(239) = RF(239) * XCON(23) * XCON(2) - RB(239) * XCONQ(4) * XCON(10)$$

$$W(240) = RF(240) * XCON(23) * XCON(10) - RB(240) * XCONQ(4) * XCON(9)$$

$$W(241) = RF(241) * XCON(23) * XCON(8) - RB(241) * XCON(24) * XCON(5)$$

$$W(242) = RF(242) * XCON(24) - RB(242) * XCON(22) * XCON(11)$$

$$W(243) = RF(243) * XCON(24) - RB(243) * XCON(15) * XCON(6)$$

$$W(244) = RF(244) * XCON(24) * XCON(2)$$

$$W(245) = RF(245) * XCONQ(4) - RB(245) * XCON(15) * XCON(6)$$

$$W(246) = RF(246) * XCONQ(4) - RB(246) * XCON(22) * XCON(11)$$

$$W(247) = RF(247) * XCONQ(3) * XCON(6) - RB(247) * XCON(22)$$

$$W(248) = RF(248) * XCON(22) * XCON(11) - RB(248) * XCON(21) * XCON(7)$$

$$W(249) = RF(249) * XCON(22) * XCON(11) - RB(249) * XCON(15) * XCON(6)$$

$$W(250) = RF(250) * XCON(22) * XCON(12) - RB(250) * XCONQ(3) * XCON(4)$$

$$W(251) = RF(251) * XCON(22) * XCON(8) - RB(251) * XCON(21) * XCON(5)$$

$$W(252) = RF(252) * XCON(14) * XCON(15) - RB(252) * XCONQ(1) * XCON(16)$$

$$W(253) = RF(253) * XCON(15) * XCON(11) - RB(253) * XCON(16)$$

$$W(254) = RF(254) * XCON(16) * XCON(11) - RB(254) * XCON(15) * XCON(7)$$

$$W(255) = RF(255) * XCON(16) * XCON(8) - RB(255) * XCON(15) * XCON(5)$$

$$W(256) = RF(256) * XCON(16) * XCON(12) - RB(256) * XCON(15) * XCON(8)$$

$$W(257) = RF(257) * XCON(16) * XCON(10) - RB(257) * XCON(15) * XCON(9)$$

$$W(258) = RF(258) * XCON(15) * XCON(10) - RB(258) * XCON(16) * XCON(2)$$

$$W(259) = RF(259) * XCON(13) - RB(259) * XCON(14) * XCON(11)$$

$$W(260) = RF(260) * XCON(13) * XCON(2) - RB(260) * XCON(14) * XCON(10)$$

$$W(261) = RF(261) * XCON(15) * XCON(10) - RB(261) * XCON(13) * XCON(8)$$

$$W(262) = RF(262) * XCON(15) * XCON(12) - RB(262) * XCON(14) * XCON(11)$$

$$W(263) = RF(263) * XCON(15) * XCON(2) - RB(263) * XCON(13) * XCON(12)$$

$$W(264) = RF(264) * XCON(15) * XCON(2) - RB(264) * XCON(14) * XCON(8)$$

$$W(265) = RF(265) * XCON(15) * XCON(2) - RB(265) * XCON(25)$$

$$W(266) = RF(266) * XCON(25) * XCON(14) - RB(266) * XCON(27) * XCONQ(1)$$

$$W(267) = RF(267) * XCON(25) * XCON(15) - RB(267) * XCON(13) * XCON(13)$$

$$W(268) = RF(268) * XCON(25) * XCON(10) - RB(268) * XCON(27) * XCON(2)$$

$$W(269) = RF(269) * XCON(25) * XCON(25)$$

$$W(270) = RF(270) * XCON(25) * XCON(11) - RB(270) * XCON(13) * XCON(8)$$

$$W(271) = RF(271) * XCON(25) * XCON(12) - RB(271) * XCON(13) * XCON(2)$$

$$W(272) = RF(272) * XCON(27) - RB(272) * XCON(13) * XCON(8)$$

$$W(273) = RF(273) * XCON(7) * XCON(25) - RB(273) * XCON(11) * XCON(27)$$

$$W(274) = RF(274) * XCON(11) * XCON(2) - RB(274) * XCON(12) * XCON(8)$$

$$W(275) = RF(275) * XCON(12) * XCON(7) - RB(275) * XCON(11) * XCON(8)$$

$$W(276) = RF(276) * XCON(8) * XCON(7) - RB(276) * XCON(11) * XCON(5)$$

$$W(277) = RF(277) * XCON(12) * XCON(5) - RB(277) * XCON(8) * XCON(8)$$

$$W(278) = RF(278) * XCON(11) * XCON(2) - RB(278) * XCON(10)$$

$$W(279) = RF(279) * XCON(10) * XCON(11) - RB(279) * XCON(8) * XCON(8)$$

$$W(280) = RF(280) * XCON(7) * XCON(2) - RB(280) * XCON(11) * XCON(10)$$

$$W(281) = RF(281) * XCON(10) * XCON(12) - RB(281) * XCON(8) * XCON(2)$$

$$W(282) = RF(282) * XCON(10) * XCON(8) - RB(282) * XCON(5) * XCON(2)$$

$$W(283) = RF(283) * XCON(10) * XCON(10) - RB(283) * XCON(9) * XCON(2)$$

$$W(284) = RF(284) * XCON(10) * XCON(10) - RB(284) * XCON(9) * XCON(2)$$

$$W(285) = RF(285) * XCON(9) - RB(285) * XCON(8) * XCON(8)$$

$$W(286) = RF(286) * XCON(9) * XCON(11) - RB(286) * XCON(7) * XCON(10)$$

$$W(287) = RF(287) * XCON(9) * XCON(12) - RB(287) * XCON(8) * XCON(10)$$

$$W(288) = RF(288) * XCON(9) * XCON(8) - RB(288) * XCON(5) * XCON(10)$$

$$W(289) = RF(289) * XCON(9) * XCON(8) - RB(289) * XCON(5) * XCON(10)$$

$$W(290) = RF(290) * XCON(6) * XCON(8) - RB(290) * XCON(4) * XCON(11)$$

$$W(291) = RF(291) * XCON(6) * XCON(8) - RB(291) * XCON(4) * XCON(11)$$

$$W(292) = RF(292) * XCON(6) * XCON(10) - RB(292) * XCON(4) * XCON(8)$$

$$W(293) = RF(293) * XCON(21) * XCON(8)$$

$$W(294) = RF(294) * XCON(21) * XCON(12)$$

$$W(295) = RF(295) * XCON(21) * XCON(2)$$

$$W(296) = RF(296) * XCONQ(2) * XCON(6) - RB(296) * XCON(21)$$

$$W(297) = RF(297) * XCONQ(1) - RB(297) * XCON(11) * XCON(6)$$

$$W(298) = RF(298) * XCONQ(1) * XCON(2) - RB(298) * XCON(6) * XCON(10)$$

$$W(299) = RF(299) * XCONQ(1) * XCON(10)$$

$$W(300) = RF(300) * XCON(14) * XCON(2) - RB(300) * XCONQ(1) * XCON(10)$$

$$W(301) = RF(301) * XCON(14) * XCON(8) - RB(301) * XCONQ(1) * XCON(5)$$

$$W(302) = RF(302) * XCON(14) * XCON(11) - RB(302) * XCONQ(1) * XCON(7)$$

$$W(303) = RF(303) * XCON(14) * XCON(12) - RB(303) * XCONQ(1) * XCON(8)$$

$$W(304) = RF(304) * XCON(14) * XCON(10) - RB(304) * XCONQ(1) * XCON(9)$$

$$W(305) = RF(305) * XCONQ(3) * XCON(2) - RB(305) * XCONQ(1) * XCON(8)$$

$$W(306) = RF(306) * XCONQ(3) * XCON(2)$$

$$W(307) = RF(307) * XCONQ(3) * XCON(11) - RB(307) * XCONQ(2) * XCON(7)$$

$$W(308) = RF(308) * XCONQ(3) * XCON(8) - RB(308) * XCONQ(2) * XCON(5)$$

$$W(309) = RF(309) * XCONQ(2) * XCON(2) - RB(309) * XCONQ(1) * XCON(12)$$

$$W(310) = RF(310) * XCONQ(2) * XCON(5) - RB(310) * XCON(11) * XCON(14)$$

$$W(311) = RF(311) * XCONQ(3) * XCON(11) - RB(311) * XCON(15)$$

$$W(312) = RF(312) * XCONQ(30) * XCON(59) - RB(312) * XCON(3) * XCON(12)$$

$$W(313) = RF(313) * XCONQ(30) * XCON(2) - RB(313) * XCON(59) * XCON(12)$$

$$W(314) = RF(314) * XCONQ(30) * XCON(8) - RB(314) * XCON(59) * XCON(11)$$

$$W(315) = RF(315) * XCON(58) * XCON(12) - RB(315) * XCON(59) * XCON(59)$$

$$W(316) = RF(316) * XCON(58) * XCON(11) - RB(316) * XCON(3) * XCON(8)$$

$$W(317) = RF(317) * XCON(58) * XCON(8) - RB(317) * XCON(3) * XCON(10)$$

$$W(318) = RF(318) * XCON(58) - RB(318) * XCON(3) * XCON(12)$$

$$W(319) = RF(319) * XCON(10) * XCON(59) - RB(319) * XCON(60) * XCON(8)$$

$$W(320) = RF(320) * XCON(59) * XCON(12) - RB(320) * XCON(60)$$

$$W(321) = RF(321) * XCON(60) * XCON(12) - RB(321) * XCON(59) * XCON(2)$$

$$W(322) = RF(322) * XCON(60) * XCON(11) - RB(322) * XCON(59) * XCON(8)$$

$$W(323) = RF(323) * XCON(18) * XCON(2) - RB(323) * XCON(17) * XCON(10)$$

$$W(324) = RF(324) * XCON(24) * XCON(15) - RB(324) * XCON(20) * XCONQ(1)$$

$$W(325) = RF(325) * XCON(17) * XCON(61) - RB(325) * XCON(63) * XCON(11)$$

$$W(326) = RF(326) * XCON(17) * XCON(8) - RB(326) * XCON(61) * XCON(5)$$

$$W(327) = RF(327) * XCON(17) - RB(327) * XCON(61) * XCON(11)$$

$$W(328) = RF(328) * XCON(19) * XCON(61) - RB(328) * XCON(65) * XCON(11)$$

$$W(329) = RF(329) * XCON(62) * XCON(12) - RB(329) * XCON(61) * XCON(11) *$$
$$XCON(6)$$

$$W(330) = RF(330) * XCON(29) * XCON(12) - RB(330) * XCON(14) * XCON(61)$$

$$W(331) = RF(331) * XCON(17) * XCON(61) - RB(331) * XCON(64)$$

$$W(332) = RF(332) * XCON(64) * XCON(12) - RB(332) * XCON(22) * XCON(61)$$

$$W(333) = RF(333) * XCON(18) * XCON(18) - RB(333) * XCONQ(31) * XCON(11)$$

$$W(334) = RF(334) * XCON(63) * XCON(12) - RB(334) * XCON(62) * XCON(6)$$

$$W(335) = RF(335) * XCON(63) * XCON(8) - RB(335) * XCON(62) * XCONQ(1)$$

$$W(336) = RF(336) * XCON(29) * XCON(8) - RB(336) * XCON(62) * XCON(5)$$

$$W(337) = RF(337) * XCON(62) * XCON(8) - RB(337) * XCON(17) * XCON(6) *$$
$$XCON(11)$$

$$W(338) = RF(338) * XCON(29) * XCON(11) - RB(338) * XCON(62) * XCON(7)$$

$$W(339) = RF(339) * XCON(29) * XCON(12) - RB(339) * XCON(17) * XCON(6) *$$
$$XCON(11)$$

$$W(340) = RF(340) * XCON(29) * XCON(8) - RB(340) * XCONQ(1) * XCON(18)$$

$$W(341) = RF(341) * XCON(65) * XCON(12) - RB(341) * XCONQ(1) * XCON(29)$$

$$W(342) = RF(342) * XCON(29) * XCON(17) - RB(342) * XCON(66)$$

$$W(343) = RF(343) * XCON(64) - RB(343) * XCON(63) * XCON(11)$$

$$W(344) = RF(344) * XCON(17) * XCON(17) - RB(344) * XCON(63) * XCON(7)$$

$$W(345) = RF(345) * XCON(63) * XCON(11) - RB(345) * XCON(64)$$

$$W(346) = RF(346) * XCON(64) * XCON(11) - RB(346) * XCON(63) * XCON(7)$$

$$W(347) = RF(347) * XCON(64) * XCON(8) - RB(347) * XCON(63) * XCON(5)$$

$$W(348) = RF(348) * XCON(65) - RB(348) * XCON(64) * XCON(11)$$

$$W(349) = RF(349) * XCON(65) * XCON(11) - RB(349) * XCON(64) * XCON(7)$$

$$W(350) = RF(350) * XCON(65) * XCON(8) - RB(350) * XCON(64) * XCON(5)$$

$$W(351) = RF(351) * XCONQ(31) * XCON(2) - RB(351) * XCON(65) * XCON(10)$$

$$W(352) = RF(352) * XCONQ(31) * XCON(11) - RB(352) * XCON(65) * XCON(7)$$

$$W(353) = RF(353) * XCONQ(31) * XCON(8) - RB(353) * XCON(65) * XCON(5)$$

$$W(354) = RF(354) * XCONQ(31) - RB(354) * XCON(18) * XCON(17)$$

$$W(355) = RF(355) * XCON(66) * XCON(12) - RB(355) * XCONQ(31) * XCON(6)$$

$$W(356) = RF(356) * XCON(66) * XCON(8) - RB(356) * XCON(14) * XCON(17) *$$
$$XCON(17)$$

$$W(357) = RF(357) * XCON(29) * XCON(29) - RB(357) * XCONQ(32) * XCON(11)$$

$$W(358) = RF(358) * XCON(64) * XCON(17) - RB(358) * XCONQ(32)$$

$$W(359) = RF(359) * XCONQ(32) * XCON(12) - RB(359) * XCON(66) * XCON(6)$$

$$W(360) = RF(360) * XCON(69) * XCON(11) - RB(360) * XCON(70)$$

$$W(361) = RF(361) * XCON(64) * XCON(63) - RB(361) * XCON(69)$$

$$W(362) = RF(362) * XCONQ(32) * XCON(63) - RB(362) * XCON(70) * XCON(61)$$

$$W(363) = RF(363) * XCONQ(32) * XCON(18) - RB(363) * XCON(70) * XCON(7)$$

$$W(364) = RF(364) * XCON(70) * XCON(12) - RB(364) * XCON(69) * XCON(8)$$

$$W(365) = RF(365) * XCON(70) * XCON(12) - RB(365) * XCON(67) * XCON(61)$$

$$W(366) = RF(366) * XCON(70) * XCON(11) - RB(366) * XCON(69) * XCON(7)$$

$$W(367) = RF(367) * XCON(70) * XCON(11) - RB(367) * XCONQ(32) * XCON(17)$$

$$W(368) = RF(368) * XCON(70) * XCON(8) - RB(368) * XCON(69) * XCON(5)$$

$$W(369) = RF(369) * XCON(70) * XCON(8) - RB(369) * XCONQ(32) * XCON(22)$$

$$W(370) = RF(370) * XCON(74) * XCON(18) - RB(370) * XCON(71) * XCON(11)$$

$$W(371) = RF(371) * XCONQ(32) * XCON(19) - RB(371) * XCON(71) * XCON(11)$$

$$W(372) = RF(372) * XCON(71) * XCON(12) - RB(372) * XCONQ(32) * XCON(24)$$

$$W(373) = RF(373) * XCON(71) * XCON(12) - RB(373) * XCONQ(32) * XCON(15) * XCON(6)$$

$$W(374) = RF(374) * XCONQ(31) * XCON(74)$$

$$W(375) = RF(375) * XCON(66) * XCON(66) - RB(375) * XCON(75) * XCON(11) * XCON(11)$$

$$W(376) = RF(376) * XCONQ(32) * XCON(64) - RB(376) * XCON(75)$$

$$W(377) = RF(377) * XCONQ(32) * XCON(64) - RB(377) * XCON(68) * XCON(11)$$

$$W(378) = RF(378) * XCON(69) * XCON(17) - RB(378) * XCON(68)$$

$$W(379) = RF(379) * XCON(75) * XCON(12) - RB(379) * XCON(22) * XCON(70)$$

$$W(380) = RF(380) * XCON(75) * XCON(12) - RB(380) * XCON(68) * XCON(8)$$

$$W(381) = RF(381) * XCON(75) * XCON(11) - RB(381) * XCON(68) * XCON(7)$$

$$W(382) = RF(382) * XCON(75) * XCON(8) - RB(382) * XCON(68) * XCON(5)$$

$$W(383) = RF(383) * XCON(75) * XCON(8)$$

$$W(384) = RF(384) * XCON(68) * XCON(11) - RB(384) * XCON(75)$$

$$W(385) = RF(385) * XCON(69) * XCON(65) - RB(385) * XCON(72) * XCON(11)$$

$$W(386) = RF(386) * XCON(68) * XCON(17) - RB(386) * XCON(72) * XCON(11)$$

$$W(387) = RF(387) * XCON(72) - RB(387) * XCON(70) * XCON(63)$$

$$W(388) = RF(388) * XCON(72) * XCON(8) - RB(388) * XCON(68) * XCON(22)$$

$$W(389) = RF(389) * XCON(63) * XCON(72)$$

$$W(390) = RF(390) * XCON(70) * XCON(69) - RB(390) * XCON(77) * XCON(11)$$

$$W(391) = RF(391) * XCON(75) * XCONQ(32) - RB(391) * XCON(77) * XCON(11) * XCON(7)$$

$$W(392) = RF(392) * XCON(68) * XCON(74) - RB(392) * XCON(77) * XCON(11) * XCON(7)$$

$$W(393) = RF(393) * XCON(70) * XCONQ(32) - RB(393) * XCON(76) * XCON(11)$$

```
W(394)  = RF(394) * XCON(69) * XCON(74) − RB(394) * XCON(76) * XCON(11)
W(395)  = RF(395) * XCON(68) * XCON(65) − RB(395) * XCON(76) * XCON(11)
W(396)  = RF(396) * XCON(68) * XCON(63) − RB(396) * XCON(73)
W(397)  = RF(397) * XCON(72) * XCON(17)
W(398)  = RF(398) * XCON(76) * XCON(12) − RB(398) * XCON(73) * XCON(8)
W(399)  = RF(399) * XCON(76) * XCON(11) − RB(399) * XCON(73) * XCON(7)
W(400)  = RF(400) * XCON(73) * XCON(2)
W(401)  = RF(401) * XCON(73) * XCON(11) − RB(401) * XCON(76)
W(402)  = RF(402) * XCON(73) * XCON(17) − RB(402) * XCON(77) * XCON(11)
W(403)  = RF(403) * XCON(77) * XCON(8) − RB(403) * XCON(73) * XCON(22)
RETURN
END
SUBROUTINE THIRDBODY(KK, XCON, XM)
IMPLICIT DOUBLE PRECISION (A − H, O − Z), INTEGER (I − N)
DIMENSION XCON( * ), XM( * )
CTOT = 0. D0
DO K = 1, KK
   CTOT = CTOT + XCON(K)
ENDDO
XM(179) = CTOT + 1. D0 * XCON(16) + 5. D − 01 * XCON(6) + 1. D0 * XCON(4)
&       + 2. D0 * XCON(28) + 5. D0 * XCON(5) + 1. D0 * XCON(7)
XM(186) = CTOT
XM(188) = CTOT
XM(191) = CTOT + 4. D0 * XCON(5) + 1. D0 * XCON(6) + 2. D0 * XCON(4)
XM(192) = CTOT + 1. D0 * XCON(7) + 5. D0 * XCON(5) + 5. D − 01 * XCON(6)
&       + 1. D0 * XCON(4) + 1. D0 * XCON(16)
XM(199) = CTOT + 1. D0 * XCON(7) + 5. D0 * XCON(5) + 5. D − 01 * XCON(6)
&       + 1. D0 * XCON(4) + 1. D0 * XCON(16)
XM(204) = CTOT + 1. D0 * XCON(7) + 5. D0 * XCON(5) + 5. D − 01 * XCON(6)
&       + 1. D0 * XCON(4) + 1. D0 * XCON(16)
XM(212) = CTOT + 1. D0 * XCON(7) + 5. D0 * XCON(5) + 5. D − 01 * XCON(6)
&       + 1. D0 * XCON(4) + 1. D0 * XCON(16)
XM(219) = CTOT
XM(229) = CTOT + 1. D0 * XCON(7) + 5. D0 * XCON(5) + 5. D − 01 * XCON(6)
&       + 1. D0 * XCON(4) + 1. D0 * XCON(16)
XM(234) = CTOT
XM(242) = CTOT
```

```
XM(243) = CTOT

XM(245) = CTOT

XM(246) = CTOT

XM(247) = CTOT + 1. D0 * XCON(7) + 5. D0 * XCON(5) + 5. D - 01 * XCON(6)
&      + 1. D0 * XCON(4) + 1. D0 * XCON(16)

XM(253) = CTOT + 1. D0 * XCON(7) + 5. D0 * XCON(5) + 5. D - 01 * XCON(6)
&      + 1. D0 * XCON(4) + 1. D0 * XCON(16)

XM(259) = CTOT + 1. D0 * XCON(7) + 5. D0 * XCON(5) + 5. D - 01 * XCON(6)
&      + 1. D0 * XCON(4) + 1. D0 * XCON(16)

XM(265) = CTOT

XM(278) = CTOT + 3. D - 01 * XCON(7) + 9. D0 * XCON(5) + 9. D - 01 * XCON(6)
&      + 2. 8D0 * XCON(4) + 1. D0 * XCON(16)

XM(285) = CTOT + 2. 7D0 * XCON(7) + 2. D - 01 * XCON(2) - 1. D0 * XCON(5)
&      + 5. D - 01 * XCON(3) + 6. 7D0 * XCON(9)

XM(296) = CTOT

XM(297) = CTOT + 1. D0 * XCON(7) + 1. 1D + 01 * XCON(5) + 5. D - 01 * XCON(6)
&      + 1. D0 * XCON(4) + 1. D0 * XCON(16)

XM(311) = CTOT + 1. D0 * XCON(7) + 5. D0 * XCON(5) + 5. D - 01 * XCON(6)
&      + 1. D0 * XCON(4) + 1. D0 * XCON(16)

XM(318) = CTOT + 1. D0 * XCON(7) + 5. D0 * XCON(5) + 1. D0 * XCON(16)
&      + 5. D - 01 * XCON(6) + 1. D0 * XCON(4)

XM(320) = CTOT + 1. D0 * XCON(7) + 5. D0 * XCON(5) + 1. D0 * XCON(16)
&      + 5. D - 01 * XCON(6) + 1. D0 * XCON(4)

XM(327) = CTOT - 6. D - 01 * XCON(2) + 5. 5D0 * XCON(5) - 2. 5D - 01 * XCON(6)

XM(343) = CTOT - 6. D - 01 * XCON(2) + 5. 5D0 * XCON(5) - 2. 5D - 01 * XCON(6)

XM(348) = CTOT

XM(360) = CTOT + 1. D0 * XCON(7) + 5. D0 * XCON(5) + 5. D - 01 * XCON(6)
RETURN
END
SUBROUTINE FALLOFF(T, XCON, XM, RF, RB)
IMPLICIT DOUBLE PRECISION (A - H, O - Z), INTEGER (I - N)
DIMENSION RF( * ), XM( * ), XCON( * ), RB( * )
DATA SMALL/1. D - 50/
RUC = 1. 987215583174D0
ALOGT = DLOG(T)
TINV = 1. D3/(RUC * T)
TM1 = 1. D0/T
```

RFLOW = 1.33D + 60 * EXP(- 1.2D + 01 * ALOGT - 5.96797D0 * TINV)

PR = RFLOW * XM(179)/RF(179)

PCOR = PR/(1.D0 + PR)

PRLOG = DLOG10(MAX(PR, SMALL))

F4 = 2.D - 02

F5 = 1.097D + 03

F6 = 1.097D + 03

F7 = 6.86D + 03

FC = (1.D0 - F4) * EXP(- T/F5) + F4 * EXP(- T/F6) + EXP(- F7 * TM1)

FCLOG = DLOG10(MAX(FC, SMALL))

CPRLOG = PRLOG - (0.4D0 + 0.67D0 * FCLOG)

X = CPRLOG/(0.75D0 - 1.27D0 * FCLOG - 0.14D0 * CPRLOG)

FC = 10.0D0 * (FCLOG/(1.0D0 + X * X))

PCOR = FC * PCOR

RF(179) = RF(179) * PCOR

RB(179) = RB(179) * PCOR

RFLOW = 3.D + 24 * EXP(- 2.D0 * ALOGT)

PR = RFLOW * XM(186)/RF(186)

PCOR = PR/(1.D0 + PR)

PRLOG = DLOG10(MAX(PR, SMALL))

F4 = 8.D - 01

F5 = 1.D + 30

F6 = 0.D0

FC = (1.D0 - F4) * EXP(- T/F5) + F4 * EXP(- T/F6)

FCLOG = DLOG10(MAX(FC, SMALL))

CPRLOG = PRLOG - (0.4D0 + 0.67D0 * FCLOG)

X = CPRLOG/(0.75D0 - 1.27D0 * FCLOG - 0.14D0 * CPRLOG)

FC = 10.0D0 * (FCLOG/(1.0D0 + X * X))

PCOR = FC * PCOR

RF(186) = RF(186) * PCOR

RB(186) = RB(186) * PCOR

RFLOW = 9.D + 15 * EXP(1.D0 * ALOGT)

PR = RFLOW * XM(188)/RF(188)

PCOR = PR/(1.D0 + PR)

PRLOG = DLOG10(MAX(PR, SMALL))

F4 = 5.D - 01

F5 = 1.D + 30

F6 = 0. D0

FC = (1. D0 − F4) * EXP(− T/F5) + F4 * EXP(− T/F6)

FCLOG = DLOG10(MAX(FC, SMALL))

CPRLOG = PRLOG − (0. 4D0 + 0. 67D0 * FCLOG)

X = CPRLOG/(0. 75D0 − 1. 27D0 * FCLOG − 0. 14D0 * CPRLOG)

FC = 10. 0D0 * (FCLOG/(1. 0D0 + X * X))

PCOR = FC * PCOR

RF(188) = RF(188) * PCOR

RB(188) = RB(188) * PCOR

RFLOW = 8. 054D + 31 * EXP(− 3. 75D0 * ALOGT − 9. 816D − 01 * TINV)

PR = RFLOW * XM(191)/RF(191)

PCOR = PR/(1. D0 + PR)

PRLOG = DLOG10(MAX(PR, SMALL))

F4 = 0. D0

F5 = 5. 7D + 02

F6 = 1. D + 30

F7 = 1. D + 30

FC = (1. D0 − F4) * EXP(− T/F5) + F4 * EXP(− T/F6) + EXP(− F7 * TM1)

FCLOG = DLOG10(MAX(FC, SMALL))

CPRLOG = PRLOG − (0. 4D0 + 0. 67D0 * FCLOG)

X = CPRLOG/(0. 75D0 − 1. 27D0 * FCLOG − 0. 14D0 * CPRLOG)

FC = 10. 0D0 * (FCLOG/(1. 0D0 + X * X))

PCOR = FC * PCOR

RF(191) = RF(191) * PCOR

RB(191) = RB(191) * PCOR

RFLOW = 1. 99D + 41 * EXP(− 7. 08D0 * ALOGT − 6. 685D0 * TINV)

PR = RFLOW * XM(192)/RF(192)

PCOR = PR/(1. D0 + PR)

PRLOG = DLOG10(MAX(PR, SMALL))

F4 = 8. 42D − 01

F5 = 1. 25D + 02

F6 = 2. 219D + 03

F7 = 6. 882D + 03

FC = (1. D0 − F4) * EXP(− T/F5) + F4 * EXP(− T/F6) + EXP(− F7 * TM1)

FCLOG = DLOG10(MAX(FC, SMALL))

CPRLOG = PRLOG − (0. 4D0 + 0. 67D0 * FCLOG)

X = CPRLOG/(0. 75D0 − 1. 27D0 * FCLOG − 0. 14D0 * CPRLOG)

$FC = 10.0D0 * (FCLOG/(1.0D0 + X * X))$

$PCOR = FC * PCOR$

$RF(192) = RF(192) * PCOR$

$RB(192) = RB(192) * PCOR$

$RFLOW = 1.419D + 39 * EXP(-6.642D0 * ALOGT - 5.769D0 * TINV)$

$PR = RFLOW * XM(199)/RF(199)$

$PCOR = PR/(1.D0 + PR)$

$PRLOG = DLOG10(MAX(PR, SMALL))$

$F4 = -5.69D - 01$

$F5 = 2.99D + 02$

$F6 = -9.147D + 03$

$F7 = 1.524D + 02$

$FC = (1.D0 - F4) * EXP(-T/F5) + F4 * EXP(-T/F6) + EXP(-F7 * TM1)$

$FCLOG = DLOG10(MAX(FC, SMALL))$

$CPRLOG = PRLOG - (0.4D0 + 0.67D0 * FCLOG)$

$X = CPRLOG/(0.75D0 - 1.27D0 * FCLOG - 0.14D0 * CPRLOG)$

$FC = 10.0D0 * (FCLOG/(1.0D0 + X * X))$

$PCOR = FC * PCOR$

$RF(199) = RF(199) * PCOR$

$RB(199) = RB(199) * PCOR$

$RFLOW = 1.4D + 30 * EXP(-3.86D0 * ALOGT - 3.32D0 * TINV)$

$PR = RFLOW * XM(204)/RF(204)$

$PCOR = PR/(1.D0 + PR)$

$PRLOG = DLOG10(MAX(PR, SMALL))$

$F4 = 7.82D - 01$

$F5 = 2.075D + 02$

$F6 = 2.663D + 03$

$F7 = 6.095D + 03$

$FC = (1.D0 - F4) * EXP(-T/F5) + F4 * EXP(-T/F6) + EXP(-F7 * TM1)$

$FCLOG = DLOG10(MAX(FC, SMALL))$

$CPRLOG = PRLOG - (0.4D0 + 0.67D0 * FCLOG)$

$X = CPRLOG/(0.75D0 - 1.27D0 * FCLOG - 0.14D0 * CPRLOG)$

$FC = 10.0D0 * (FCLOG/(1.0D0 + X * X))$

$PCOR = FC * PCOR$

$RF(204) = RF(204) * PCOR$

$RB(204) = RB(204) * PCOR$

$RFLOW = 6.346D + 31 * EXP(-4.664D0 * ALOGT - 3.78D0 * TINV)$

PR ＝ RFLOW ∗ XM(212)/RF(212)

PCOR ＝ PR/(1. D0 + PR)

PRLOG ＝ DLOG10(MAX(PR, SMALL))

F4 ＝ 7. 88D − 01

F5 ＝ − 1. 02D + 04

F6 ＝ 1. D − 30

FC ＝ (1. D0 − F4) ∗ EXP(− T/F5) + F4 ∗ EXP(− T/F6)

FCLOG ＝ DLOG10(MAX(FC, SMALL))

CPRLOG ＝ PRLOG − (0. 4D0 + 0. 67D0 ∗ FCLOG)

X ＝ CPRLOG/(0. 75D0 − 1. 27D0 ∗ FCLOG − 0. 14D0 ∗ CPRLOG)

FC ＝ 10. 0D0 ∗ (FCLOG/(1. 0D0 + X ∗ X))

PCOR ＝ FC ∗ PCOR

RF(212) ＝ RF(212) ∗ PCOR

RB(212) ＝ RB(212) ∗ PCOR

RFLOW ＝ 1. 5D + 43 ∗ EXP(− 6. 995D0 ∗ ALOGT − 9. 799D + 01 ∗ TINV)

PR ＝ RFLOW ∗ XM(219)/RF(219)

PCOR ＝ PR/(1. D0 + PR)

PRLOG ＝ DLOG10(MAX(PR, SMALL))

F4 ＝ − 4. 748D − 01

F5 ＝ 3. 558D + 04

F6 ＝ 1. 116D + 03

F7 ＝ 9. 023D + 03

FC ＝ (1. D0 − F4) ∗ EXP(− T/F5) + F4 ∗ EXP(− T/F6) + EXP(− F7 ∗ TM1)

FCLOG ＝ DLOG10(MAX(FC, SMALL))

CPRLOG ＝ PRLOG − (0. 4D0 + 0. 67D0 ∗ FCLOG)

X ＝ CPRLOG/(0. 75D0 − 1. 27D0 ∗ FCLOG − 0. 14D0 ∗ CPRLOG)

FC ＝ 10. 0D0 ∗ (FCLOG/(1. 0D0 + X ∗ X))

PCOR ＝ FC ∗ PCOR

RF(219) ＝ RF(219) ∗ PCOR

RB(219) ＝ RB(219) ∗ PCOR

RFLOW ＝ 1. 27D + 32 ∗ EXP(− 4. 82D0 ∗ ALOGT − 6. 53D0 ∗ TINV)

PR ＝ RFLOW ∗ XM(229)/RF(229)

PCOR ＝ PR/(1. D0 + PR)

PRLOG ＝ DLOG10(MAX(PR, SMALL))

F4 ＝ 7. 187D − 01

F5 ＝ 1. 03D + 02

F6 ＝ 1. 291D + 03

$F7 = 4.16D + 03$

$FC = (1.D0 - F4) * EXP(-T/F5) + F4 * EXP(-T/F6) + EXP(-F7 * TM1)$

$FCLOG = DLOG10(MAX(FC, SMALL))$

$CPRLOG = PRLOG - (0.4D0 + 0.67D0 * FCLOG)$

$X = CPRLOG/(0.75D0 - 1.27D0 * FCLOG - 0.14D0 * CPRLOG)$

$FC = 10.0D0 * (FCLOG/(1.0D0 + X * X))$

$PCOR = FC * PCOR$

$RF(229) = RF(229) * PCOR$

$RB(229) = RB(229) * PCOR$

$RFLOW = 1.03D + 59 * EXP(-1.13D + 01 * ALOGT - 9.591D + 01 * TINV)$

$PR = RFLOW * XM(234)/RF(234)$

$PCOR = PR/(1.D0 + PR)$

$PRLOG = DLOG10(MAX(PR, SMALL))$

$F4 = 2.49D - 03$

$F5 = 7.181D + 02$

$F6 = 6.089D0$

$F7 = 3.78D + 03$

$FC = (1.D0 - F4) * EXP(-T/F5) + F4 * EXP(-T/F6) + EXP(-F7 * TM1)$

$FCLOG = DLOG10(MAX(FC, SMALL))$

$CPRLOG = PRLOG - (0.4D0 + 0.67D0 * FCLOG)$

$X = CPRLOG/(0.75D0 - 1.27D0 * FCLOG - 0.14D0 * CPRLOG)$

$FC = 10.0D0 * (FCLOG/(1.0D0 + X * X))$

$PCOR = FC * PCOR$

$RF(234) = RF(234) * PCOR$

$RB(234) = RB(234) * PCOR$

$RFLOW = 6.D + 29 * EXP(-3.8D0 * ALOGT - 4.342D + 01 * TINV)$

$PR = RFLOW * XM(242)/RF(242)$

$PCOR = PR/(1.D0 + PR)$

$PRLOG = DLOG10(MAX(PR, SMALL))$

$F4 = 9.85D - 01$

$F5 = 3.93D + 02$

$F6 = 9.8D + 09$

$F7 = 5.D + 09$

$FC = (1.D0 - F4) * EXP(-T/F5) + F4 * EXP(-T/F6) + EXP(-F7 * TM1)$

$FCLOG = DLOG10(MAX(FC, SMALL))$

$CPRLOG = PRLOG - (0.4D0 + 0.67D0 * FCLOG)$

$X = CPRLOG/(0.75D0 - 1.27D0 * FCLOG - 0.14D0 * CPRLOG)$

$$FC = 10.0D0 * (FCLOG/(1.0D0 + X * X))$$

$$PCOR = FC * PCOR$$

$$RF(242) = RF(242) * PCOR$$

$$RB(242) = RB(242) * PCOR$$

$$RFLOW = 9.52D + 33 * EXP(-5.07D0 * ALOGT - 4.13D + 01 * TINV)$$

$$PR = RFLOW * XM(243)/RF(243)$$

$$PCOR = PR/(1.D0 + PR)$$

$$PRLOG = DLOG10(MAX(PR, SMALL))$$

$$F4 = 7.13D - 17$$

$$F5 = 1.15D + 03$$

$$F6 = 4.99D + 09$$

$$F7 = 1.79D + 09$$

$$FC = (1.D0 - F4) * EXP(-T/F5) + F4 * EXP(-T/F6) + EXP(-F7 * TM1)$$

$$FCLOG = DLOG10(MAX(FC, SMALL))$$

$$CPRLOG = PRLOG - (0.4D0 + 0.67D0 * FCLOG)$$

$$X = CPRLOG/(0.75D0 - 1.27D0 * FCLOG - 0.14D0 * CPRLOG)$$

$$FC = 10.0D0 * (FCLOG/(1.0D0 + X * X))$$

$$PCOR = FC * PCOR$$

$$RF(243) = RF(243) * PCOR$$

$$RB(243) = RB(243) * PCOR$$

$$RFLOW = 5.65D + 18 * EXP(-9.7D - 01 * ALOGT - 1.46D + 01 * TINV)$$

$$PR = RFLOW * XM(245)/RF(245)$$

$$PCOR = PR/(1.D0 + PR)$$

$$PRLOG = DLOG10(MAX(PR, SMALL))$$

$$F4 = 6.29D - 01$$

$$F5 = 8.73D + 09$$

$$F6 = 5.52D0$$

$$F7 = 7.6D + 07$$

$$FC = (1.D0 - F4) * EXP(-T/F5) + F4 * EXP(-T/F6) + EXP(-F7 * TM1)$$

$$FCLOG = DLOG10(MAX(FC, SMALL))$$

$$CPRLOG = PRLOG - (0.4D0 + 0.67D0 * FCLOG)$$

$$X = CPRLOG/(0.75D0 - 1.27D0 * FCLOG - 0.14D0 * CPRLOG)$$

$$FC = 10.0D0 * (FCLOG/(1.0D0 + X * X))$$

$$PCOR = FC * PCOR$$

$$RF(245) = RF(245) * PCOR$$

$$RB(245) = RB(245) * PCOR$$

$$RFLOW = 1.516D + 51 * EXP(-1.027D + 01 * ALOGT - 5.539D + 01 * TINV)$$

$$PR = RFLOW * XM(246)/RF(246)$$

$$PCOR = PR/(1. D0 + PR)$$

$$PRLOG = DLOG10(MAX(PR, SMALL))$$

$$F4 = 6.009D - 01$$

$$F5 = 8.103D + 09$$

$$F6 = 6.677D + 02$$

$$F7 = 5. D + 09$$

$$FC = (1. D0 - F4) * EXP(-T/F5) + F4 * EXP(-T/F6) + EXP(-F7 * TM1)$$

$$FCLOG = DLOG10(MAX(FC, SMALL))$$

$$CPRLOG = PRLOG - (0.4D0 + 0.67D0 * FCLOG)$$

$$X = CPRLOG/(0.75D0 - 1.27D0 * FCLOG - 0.14D0 * CPRLOG)$$

$$FC = 10.0D0 * (FCLOG/(1.0D0 + X * X))$$

$$PCOR = FC * PCOR$$

$$RF(246) = RF(246) * PCOR$$

$$RB(246) = RB(246) * PCOR$$

$$RFLOW = 2.69D + 33 * EXP(-5.11D0 * ALOGT - 7.095D0 * TINV)$$

$$PR = RFLOW * XM(247)/RF(247)$$

$$PCOR = PR/(1. D0 + PR)$$

$$PRLOG = DLOG10(MAX(PR, SMALL))$$

$$F4 = 5.907D - 01$$

$$F5 = 2.75D + 02$$

$$F6 = 1.226D + 03$$

$$F7 = 5.185D + 03$$

$$FC = (1. D0 - F4) * EXP(-T/F5) + F4 * EXP(-T/F6) + EXP(-F7 * TM1)$$

$$FCLOG = DLOG10(MAX(FC, SMALL))$$

$$CPRLOG = PRLOG - (0.4D0 + 0.67D0 * FCLOG)$$

$$X = CPRLOG/(0.75D0 - 1.27D0 * FCLOG - 0.14D0 * CPRLOG)$$

$$FC = 10.0D0 * (FCLOG/(1.0D0 + X * X))$$

$$PCOR = FC * PCOR$$

$$RF(247) = RF(247) * PCOR$$

$$RB(247) = RB(247) * PCOR$$

$$RFLOW = 2.477D + 33 * EXP(-4.76D0 * ALOGT - 2.44D0 * TINV)$$

$$PR = RFLOW * XM(253)/RF(253)$$

$$PCOR = PR/(1. D0 + PR)$$

$$PRLOG = DLOG10(MAX(PR, SMALL))$$

$$F4 = 7.83D - 01$$

$$F5 = 7.4D + 01$$

F6 = 2.941D + 03

F7 = 6.964D + 03

FC = (1.D0 − F4) * EXP(− T/F5) + F4 * EXP(− T/F6) + EXP(− F7 * TM1)

FCLOG = DLOG10(MAX(FC, SMALL))

CPRLOG = PRLOG − (0.4D0 + 0.67D0 * FCLOG)

X = CPRLOG/(0.75D0 − 1.27D0 * FCLOG − 0.14D0 * CPRLOG)

FC = 10.0D0 * (FCLOG/(1.0D0 + X * X))

PCOR = FC * PCOR

RF(253) = RF(253) * PCOR

RB(253) = RB(253) * PCOR

RFLOW = 1.867D + 25 * EXP(− 3.D0 * ALOGT − 2.431D + 01 * TINV)

PR = RFLOW * XM(259)/RF(259)

PCOR = PR/(1.D0 + PR)

PRLOG = DLOG10(MAX(PR, SMALL))

F4 = 9.D − 01

F5 = 2.5D + 03

F6 = 1.3D + 03

F7 = 1.D + 99

FC = (1.D0 − F4) * EXP(− T/F5) + F4 * EXP(− T/F6) + EXP(− F7 * TM1)

FCLOG = DLOG10(MAX(FC, SMALL))

CPRLOG = PRLOG − (0.4D0 + 0.67D0 * FCLOG)

X = CPRLOG/(0.75D0 − 1.27D0 * FCLOG − 0.14D0 * CPRLOG)

FC = 10.0D0 * (FCLOG/(1.0D0 + X * X))

PCOR = FC * PCOR

RF(259) = RF(259) * PCOR

RB(259) = RB(259) * PCOR

RFLOW = 6.85D + 24 * EXP(− 3.D0 * ALOGT)

PR = RFLOW * XM(265)/RF(265)

PCOR = PR/(1.D0 + PR)

PRLOG = DLOG10(MAX(PR, SMALL))

F4 = 6.D − 01

F5 = 1.D + 03

F6 = 7.D + 01

F7 = 1.7D + 03

FC = (1.D0 − F4) * EXP(− T/F5) + F4 * EXP(− T/F6) + EXP(− F7 * TM1)

FCLOG = DLOG10(MAX(FC, SMALL))

CPRLOG = PRLOG − (0.4D0 + 0.67D0 * FCLOG)

$X = CPRLOG/(0.75D0 - 1.27D0 * FCLOG - 0.14D0 * CPRLOG)$

$FC = 10.0D0 * (FCLOG/(1.0D0 + X * X))$

$PCOR = FC * PCOR$

$RF(265) = RF(265) * PCOR$

$RB(265) = RB(265) * PCOR$

$RFLOW = 1.737D + 19 * EXP(-1.23D0 * ALOGT)$

$PR = RFLOW * XM(278)/RF(278)$

$PCOR = PR/(1.D0 + PR)$

$PRLOG = DLOG10(MAX(PR, SMALL))$

$F4 = 6.7D - 01$

$F5 = 1.D - 30$

$F6 = 1.D + 30$

$F7 = 1.D + 30$

$FC = (1.D0 - F4) * EXP(-T/F5) + F4 * EXP(-T/F6) + EXP(-F7 * TM1)$

$FCLOG = DLOG10(MAX(FC, SMALL))$

$CPRLOG = PRLOG - (0.4D0 + 0.67D0 * FCLOG)$

$X = CPRLOG/(0.75D0 - 1.27D0 * FCLOG - 0.14D0 * CPRLOG)$

$FC = 10.0D0 * (FCLOG/(1.0D0 + X * X))$

$PCOR = FC * PCOR$

$RF(278) = RF(278) * PCOR$

$RB(278) = RB(278) * PCOR$

$RFLOW = 2.49D + 24 * EXP(-2.3D0 * ALOGT - 4.875D + 01 * TINV)$

$PR = RFLOW * XM(285)/RF(285)$

$PCOR = PR/(1.D0 + PR)$

$PRLOG = DLOG10(MAX(PR, SMALL))$

$F4 = 4.3D - 01$

$F5 = 1.D - 30$

$F6 = 1.D + 30$

$FC = (1.D0 - F4) * EXP(-T/F5) + F4 * EXP(-T/F6)$

$FCLOG = DLOG10(MAX(FC, SMALL))$

$CPRLOG = PRLOG - (0.4D0 + 0.67D0 * FCLOG)$

$X = CPRLOG/(0.75D0 - 1.27D0 * FCLOG - 0.14D0 * CPRLOG)$

$FC = 10.0D0 * (FCLOG/(1.0D0 + X * X))$

$PCOR = FC * PCOR$

$RF(285) = RF(285) * PCOR$

$RB(285) = RB(285) * PCOR$

$RFLOW = 3.2D + 27 * EXP(-3.14D0 * ALOGT - 1.23D0 * TINV)$

PR = RFLOW * XM(311)/RF(311)

PCOR = PR/(1. D0 + PR)

PRLOG = DLOG10(MAX(PR, SMALL))

F4 = 6. 8D - 01

F5 = 7. 8D + 01

F6 = 1. 995D + 03

F7 = 5. 59D + 03

FC = (1. D0 - F4) * EXP(- T/F5) + F4 * EXP(- T/F6) + EXP(- F7 * TM1)

FCLOG = DLOG10(MAX(FC, SMALL))

CPRLOG = PRLOG - (0. 4D0 + 0. 67D0 * FCLOG)

X = CPRLOG/(0. 75D0 - 1. 27D0 * FCLOG - 0. 14D0 * CPRLOG)

FC = 10. 0D0 * (FCLOG/(1. 0D0 + X * X))

PCOR = FC * PCOR

RF(311) = RF(311) * PCOR

RB(311) = RB(311) * PCOR

RFLOW = 6. 2D + 14 * EXP(- 5. 61D + 01 * TINV)

PR = RFLOW * XM(318)/RF(318)

PCOR = PR/(1. D0 + PR)

RF(318) = RF(318) * PCOR

RB(318) = RB(318) * PCOR

RFLOW = 6. 6D + 75 * EXP(- 1. 63D + 01 * ALOGT - 1. 391D + 01 * TINV)

PR = RFLOW * XM(360)/RF(360)

PCOR = PR/(1. D0 + PR)

PRLOG = DLOG10(MAX(PR, SMALL))

F4 = 1. D0

F5 = 1. D - 01

F6 = 5. 849D + 02

F7 = 6. 113D + 03

FC = (1. D0 - F4) * EXP(- T/F5) + F4 * EXP(- T/F6) + EXP(- F7 * TM1)

FCLOG = DLOG10(MAX(FC, SMALL))

CPRLOG = PRLOG - (0. 4D0 + 0. 67D0 * FCLOG)

X = CPRLOG/(0. 75D0 - 1. 27D0 * FCLOG - 0. 14D0 * CPRLOG)

FC = 10. 0D0 * (FCLOG/(1. 0D0 + X * X))

PCOR = FC * PCOR

RF(360) = RF(360) * PCOR

RB(360) = RB(360) * PCOR

RF(296) = RF(296) * XM(296)

```
        RB(296) = RB(296) * XM(296)
        RF(297) = RF(297) * XM(297)
        RB(297) = RB(297) * XM(297)
        RF(320) = RF(320) * XM(320)
        RB(320) = RB(320) * XM(320)
        RF(327) = RF(327) * XM(327)
        RB(327) = RB(327) * XM(327)
        RF(343) = RF(343) * XM(343)
        RB(343) = RB(343) * XM(343)
        RF(348) = RF(348) * XM(348)
        RB(348) = RB(348) * XM(348)
        RETURN
        END
        SUBROUTINE STEADY ( ITER, XCONQ, XCON, RF, RB, ADJ, SMALL, ATOL,
    RTOL, CONV )
        IMPLICIT DOUBLE PRECISION ( A - H, O - Z ), INTEGER ( I - N )
        PARAMETER ( NQS = 32 )
        DIMENSION XCONQ( * ), RF( * ), XCON( * )
        DIMENSION XCONQ0( NQS ), RB( * )
        LOGICAL CONV
        CONV = . TRUE.
        DO I = 1, NQS
        XCONQ0( I ) = XCONQ( I )
        ENDDO
        DIFFM = 0. D0
C    1HCO
        ABV = + RF(99) * XCON(53) * XCON(8) + RF(167) * XCON(14) * XCON(47) +
    RF(170) * XCON(33) * XCON(12) + RF(187) * XCON(31) * XCON(2) + RF(190) *
    XCON(29) * XCON(2) + RF(205) * XCON(19) * XCON(12) + RF(213) * XCON(18) *
    XCON(2) + RF(218) * XCON(14) * XCON(13) + RF(234) * XCON(23) + RF(252) *
    XCON(14) * XCON(15) + RF(266) * XCON(25) * XCON(14) + RF(300) * XCON(14) *
    XCON(2) + RF(301) * XCON(14) * XCON(8) + RF(302) * XCON(14) * XCON(11) +
    RF(303) * XCON(14) * XCON(12) + RF(304) * XCON(14) * XCON(10) + RF(305) *
    XCONQ0(3) * XCON(2) + RF(309) * XCONQ0(2) * XCON(2) + RF(324) * XCON(24) *
    XCON(15) + RF(335) * XCON(63) * XCON(8) + RF(340) * XCON(29) * XCON(8) +
    RF(341) * XCON(65) * XCON(12) + RF(400) * XCON(73) * XCON(2) + RB(297) *
    XCON(11) * XCON(6) + RB(298) * XCON(6) * XCON(10)
```

DEN ＝ ＋RF（297）＋RF（298）＊XCON（2）＋RF（299）＊XCON（10）＋RB（167）＊
XCON（48）＋RB（170）＊XCON（20）＋RB（187）＊XCON（15）＊XCON（6）＋RB（190）＊
XCON（22）＋RB（205）＊XCON（15）＋RB（213）＊XCON（14）＋RB（218）＊XCON（26）＋
RB（234）＊XCON（15）＋RB（252）＊XCON（16）＋RB（266）＊XCON（27）＋RB（300）＊
XCON（10）＋RB（301）＊XCON（5）＋RB（302）＊XCON（7）＋RB（303）＊XCON（8）＋
RB（304）＊XCON（9）＋RB（305）＊XCON（8）＋RB（309）＊XCON（12）＋RB（324）＊
XCON（20）＋RB（335）＊XCON（62）＋RB（340）＊XCON（18）＋RB（341）＊XCON（29）

　　IF（DEN＜1. D0）DEN ＝ MAX（ADJ＊ABV，DEN，SMALL）

　　XOLD ＝ XCONQ0（1）

　　XNEW ＝ ABV/DEN

　　DIFF ＝ DABS（XNEW－XOLD）－MAX（XNEW＊RTOL，ATOL）

　　DTMP ＝ ABV－DEN＊XOLD

　　DIFFM ＝ MAX（DIFFM，DABS（DTMP））

　　XCONQ（1）＝ XNEW

　　IF（DIFF＞0. D0）CONV ＝. FALSE.

C　2CH

　　ABV ＝ ＋ RF（307）＊XCONQ0（3）＊XCON（11）＋RF（308）＊XCONQ0（3）＊
XCON（8）＋RB（296）＊XCON（21）＋RB（309）＊XCONQ0（1）＊XCON（12）＋RB（310）＊
XCON（11）＊XCON（14）

　　DEN ＝ ＋RF（296）＊XCON（6）＋RF（309）＊XCON（2）＋RF（310）＊XCON（5）＋
RB（307）＊XCON（7）＋RB（308）＊XCON（5）

　　IF（DEN＜1. D0）DEN ＝ MAX（ADJ＊ABV，DEN，SMALL）

　　XOLD ＝ XCONQ0（2）

　　XNEW ＝ ABV/DEN

　　DIFF ＝ DABS（XNEW－XOLD）－MAX（XNEW＊RTOL，ATOL）

　　DTMP ＝ ABV－DEN＊XOLD

　　DIFFM ＝ MAX（DIFFM，DABS（DTMP））

　　XCONQ（2）＝ XNEW

　　IF（DIFF＞0. D0）CONV ＝. FALSE.

C　3CH$_2$

　　ABV ＝ ＋RF（216）＊XCON（17）＊XCON（12）＋RF（250）＊XCON（22）＊XCON（12）＋
RB（247）＊XCON（22）＋RB（305）＊XCONQ0（1）＊XCON（8）＋RB（307）＊XCONQ0（2）＊
XCON（7）＋RB（308）＊XCONQ0（2）＊XCON（5）＋RB（311）＊XCON（15）

　　DEN ＝ ＋RF（247）＊XCON（6）＋RF（305）＊XCON（2）＋RF（306）＊XCON（2）＋
RF（307）＊XCON（11）＋RF（308）＊XCON（8）＋RF（311）＊XCON（11）＋RB（216）＊XCON（6）＋
RB（250）＊XCON（4）

　　IF（DEN＜1. D0）DEN ＝ MAX（ADJ＊ABV，DEN，SMALL）

$XOLD = XCONQ0(3)$

$XNEW = ABV/DEN$

$DIFF = DABS(XNEW - XOLD) - MAX(XNEW * RTOL, ATOL)$

$DTMP = ABV - DEN * XOLD$

$DIFFM = MAX(DIFFM, DABS(DTMP))$

$XCONQ(3) = XNEW$

$IF(DIFF > 0. D0) CONV = . FALSE.$

C　4CH$_3$CO

$ABV = + RF(161) * XCON(45) + RF(169) * XCON(48) + RF(235) * XCON(23) * XCON(11) + RF(237) * XCON(23) * XCON(12) + RF(238) * XCON(23) * XCON(8) + RF(239) * XCON(23) * XCON(2) + RF(240) * XCON(23) * XCON(10) + RB(245) * XCON(15) * XCON(6) + RB(246) * XCON(22) * XCON(11)$

$DEN = + RF(245) + RF(246) + RB(161) * XCON(15) + RB(235) * XCON(7) + RB(237) * XCON(8) + RB(238) * XCON(5) + RB(239) * XCON(10) + RB(240) * XCON(9)$

$IF(DEN < 1. D0) DEN = MAX(ADJ * ABV, DEN, SMALL)$

$XOLD = XCONQ0(4)$

$XNEW = ABV/DEN$

$DIFF = DABS(XNEW - XOLD) - MAX(XNEW * RTOL, ATOL)$

$DTMP = ABV - DEN * XOLD$

$DIFFM = MAX(DIFFM, DABS(DTMP))$

$XCONQ(4) = XNEW$

$IF(DIFF > 0. D0) CONV = . FALSE.$

C　5CH$_2$OH

$ABV = + RF(152) * XCONQ0(23) * XCON(2) + RF(220) * XCON(26) * XCON(11) + RF(222) * XCON(26) * XCON(12) + RF(223) * XCON(26) * XCON(8) + RF(225) * XCON(26) * XCON(10) + RF(226) * XCON(26) * XCON(25) + RF(229) * XCON(14) * XCON(11) + RF(232) * XCON(15) * XCON(8) + RF(233) * XCON(22) * XCON(8) + RB(230) * XCON(14) * XCON(10) + RB(231) * XCON(14) * XCON(10)$

$DEN = + RF(230) * XCON(2) + RF(231) * XCON(2) + RB(152) * XCON(6) * XCON(14) + RB(220) * XCON(7) + RB(222) * XCON(8) + RB(223) * XCON(5) + RB(225) * XCON(9) + RB(226) * XCON(27) + RB(229) + RB(232) * XCON(11) + RB(233) * XCON(6)$

$IF(DEN < 1. D0) DEN = MAX(ADJ * ABV, DEN, SMALL)$

$XOLD = XCONQ0(5)$

$XNEW = ABV/DEN$

$DIFF = DABS(XNEW - XOLD) - MAX(XNEW * RTOL, ATOL)$

$DTMP = ABV - DEN * XOLD$

```
      DIFFM = MAX(DIFFM, DABS(DTMP))
      XCONQ(5) = XNEW
      IF(DIFF > 0. D0) CONV = . FALSE.
C    6NC₃H₇
      ABV = + RF(116) * XCON(34) * XCON(8) + RF(121) * XCONQ0(8) + RB(122) *
XCON(33) * XCON(10) + RB(123) * XCON(15) * XCON(19) + RB(124) * XCON(11) *
XCON(33)
      DEN = + RF(122) * XCON(2) + RF(123) + RF(124) + RB(116) * XCON(14) +
RB(121) * XCON(6)
      IF(DEN < 1. D0) DEN = MAX(ADJ * ABV, DEN, SMALL)
      XOLD = XCONQ0(6)
      XNEW = ABV/DEN
      DIFF = DABS(XNEW - XOLD) - MAX(XNEW * RTOL, ATOL)
      DTMP = ABV - DEN * XOLD
      DIFFM = MAX(DIFFM, DABS(DTMP))
      XCONQ(6) = XNEW
      IF(DIFF > 0. D0) CONV = . FALSE.
C    7PC₄H₉
      ABV = + RF(7) * XCONQ0(9) + RF(108) * XCON(35) * XCON(8) + RB(109) *
XCON(34) * XCON(10) + RB(110) * XCON(20) * XCON(19) + RB(111) * XCON(34) *
XCON(11)
      DEN = + RF(109) * XCON(2) + RF(110) + RF(111) + RB(7) * XCON(33) + RB(108) *
XCON(14)
      IF(DEN < 1. D0) DEN = MAX(ADJ * ABV, DEN, SMALL)
      XOLD = XCONQ0(7)
      XNEW = ABV/DEN
      DIFF = DABS(XNEW - XOLD) - MAX(XNEW * RTOL, ATOL)
      DTMP = ABV - DEN * XOLD
      DIFFM = MAX(DIFFM, DABS(DTMP))
      XCONQ(7) = XNEW
      IF(DIFF > 0. D0) CONV = . FALSE.
C    8NC₃H₇CO
      ABV = + RF(118) * XCON(36) * XCON(2) + RF(119) * XCON(36) * XCON(8) +
RF(120) * XCON(36) * XCON(10) + RB(121) * XCONQ0(6) * XCON(6)
      DEN = + RF(121) + RB(118) * XCON(10) + RB(119) * XCON(5) + RB(120) *
XCON(9)
      IF(DEN < 1. D0) DEN = MAX(ADJ * ABV, DEN, SMALL)
```

XOLD = XCONQ0(8)

XNEW = ABV/DEN

DIFF = DABS(XNEW − XOLD) − MAX(XNEW * RTOL, ATOL)

DTMP = ABV − DEN * XOLD

DIFFM = MAX(DIFFM, DABS(DTMP))

XCONQ(8) = XNEW

IF(DIFF > 0. D0) CONV = . FALSE.

C   9C$_7$H$_{15}$ − 2

　　　ABV = + RF(1) * XCON(1) + RF(2) * XCON(1) * XCON(11) + RF(3) * XCON(1) *
XCON(12) + RF(4) * XCON(1) * XCON(8) + RF(5) * XCON(1) * XCON(10) + RF(6) *
XCON(1) * XCON(2) + RF(8) * XCON(37) + RB(7) * XCONQ0(7) * XCON(33) +
RB(29) * XCON(1) * XCON(50)

　　　DEN = + RF(7) + RF(29) * XCON(49) + RB(1) * XCON(11) + RB(2) * XCON(7) +
RB(3) * XCON(8) + RB(4) * XCON(5) + RB(5) * XCON(9) + RB(6) * XCON(10) +
RB(8) * XCON(2)

IF(DEN < 1. D0) DEN = MAX(ADJ * ABV, DEN, SMALL)

XOLD = XCONQ0(9)

XNEW = ABV/DEN

DIFF = DABS(XNEW − XOLD) − MAX(XNEW * RTOL, ATOL)

DTMP = ABV − DEN * XOLD

DIFFM = MAX(DIFFM, DABS(DTMP))

XCONQ(9) = XNEW

IF(DIFF > 0. D0) CONV = . FALSE.

C   10C$_7$H$_{14}$OOH2 − 4

　　　ABV = + RF(9) * XCON(37) + RF(10) * XCON(38) + RB(13) * XCON(8) * XCON(23) *
XCON(35)

　　　DEN = + RF(13) + RB(9) + RB(10) * XCON(2)

IF(DEN < 1. D0) DEN = MAX(ADJ * ABV, DEN, SMALL)

XOLD = XCONQ0(10)

XNEW = ABV/DEN

DIFF = DABS(XNEW − XOLD) − MAX(XNEW * RTOL, ATOL)

DTMP = ABV − DEN * XOLD

DIFFM = MAX(DIFFM, DABS(DTMP))

XCONQ(10) = XNEW

IF(DIFF > 0. D0) CONV = . FALSE.

C   11NC$_7$KET$_{24}$

　　　ABV = + RF(11) * XCON(38) + RB(12) * XCON(36) * XCON(46) * XCON(8)

```
      DEN  = + RF(12) + RB(11) * XCON(8)
      IF(DEN < 1. D0) DEN  = MAX(ADJ * ABV, DEN, SMALL)
      XOLD  = XCONQ0(11)
      XNEW  = ABV/DEN
      DIFF  = DABS(XNEW - XOLD) - MAX(XNEW * RTOL, ATOL)
      DTMP  = ABV - DEN * XOLD
      DIFFM  = MAX(DIFFM, DABS(DTMP))
      XCONQ(11)  = XNEW
      IF(DIFF > 0. D0) CONV = . FALSE.
C    12AC₈H₁₇
```

C　12AC$_8$H$_{17}$

```
      ABV  = + RF(15) * XCON(30) * XCON(11) + RF(16) * XCON(30) * XCON(8) +
RF(17) * XCON(30) * XCON(10) + RF(18) * XCON(30) * XCON(2) + RF(19) *
XCON(30) * XCON(12) + RF(20) * XCON(40) * XCONQ0(17) + RF(21) * XCONQ0(13) +
RB(30) * XCON(30) * XCON(50)
      DEN  = + RF(30) * XCON(49) + RB(15) * XCON(7) + RB(16) * XCON(5) +
RB(17) * XCON(9) + RB(18) * XCON(10) + RB(19) * XCON(8) + RB(20) + RB(21) *
XCON(2)
      IF(DEN < 1. D0) DEN  = MAX(ADJ * ABV, DEN, SMALL)
      XOLD  = XCONQ0(12)
      XNEW  = ABV/DEN
      DIFF  = DABS(XNEW - XOLD) - MAX(XNEW * RTOL, ATOL)
      DTMP  = ABV - DEN * XOLD
      DIFFM  = MAX(DIFFM, DABS(DTMP))
      XCONQ(12)  = XNEW
      IF(DIFF > 0. D0) CONV = . FALSE.
```

C　13AC$_8$H$_{17}$O$_2$

```
      ABV  = + RB(21) * XCONQ0(12) * XCON(2) + RB(22) * XCONQ0(14)
      DEN  = + RF(21) + RF(22)
      IF(DEN < 1. D0) DEN  = MAX(ADJ * ABV, DEN, SMALL)
      XOLD  = XCONQ0(13)
      XNEW  = ABV/DEN
      DIFF  = DABS(XNEW - XOLD) - MAX(XNEW * RTOL, ATOL)
      DTMP  = ABV - DEN * XOLD
      DIFFM  = MAX(DIFFM, DABS(DTMP))
      XCONQ(13)  = XNEW
      IF(DIFF > 0. D0) CONV = . FALSE.
```

C　14AC$_8$H$_{16}$OOH － B

ABV $=$ $+$ RF(22) $*$ XCONQ0(13) $+$ RF(24) $*$ XCONQ0(15)

DEN $=$ $+$ RF(23) $+$ RB(22) $+$ RB(24) $*$ XCON(2)

IF(DEN $<$ 1.D0) DEN $=$ MAX(ADJ $*$ ABV, DEN, SMALL)

XOLD $=$ XCONQ0(14)

XNEW $=$ ABV/DEN

DIFF $=$ DABS(XNEW $-$ XOLD) $-$ MAX(XNEW $*$ RTOL, ATOL)

DTMP $=$ ABV $-$ DEN $*$ XOLD

DIFFM $=$ MAX(DIFFM, DABS(DTMP))

XCONQ(14) $=$ XNEW

IF(DIFF $>$ 0.D0) CONV $=$ .FALSE.

C　15AC$_8$H$_{16}$OOH $-$ BO$_2$

ABV $=$ $+$ RB(24) $*$ XCONQ0(14) $*$ XCON(2) $+$ RB(25) $*$ XCONQ0(16) $*$ XCON(8)

DEN $=$ $+$ RF(24) $+$ RF(25)

IF(DEN $<$ 1.D0) DEN $=$ MAX(ADJ $*$ ABV, DEN, SMALL)

XOLD $=$ XCONQ0(15)

XNEW $=$ ABV/DEN

DIFF $=$ DABS(XNEW $-$ XOLD) $-$ MAX(XNEW $*$ RTOL, ATOL)

DTMP $=$ ABV $-$ DEN $*$ XOLD

DIFFM $=$ MAX(DIFFM, DABS(DTMP))

XCONQ(15) $=$ XNEW

IF(DIFF $>$ 0.D0) CONV $=$ .FALSE.

C　16IC$_8$KETAB

ABV $=$ $+$ RF(25) $*$ XCONQ0(15)

DEN $=$ $+$ RF(28) $+$ RB(25) $*$ XCON(8)

IF(DEN $<$ 1.D0) DEN $=$ MAX(ADJ $*$ ABV, DEN, SMALL)

XOLD $=$ XCONQ0(16)

XNEW $=$ ABV/DEN

DIFF $=$ DABS(XNEW $-$ XOLD) $-$ MAX(XNEW $*$ RTOL, ATOL)

DTMP $=$ ABV $-$ DEN $*$ XOLD

DIFFM $=$ MAX(DIFFM, DABS(DTMP))

XCONQ(16) $=$ XNEW

IF(DIFF $>$ 0.D0) CONV $=$ .FALSE.

C　17IC$_4$H$_9$

ABV $=$ $+$ RF(14) $*$ XCON(30) $+$ RB(20) $*$ XCONQ0(12) $+$ RB(127) $*$ XCON(40) $*$ XCON(10) $+$ RB(128) $*$ XCON(33) $*$ XCON(15) $+$ RB(129) $*$ XCON(40) $*$ XCON(11)

DEN $=$ $+$ RF(20) $*$ XCON(40) $+$ RF(127) $*$ XCON(2) $+$ RF(128) $+$ RF(129) $+$ RB(14) $*$ XCONQ0(18)

　　IF(DEN < 1. D0) DEN = MAX(ADJ * ABV, DEN, SMALL)

　　XOLD = XCONQ0(17)

　　XNEW = ABV/DEN

　　DIFF = DABS(XNEW – XOLD) – MAX(XNEW * RTOL, ATOL)

　　DTMP = ABV – DEN * XOLD

　　DIFFM = MAX(DIFFM, DABS(DTMP))

　　XCONQ(17) = XNEW

　　IF(DIFF > 0. D0) CONV = . FALSE.

C　　18TC$_4$H$_9$

　　ABV = + RF(14) * XCON(30) + RB(125) * XCON(11) * XCON(40) + RB(126) *
XCON(40) * XCON(10)

　　DEN = + RF(125) + RF(126) * XCON(2) + RB(14) * XCONQ0(17)

　　IF(DEN < 1. D0) DEN = MAX(ADJ * ABV, DEN, SMALL)

　　XOLD = XCONQ0(18)

　　XNEW = ABV/DEN

　　DIFF = DABS(XNEW – XOLD) – MAX(XNEW * RTOL, ATOL)

　　DTMP = ABV – DEN * XOLD

　　DIFFM = MAX(DIFFM, DABS(DTMP))

　　XCONQ(18) = XNEW

　　IF(DIFF > 0. D0) CONV = . FALSE.

C　　19IC$_4$H$_7$O

　　ABV = + RF(142) * XCON(41) * XCON(10) + RF(143) * XCON(25) * XCON(41) +
RB(148) * XCON(42) + RB(149) * XCON(44) * XCON(10) + RB(150) * XCON(44) *
XCON(11)

　　DEN = + RF(148) + RF(149) * XCON(2) + RF(150) + RB(142) * XCON(8) + RB(143) *
XCON(13)

　　IF(DEN < 1. D0) DEN = MAX(ADJ * ABV, DEN, SMALL)

　　XOLD = XCONQ0(19)

　　XNEW = ABV/DEN

　　DIFF = DABS(XNEW – XOLD) – MAX(XNEW * RTOL, ATOL)

　　DTMP = ABV – DEN * XOLD

　　DIFFM = MAX(DIFFM, DABS(DTMP))

　　XCONQ(19) = XNEW

　　IF(DIFF > 0. D0) CONV = . FALSE.

C　　20IC$_3$H$_7$CO

　　ABV = + RF(26) * XCON(39) * XCON(8) + RF(27) * XCON(39) * XCON(10) +
RF(138) * XCON(43) * XCON(8) + RF(141) * XCON(43) * XCON(10) + RB(140) *

```
XCONQ0(21) * XCON(6)
      DEN = + RF(140) + RB(138) * XCON(5) + RB(141) * XCON(9)
      IF(DEN < 1. D0) DEN = MAX(ADJ * ABV, DEN, SMALL)
      XOLD = XCONQ0(20)
      XNEW = ABV/DEN
      DIFF = DABS(XNEW - XOLD) - MAX(XNEW * RTOL, ATOL)
      DTMP = ABV - DEN * XOLD
      DIFFM = MAX(DIFFM, DABS(DTMP))
      XCONQ(20) = XNEW
      IF(DIFF > 0. D0) CONV = . FALSE.
C    21IC$_3$H$_7$
      ABV = + RF(140) * XCONQ0(20) + RB(156) * XCON(33) * XCON(10) + RB(157) *
XCON(11) * XCON(33) + RB(158) * XCON(20) * XCON(15) + RB(159) * XCON(33) *
XCON(5) + RB(160) * XCON(45) * XCON(11)
      DEN = + RF(156) * XCON(2) + RF(157) + RF(158) * XCON(11) + RF(159) *
XCON(8) + RF(160) * XCON(12) + RB(140) * XCON(6)
      IF(DEN < 1. D0) DEN = MAX(ADJ * ABV, DEN, SMALL)
      XOLD = XCONQ0(21)
      XNEW = ABV/DEN
      DIFF = DABS(XNEW - XOLD) - MAX(XNEW * RTOL, ATOL)
      DTMP = ABV - DEN * XOLD
      DIFFM = MAX(DIFFM, DABS(DTMP))
      XCONQ(21) = XNEW
      IF(DIFF > 0. D0) CONV = . FALSE.
C    22IC$_3$H$_5$CO
      ABV = + RF(153) * XCON(44) * XCON(8) + RF(154) * XCON(44) * XCON(10) +
RB(155) * XCON(32) * XCON(6)
      DEN = + RF(155) + RB(153) * XCON(5) + RB(154) * XCON(9)
      IF(DEN < 1. D0) DEN = MAX(ADJ * ABV, DEN, SMALL)
      XOLD = XCONQ0(22)
      XNEW = ABV/DEN
      DIFF = DABS(XNEW - XOLD) - MAX(XNEW * RTOL, ATOL)
      DTMP = ABV - DEN * XOLD
      DIFFM = MAX(DIFFM, DABS(DTMP))
      XCONQ(22) = XNEW
      IF(DIFF > 0. D0) CONV = . FALSE.
C    23CH$_2$CCH$_2$OH
```

$ABV = + RF(151) * XCON(42) * XCON(10) + RB(152) * XCONQ0(5) * XCON(6) *$
$XCON(14)$

$DEN = + RF(152) * XCON(2) + RB(151) * XCON(14) * XCON(8)$

$IF(DEN < 1. D0) DEN = MAX(ADJ * ABV, DEN, SMALL)$

$XOLD = XCONQ0(23)$

$XNEW = ABV/DEN$

$DIFF = DABS(XNEW - XOLD) - MAX(XNEW * RTOL, ATOL)$

$DTMP = ABV - DEN * XOLD$

$DIFFM = MAX(DIFFM, DABS(DTMP))$

$XCONQ(23) = XNEW$

$IF(DIFF > 0. D0) CONV = . FALSE.$

C　$24TC_3H_6CHO$

$ABV = + RF(28) * XCONQ0(16) + RF(133) * XCONQ0(25) + RF(139) * XCON(43) *$
$XCON(8) + RB(134) * XCON(43) * XCON(2) + RB(137) * XCON(44) * XCON(11)$

$DEN = + RF(134) * XCON(10) + RF(137) + RB(133) * XCON(2) + RB(139) *$
$XCON(5)$

$IF(DEN < 1. D0) DEN = MAX(ADJ * ABV, DEN, SMALL)$

$XOLD = XCONQ0(24)$

$XNEW = ABV/DEN$

$DIFF = DABS(XNEW - XOLD) - MAX(XNEW * RTOL, ATOL)$

$DTMP = ABV - DEN * XOLD$

$DIFFM = MAX(DIFFM, DABS(DTMP))$

$XCONQ(24) = XNEW$

$IF(DIFF > 0. D0) CONV = . FALSE.$

C　$25TC_3H_6O_2CHO$

$ABV = + RB(133) * XCONQ0(24) * XCON(2) + RB(135) * XCONQ0(26)$

$DEN = + RF(133) + RF(135)$

$IF(DEN < 1. D0) DEN = MAX(ADJ * ABV, DEN, SMALL)$

$XOLD = XCONQ0(25)$

$XNEW = ABV/DEN$

$DIFF = DABS(XNEW - XOLD) - MAX(XNEW * RTOL, ATOL)$

$DTMP = ABV - DEN * XOLD$

$DIFFM = MAX(DIFFM, DABS(DTMP))$

$XCONQ(25) = XNEW$

$IF(DIFF > 0. D0) CONV = . FALSE.$

C　$26TC_3H_6O_2HCO$

$ABV = + RF(135) * XCONQ0(25) + RB(136) * XCON(45) * XCON(6) * XCON(8)$

$DEN = + RF(136) + RB(135)$

$IF(DEN < 1. D0) DEN = MAX(ADJ * ABV, DEN, SMALL)$

$XOLD = XCONQ0(26)$

$XNEW = ABV/DEN$

$DIFF = DABS(XNEW - XOLD) - MAX(XNEW * RTOL, ATOL)$

$DTMP = ABV - DEN * XOLD$

$DIFFM = MAX(DIFFM, DABS(DTMP))$

$XCONQ(26) = XNEW$

$IF(DIFF > 0. D0) CONV = . FALSE.$

C $27 C_6 H_4 CH_3$

$ABV = + RF(34) * XCON(49) * XCON(10) + RF(35) * XCON(49) * XCON(8) + RF(38) * XCON(49) * XCON(11) + RF(39) * XCON(49) * XCON(15) + RB(40) * XCON(49) + RB(52) * XCON(50) * XCON(11) + RB(72) * XCON(51) * XCON(12) + RB(73) * XCON(51) + RB(74) * XCON(52) + RB(75) * XCON(51) * XCON(8)$

$DEN = + RF(40) * XCON(11) + RF(52) * XCON(11) + RF(72) * XCON(2) + RF(73) * XCON(12) + RF(74) * XCON(8) + RF(75) * XCON(10) + RB(34) * XCON(9) + RB(35) * XCON(5) + RB(38) * XCON(7) + RB(39) * XCON(16)$

$IF(DEN < 1. D0) DEN = MAX(ADJ * ABV, DEN, SMALL)$

$XOLD = XCONQ0(27)$

$XNEW = ABV/DEN$

$DIFF = DABS(XNEW - XOLD) - MAX(XNEW * RTOL, ATOL)$

$DTMP = ABV - DEN * XOLD$

$DIFFM = MAX(DIFFM, DABS(DTMP))$

$XCONQ(27) = XNEW$

$IF(DIFF > 0. D0) CONV = . FALSE.$

C $28 C_6 H_5 CH_2 O$

$ABV = + RF(37) * XCON(50) * XCON(10) + RF(51) * XCON(50) * XCON(25) + RF(57) * XCON(55) * XCON(10) + RF(58) * XCON(55) * XCON(25) + 2. D0 * RF(59) * XCON(55) * XCON(55) + RB(60) * XCON(10) * XCON(56) + RB(61) * XCON(56) * XCON(11) + RB(62) * XCONQ0(32) * XCON(14) + RB(63) * XCON(56) * XCON(16)$

$DEN = + RF(60) * XCON(2) + RF(61) + RF(62) + RF(63) * XCON(15) + RB(37) * XCON(8) + RB(51) * XCON(13)$

$IF(DEN < 1. D0) DEN = MAX(ADJ * ABV, DEN, SMALL)$

$XOLD = XCONQ0(28)$

$XNEW = ABV/DEN$

$DIFF = DABS(XNEW - XOLD) - MAX(XNEW * RTOL, ATOL)$

$DTMP = ABV - DEN * XOLD$

```
      DIFFM = MAX(DIFFM, DABS(DTMP))
      XCONQ(28) = XNEW
      IF(DIFF > 0. D0) CONV =. FALSE.
C   29C₂H₃CO
```
      ABV = + RF(97) * XCON(53) * XCON(11) + RF(98) * XCON(53) * XCON(12) +
RF(99) * XCON(53) * XCON(8) + RB(100) * XCON(18) * XCON(6)
```
      DEN  = + RF(100)
      IF(DEN < 1. D0) DEN = MAX(ADJ * ABV, DEN, SMALL)
      XOLD = XCONQ0(29)
      XNEW = ABV/DEN
      DIFF = DABS(XNEW - XOLD) - MAX(XNEW * RTOL, ATOL)
      DTMP = ABV - DEN * XOLD
      DIFFM = MAX(DIFFM, DABS(DTMP))
      XCONQ(29) = XNEW
      IF(DIFF > 0. D0) CONV =. FALSE.
C   30N
```
      ABV = + RB(312) * XCON(3) * XCON(12) + RB(313) * XCON(59) * XCON(12) +
RB(314) * XCON(59) * XCON(11)
```
      DEN  = + RF(312) * XCON(59) + RF(313) * XCON(2) + RF(314) * XCON(8)
      IF(DEN < 1. D0) DEN = MAX(ADJ * ABV, DEN, SMALL)
      XOLD = XCONQ0(30)
      XNEW = ABV/DEN
      DIFF = DABS(XNEW - XOLD) - MAX(XNEW * RTOL, ATOL)
      DTMP = ABV - DEN * XOLD
      DIFFM = MAX(DIFFM, DABS(DTMP))
      XCONQ(30) = XNEW
      IF(DIFF > 0. D0) CONV =. FALSE.
C   31IC₄H₅
```
      ABV = + RF(333) * XCON(18) * XCON(18) + RF(355) * XCON(66) * XCON(12) +
RB(351) * XCON(65) * XCON(10) + RB(352) * XCON(65) * XCON(7) + RB(353) *
XCON(65) * XCON(5) + RB(354) * XCON(18) * XCON(17)
      DEN = + RF(351) * XCON(2) + RF(352) * XCON(11) + RF(353) * XCON(8) +
RF(354) + RF(374) * XCON(74) + RB(333) * XCON(11) + RB(355) * XCON(6)
```
      IF(DEN < 1. D0) DEN = MAX(ADJ * ABV, DEN, SMALL)
      XOLD = XCONQ0(31)
      XNEW = ABV/DEN
      DIFF = DABS(XNEW - XOLD) - MAX(XNEW * RTOL, ATOL)
```

```
    DTMP  =  ABV – DEN * XOLD
    DIFFM  =  MAX(DIFFM, DABS(DTMP))
    XCONQ(31)  =  XNEW
    IF(DIFF > 0. D0) CONV = . FALSE.
C    32A₁ –
    ABV  = + RF(41) * XCON(49) + RF(50) * XCON(50) * XCON(12) + RF(62) *
XCONQ0(28) + RF(70) * XCON(57) + RF(71) * XCON(57) * XCON(10) + RF(103) *
XCON(74) * XCON(2) + RF(104) * XCON(74) * XCON(12) + RF(106) * XCON(74) *
XCON(8) + RF(357) * XCON(29) * XCON(29) + RF(358) * XCON(64) * XCON(17) +
RF(367) * XCON(70) * XCON(11) + RF(369) * XCON(70) * XCON(8) + RF(372) *
XCON(71) * XCON(12) + RF(373) * XCON(71) * XCON(12) + RB(89) * XCON(67) *
XCON(74) + RB(94) * XCON(67) * XCON(12) + RB(96) * XCON(53) * XCON(11) +
RB(359) * XCON(66) * XCON(6) + RB(362) * XCON(70) * XCON(61) + RB(363) *
XCON(70) * XCON(7) + RB(371) * XCON(71) * XCON(11) + RB(376) * XCON(75) +
RB(377) * XCON(68) * XCON(11) + RB(391) * XCON(77) * XCON(11) * XCON(7) +
RB(393) * XCON(76) * XCON(11)
    DEN  = + RF(89) * XCON(54) + RF(94) * XCON(2) + RF(96) * XCON(2) +
RF(359) * XCON(12) + RF(362) * XCON(63) + RF(363) * XCON(18) + RF(371) * XCON(19) +
RF(376) * XCON(64) + RF(377) * XCON(64) + RF(391) * XCON(75) + RF(393) *
XCON(70) + RB(41) * XCON(15) + RB(50) * XCON(14) + RB(62) * XCON(14) +
RB(70) * XCON(6) + RB(71) * XCON(4) * XCON(8) + RB(103) * XCON(10) + RB(104) *
XCON(8) + RB(106) * XCON(5) + RB(357) * XCON(11) + RB(358) + RB(367) * XCON(17) +
RB(369) * XCON(22) + RB(372) * XCON(24) + RB(373) * XCON(15) * XCON(6)
    IF(DEN < 1. D0) DEN  =  MAX(ADJ * ABV, DEN, SMALL)
    XOLD  =  XCONQ0(32)
    XNEW  =  ABV/DEN
    DIFF  =  DABS(XNEW – XOLD) – MAX(XNEW * RTOL, ATOL)
    DTMP  =  ABV – DEN * XOLD
    DIFFM  =  MAX(DIFFM, DABS(DTMP))
    XCONQ(32)  =  XNEW
    IF(DIFF > 0. D0) CONV = . FALSE.
    CONV  =  DIFFM < 1. D – 9. and. ITER > = 5
    RETURN
    END
    SUBROUTINE CALCWDOT(WDOT, W)
    IMPLICIT DOUBLE PRECISION (A – H, O – Z), INTEGER (I – N)
    DIMENSION WDOT( * ), W( * )
```

$WDOT(1) = -W(1) - W(2) - W(3) - W(4) - W(5) - W(6) + W(29)$

$WDOT(2) = -W(6) + W(8) + W(10) - W(18) + W(21) + W(24) - W(33) - W(54) + W(57) + W(58) + W(59) - W(60) - W(67) - W(72) - W(77) - W(84) - W(94) - W(96) - W(103) - W(109) - W(118) - W(122) - W(126) - W(127) - W(132) + W(133) + W(134) - W(144) - W(146) - W(147) - W(149) - W(152) - W(156) - W(163) - W(166) + W(168) - W(176) + W(180) - W(187) + W(189) - W(190) - W(196) - W(200) - W(203) - W(210) - W(213) - W(214) - W(215) + W(227) + W(228) - W(230) - W(231) - W(239) - W(244) + W(258) - W(260) - W(263) - W(264) - W(265) + W(268) + W(269) + W(271) - W(274) - W(278) - W(280) + W(281) + W(282) + W(283) + W(284) - W(295) - W(298) - W(300) - W(305) - W(306) - W(309) - W(313) + W(321) - W(323) - W(351) - W(400)$

$WDOT(3) = +W(312) + W(316) + W(317) + W(318)$

$WDOT(4) = +W(71) + W(250) + W(290) + W(291) + W(292) + W(295) + W(299) + W(306)$

$WDOT(5) = +W(4) + W(16) + W(26) + W(31) + W(35) + W(64) + W(81) + W(87) + W(106) + W(119) + W(130) + W(138) + W(139) + W(153) + W(159) + W(162) + W(171) + W(178) + W(185) + W(195) + W(207) + W(223) + W(224) + W(238) + W(241) + W(251) + W(255) + W(276) - W(277) + W(282) + W(288) + W(289) + W(301) + W(308) - W(310) + W(326) + W(336) + W(347) + W(350) + W(353) + W(368) + W(382)$

$WDOT(6) = +W(70) + W(83) + W(95) + W(97) + W(98) + W(100) + W(121) + W(136) + W(140) + W(152) + W(155) + W(183) + W(187) + W(201) + W(215) + W(216) + W(233) + W(243) + W(244) + W(245) - W(247) + W(249) - W(290) - W(291) - W(292) + 2.\,D0 * W(293) + 2.\,D0 * W(294) + W(295) - W(296) + W(297) + W(298) + W(329) + W(334) + W(337) + W(339) + W(355) + W(359) + W(373) + W(400)$

$WDOT(7) = +W(2) + W(15) + W(38) + W(45) + W(65) + W(79) + W(85) + W(173) + W(175) + W(193) + W(220) + W(221) + W(235) + W(236) + W(248) + W(254) - W(273) - W(275) - W(276) - W(280) + W(286) + W(293) + W(302) + W(307) + W(338) + W(344) + W(346) + W(349) + W(352) + W(363) + W(366) + W(374) + W(381) + W(391) + W(392) + W(399)$

$WDOT(8) = +W(3) - W(4) + W(11) + W(12) + W(13) - W(16) + W(19) + W(23) + W(25) - W(26) + W(28) - W(31) - W(35) + W(37) + W(44) + W(46) + W(55) + W(57) - W(64) + W(71) - W(74) + W(75) + W(80) - W(81) + W(86) - W(87) - W(92) - W(99) - W(102) + W(104) - W(106) - W(108) - W(116) - W(119) - W(130) + W(136) - W(138) - W(139) + W(142) + W(144) + W(146) + W(151) - W(153) - W(159) - W(162) + W(169) - W(171) - W(178) + W(181) - W(185) + W(194) - W(195) + W(203) - W(207) - W(208) - W(211) + W(219) + W(222) - W(223) - W(224) - W(228) - W(232) - W(233) + W(237) - W(238) - W(241) + W(244) - W(251) - W(255) + W(256) +$

W(261) + W(264) + W(270) + W(272) + W(274) + W(275) − W(276) + 2. D0 * W(277) +
2. D0 * W(279) + W(281) − W(282) + 2. D0 * W(285) + W(287) − W(288) − W(289) −
W(290) − W(291) + W(292) − W(293) + W(299) − W(301) + W(303) + W(305) − W(308) −
W(314) + W(316) − W(317) + W(319) + W(322) − W(326) − W(335) − W(336) −
W(337) − W(340) − W(347) − W(350) − W(353) − W(356) + W(364) − W(368) − W(369) +
W(380) − W(382) − W(383) − W(388) + W(398) − W(403)

WDOT(9) = + W(5) + W(17) + W(27) + W(32) + W(34) + W(68) + W(82) +
W(88) + W(120) + W(141) + W(154) + W(164) + W(197) + W(225) + W(240) + W(257) +
W(283) + W(284) − W(285) − W(286) − W(287) − W(288) − W(289) + W(304)

WDOT(10) = − W(5) + W(6) − W(17) + W(18) − W(27) − W(32) + W(33) −
W(34) − W(37) − W(57) + W(60) + W(67) − W(68) − W(71) − W(75) + W(77) − W(82) +
W(84) − W(88) + W(103) + W(109) + W(118) − W(120) + W(122) + W(126) + W(127) +
W(132) − W(134) − W(141) − W(142) + W(149) − W(151) − W(154) + W(156) + W(163) −
W(164) − W(168) + W(176) − W(180) − W(181) − W(189) + W(196) − W(197) + W(200) +
W(210) − W(225) + W(230) + W(231) + W(239) − W(240) − W(257) − W(258) +
W(260) − W(261) − W(268) + W(278) − W(279) + W(280) − W(281) − W(282) − 2. D0 *
W(283) − 2. D0 * W(284) + W(286) + W(287) + W(288) + W(289) − W(292) + W(298) −
W(299) + W(300) − W(304) + W(317) − W(319) + W(323) + W(351)

WDOT(11) = + W(1) − W(2) − W(15) + W(36) − W(38) − W(40) + W(42) −
W(43) − W(45) + W(49) + W(61) − W(65) + W(66) − W(76) − W(78) − W(79) + W(83) −
W(85) − W(90) + W(92) + W(93) + W(96) − W(97) + W(105) + W(111) − W(112) −
W(113) + W(124) + W(125) + W(129) + W(131) + W(137) + W(150) + W(157) − W(158) +
W(160) + W(172) − W(173) − W(174) − W(175) − W(179) + W(182) − W(186) − W(188) −
W(192) − W(193) − W(199) + W(202) − W(204) + W(206) + W(211) − W(212) +
W(215) + W(217) − W(220) − W(221) − W(229) + W(232) − W(235) − W(236) +
W(242) + W(246) − W(248) − W(249) − W(253) − W(254) + W(259) + W(262) − W(270) +
W(273) − W(274) + W(275) + W(276) − W(278) − W(279) + W(280) − W(286) +
W(290) + W(291) + W(294) + W(295) + W(297) + W(299) − W(302) + 2. D0 * W(306) −
W(307) + W(310) + W(311) + W(314) − W(316) − W(322) + W(325) + W(327) + W(328) +
W(329) + W(333) + W(337) − W(338) + W(339) + W(343) − W(345) − W(346) +
W(348) − W(349) − W(352) + W(357) − W(360) − W(366) − W(367) + W(370) + W(371) +
W(374) + 2. D0 * W(375) + W(377) − W(381) + W(383) − W(384) + W(385) + W(386) +
W(390) + W(391) + W(392) + W(393) + W(394) + W(395) − W(399) − W(401) + W(402)

WDOT(12) = − W(3) − W(19) − W(36) − W(46) − W(49) − W(50) + W(72) −
W(73) − W(80) − W(86) − W(91) − W(93) + W(94) − W(98) − W(101) − W(104) −
W(105) − W(117) − W(160) − W(170) − W(172) − W(183) − W(184) − W(194) − W(202) −
W(205) − W(206) + W(214) − W(216) − W(217) − W(222) − W(237) − W(250) − W(256) −

$W(262) + W(263) - W(271) + W(274) - W(275) - W(277) - W(281) - W(287) - W(294) -$
$W(303) + W(309) + W(312) + W(313) - W(315) + W(318) - W(320) - W(321) -$
$W(329) - W(330) - W(332) - W(334) - W(339) - W(341) - W(355) - W(359) - W(364) -$
$W(365) - W(372) - W(373) - W(379) - W(380) - W(398)$

$WDOT(13) = + W(51) + W(58) + W(143) - W(218) + W(221) + W(224) -$
$W(259) - W(260) + W(261) + W(263) + 2.\,D0 * W(267) + 2.\,D0 * W(269) + W(270) +$
$W(271) + W(272)$

$WDOT(14) = + W(50) + W(56) + W(62) + W(108) + W(116) + W(117) +$
$W(144) + W(147) + W(151) + W(152) - W(167) + W(169) + W(181) + W(208) + W(213) +$
$W(215) - W(218) + W(227) - W(229) + W(230) + W(231) + W(244) - W(252) +$
$W(259) + W(260) + W(262) + W(264) - W(266) - W(300) - W(301) - W(302) - W(303) -$
$W(304) + W(310) + W(330) + W(356)$

$WDOT(15) = - W(39) + W(41) + W(43) - W(44) - W(63) - W(69) + W(78) +$
$W(113) + W(114) + W(123) + W(128) + W(145) + W(158) + W(161) - W(165) +$
$W(172) + W(174) - W(177) - W(182) + W(184) + W(187) - 2.\,D0 * W(191) - W(201) +$
$W(205) + W(208) - W(209) + W(219) - W(232) + W(234) + W(243) + W(245) + W(249) -$
$W(252) - W(253) + W(254) + W(255) + W(256) + W(257) - W(258) - W(261) -$
$W(262) - W(263) - W(264) - W(265) - W(267) + W(311) - W(324) + W(373)$

$WDOT(16) = + W(39) + W(63) + W(69) + W(177) + W(209) + W(252) +$
$W(253) - W(254) - W(255) - W(256) - W(257) + W(258)$

$WDOT(17) = + W(97) - W(212) - W(216) - W(217) + W(323) - W(325) -$
$W(326) - W(327) - W(331) + W(337) + W(339) - W(342) - 2.\,D0 * W(344) + W(354) +$
$2.\,D0 * W(356) - W(358) + W(367) - W(378) - W(386) - W(397) - W(402)$

$WDOT(18) = + W(100) + W(101) + W(102) + W(115) + W(181) - W(182) -$
$W(204) + W(207) + W(209) + W(210) + W(212) - W(213) - W(214) - W(215) - W(323) -$
$2.\,D0 * W(333) + W(340) + W(354) - W(363) - W(370)$

$WDOT(19) = + W(110) + W(112) + W(123) + W(174) + W(183) - W(199) +$
$W(200) + W(204) - W(205) - W(206) - W(207) - W(208) - W(209) - W(210) - W(211) -$
$W(328) - W(371)$

$WDOT(20) = + W(107) + W(110) + W(112) + W(115) + W(158) + W(170) -$
$W(192) + W(193) + W(194) + W(195) + W(196) + W(197) + W(198) + W(199) - W(200) +$
$W(201) - W(202) - W(203) + W(324)$

$WDOT(21) = + W(98) + W(99) + W(101) + W(184) + W(217) + W(248) +$
$W(251) - W(293) - W(294) - W(295) + W(296)$

$WDOT(22) = + W(102) - W(165) + W(172) + W(190) - W(201) - W(233) +$
$W(242) + W(246) + W(247) - W(248) - W(249) - W(250) - W(251) + W(332) + W(369) +$
$W(379) + W(383) + W(388) + W(403)$

$$WDOT(23) = +W(13)+W(202)+W(203)+W(211)-W(234)-W(235)-W(236)-W(237)-W(238)-W(239)-W(240)-W(241)$$

$$WDOT(24) = +W(206)+W(214)+W(236)+W(241)-W(242)-W(243)-W(244)-W(324)+W(372)$$

$$WDOT(25) = -W(51)-W(58)-W(143)-W(198)-W(226)-2.D0*W(227)-W(228)+W(265)-W(266)-W(267)-W(268)-2.D0*W(269)-W(270)-W(271)-W(273)$$

$$WDOT(26) = +W(218)-W(219)-W(220)-W(221)-W(222)-W(223)-W(224)-W(225)-W(226)+W(227)+W(228)$$

$$WDOT(27) = +W(198)+W(226)+W(266)+W(268)-W(272)+W(273)$$

$$WDOT(28) = +W(191)+W(192)-W(193)-W(194)-W(195)-W(196)-W(197)-W(198)$$

$$WDOT(29) = +W(185)-W(188)-W(189)-W(190)-W(330)-W(336)-W(338)-W(339)-W(340)+W(341)-W(342)-2.D0*W(357)$$

$$WDOT(30) = -W(14)-W(15)-W(16)-W(17)-W(18)-W(19)+W(30)$$

$$WDOT(31) = -W(53)+W(144)+W(145)+W(175)+W(176)+W(177)+W(178)-W(183)-W(184)-W(185)-W(186)-W(187)+W(188)+W(189)$$

$$WDOT(32) = +W(107)+W(114)+W(155)+W(171)+W(173)-W(175)-W(176)-W(177)-W(178)-W(179)-W(180)-W(181)+W(182)+W(186)$$

$$WDOT(33) = +W(7)+W(113)+W(117)+W(122)+W(124)+W(128)+W(156)+W(157)+W(159)-W(170)-W(171)-W(172)-W(173)-W(174)+W(179)+W(180)$$

$$WDOT(34) = +W(109)+W(111)-W(112)-W(113)-W(114)-W(115)-W(116)-W(117)$$

$$WDOT(35) = +W(13)-W(107)-W(108)$$

$$WDOT(36) = +W(12)-W(118)-W(119)-W(120)$$

$$WDOT(37) = -W(8)-W(9)$$

$$WDOT(38) = -W(10)-W(11)$$

$$WDOT(39) = +W(23)-W(26)-W(27)$$

$$WDOT(40) = -W(20)+W(26)+W(27)+W(125)+W(126)+W(127)+W(129)-W(130)-W(131)-W(132)$$

$$WDOT(41) = +W(130)+W(131)+W(132)-W(142)-W(143)-W(144)-W(145)-W(146)-W(147)$$

$$WDOT(42) = +W(148)-W(151)$$

$$WDOT(43) = +W(28)+W(134)-W(138)-W(139)-W(141)$$

$$WDOT(44) = +W(137)+W(146)+W(149)+W(150)-W(153)-W(154)$$

$$WDOT(45) = +W(136)+W(160)-W(161)-W(162)-W(163)-W(164)$$

$$WDOT(46) = +W(12)+W(147)+W(162)+W(163)+W(164)+W(165)-W(166)$$

WDOT（47）　＝＋W（166）－W（167）－W（168）

WDOT（48）　＝＋W（167）＋W（168）－W（169）

WDOT（49）　＝－W（29）－W（30）－W（31）－W（32）－W（33）－W（34）－W（35）－W（36）－W（38）－W（39）＋W（40）－W（41）－W（42）－W（43）＋W（44）－W（45）－W（46）－W（47）＋W（48）

WDOT（50）　＝＋W（29）＋W（30）＋W（31）＋W（32）＋W（33）－W（37）＋W（42）＋W（45）＋W（46）＋W（47）－W（48）－W（49）－W（50）－W（51）＋W（52）＋W（53）－W（54）

WDOT（51）　＝＋W（36）＋W（72）＋W（73）＋W（75）－W（76）＋W（77）＋W（79）＋W（80）＋W（81）＋W（82）－W（83）

WDOT（52）　＝＋W（74）＋W（76）－W（77）－W（78）－W（79）－W（80）－W（81）－W（82）

WDOT（53）　＝＋W（93）＋W（96）－W（97）－W（98）－W（99）

WDOT（54）　＝－W（44）＋W（47）＋W（78）－W（84）－W（85）－W（86）－W（87）－W（88）－W（89）＋W（90）＋W（91）＋W（92）

WDOT（55）　＝＋W（54）－W（55）－W（56）－W（57）－W（58）－2. D0＊W（59）

WDOT（56）　＝－W（48）＋W（49）＋W（55）＋W（60）＋W（61）＋W（63）－W（64）－W（65）－W（66）－W（67）－W（68）－W（69）

WDOT（57）　＝＋W（48）＋W（64）＋W（65）＋W（66）＋W（67）＋W（68）＋W（69）－W（70）－W（71）

WDOT（58）　＝－W（315）－W（316）－W（317）－W（318）

WDOT（59）　＝－W（312）＋W（313）＋W（314）＋2. D0＊W（315）－W（319）－W（320）＋W（321）＋W（322）

WDOT（60）　＝＋W（319）＋W（320）－W（321）－W（322）

WDOT（61）　＝－W（325）＋W（326）＋W（327）－W（328）＋W（329）＋W（330）－W（331）＋W（332）＋W（362）＋W（365）

WDOT（62）　＝－W（329）＋W（334）＋W（335）＋W（336）－W（337）＋W（338）

WDOT（63）　＝＋W（325）－W（334）－W（335）＋W（343）＋W（344）－W（345）＋W（346）＋W（347）－W（361）－W（362）＋W（387）－W（389）－W（396）

WDOT（64）　＝－W（53）＋W（331）－W（332）－W（343）＋W（345）－W（346）－W（347）＋W（348）＋W（349）＋W（350）－W（358）－W（361）－W（376）－W（377）

WDOT（65）　＝－W（101）－W（102）＋W（328）－W（341）－W（348）－W（349）－W（350）＋W（351）＋W（352）＋W（353）－W（385）－W（395）

WDOT（66）　＝＋W（95）＋W（342）－W（355）－W（356）＋W（359）－2. D0＊W（375）

WDOT（67）　＝－W（47）＋W（56）＋W（84）＋W（85）＋W（86）＋W（87）＋W（88）＋W（89）－W（90）－W（93）＋W（94）－W（95）＋W（105）＋W（365）

WDOT（68）　＝＋W（377）＋W（378）＋W（380）＋W（381）＋W（382）－W（384）－W（386）＋W（388）－W（392）－W（395）－W（396）

WDOT（69）　＝－W（360）＋W（361）＋W（364）＋W（366）＋W（368）－W（378）－

W(385) − W(390) − W(394)

WDOT(70) = + W(360) + W(362) + W(363) − W(364) − W(365) − W(366) − W(367) − W(368) − W(369) + W(379) + W(383) + W(387) − W(390) − W(393)

WDOT(71) = + W(370) + W(371) − W(372) − W(373)

WDOT(72) = + W(385) + W(386) − W(387) − W(388) − W(389) − W(397) + W(400)

WDOT(73) = + W(396) + W(398) + W(399) − W(400) − W(401) − W(402) + W(403)

WDOT(74) = + W(43) + W(83) + W(89) − W(91) − W(92) − W(103) − W(104) − W(105) − W(106) − W(370) − W(374) − W(392) − W(394)

WDOT(75) = + W(374) + W(375) + W(376) − W(379) − W(380) − W(381) − W(382) − W(383) + W(384) − W(391)

WDOT(76) = + W(393) + W(394) + W(395) + W(397) + W(398) − W(399) + W(401)

WDOT(77) = + W(389) + W(390) + W(391) + W(392) + W(402) − W(403)

RETURN

END

3.2　简化机理的有效性

柴油总包机理的有效性如图 3.1～图 3.4 所示。

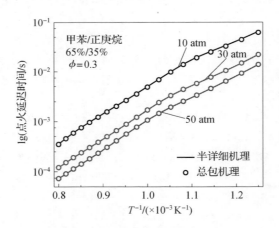

图 3.1　点火延迟时间的有效性

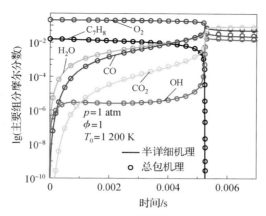

图 3.2　主要组分浓度的有效性

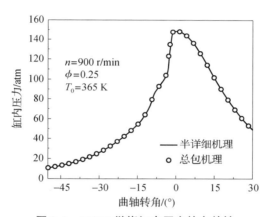

图 3.3　HCCI 燃烧缸内压力的有效性

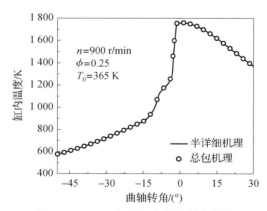

图 3.4　HCCI 燃烧缸内温度的有效性

第 4 章
柴油机理在燃烧中的应用

4.1　柴油机理选择

柴油机理选择 Wang H 等人创建的 109 个组分和 543 个基元反应的半详细机理[22]。考虑到此机理组分数不是很多,以现有的计算资源可以运算,因此可以直接将此半详细机理耦合到燃烧模型中。

4.2　柴油机理在自由活塞内燃装置燃烧中的应用

4.2.1　自由活塞内燃直线发电机动网格模型

自由活塞内燃直线发电机作为新型的内燃装置,与 HCCI 燃烧结合有望解决传统内燃机的缺点。因此,自由活塞内燃直线发电机的 HCCI 燃烧引起了大量科研人员的兴趣[23-40]。

类似传动发动机的燃烧仿真,自由活塞内燃直线发电机的燃烧仿真要首先建立其动力学模型和热力学模型。以上两种模型的建立,可查阅相关文献,此处不再赘述。

提前计算出自由活塞内燃直线发电机活塞的运动位移曲线,然后对自由活塞内燃直线发电机生成动网格模型,如图 4.1 所示。

动网格模型画好后,考虑实际的 HCCI 燃烧过程,选用 RNG $k-\varepsilon$ 的湍流模型,耦合柴油机理、NO_x 机理以及碳烟模型（选择 Hiroyasu - NSC 模型）,设置自由活塞内燃直线发电机的工作频率为 22.9 Hz、当量比为 0.335 进行仿真,缸内压力仿真与实验结果的对比如图 4.2 所示。在图中,仿真与实验接近,说明自由活塞内燃直线发电机仿真模型正确。

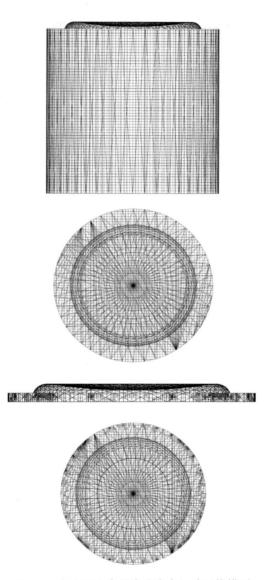

图 4.1　自由活塞内燃直线发电机动网格模型

4.2.2　EGR 率的影响

　　EGR（废气再循环）率是控制 HCCI 燃烧性能的有效手段之一[36,37,41]。不同 EGR 率下，得到如下仿真结果：图 4.3 是缸内温度；图 4.4 是缸内压力；图 4.5 是热释放率；图 4.6 是未燃碳氢（UHC）含量；图 4.7 是 CO 含量；图 4.8 是 NO_x 含量；图 4.9 是碳烟（SOOT）含量。

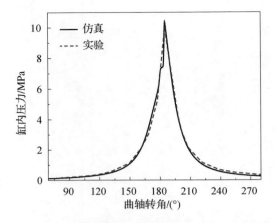

图 4.2　缸内压力仿真与实验结果的对比（书后附彩插）

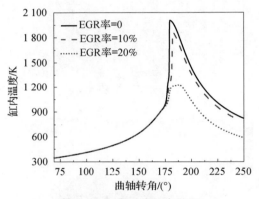

图 4.3　缸内温度仿真结果

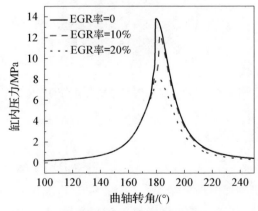

图 4.4　缸内压力仿真结果

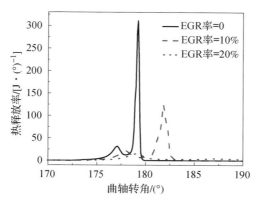

图 4.5　热释放率仿真结果

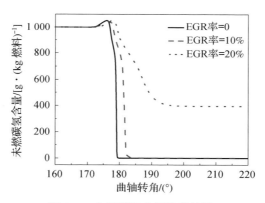

图 4.6　未燃碳氢含量仿真结果

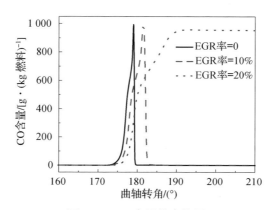

图 4.7　CO 含量仿真结果

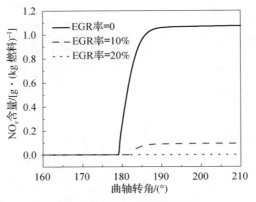

图 4.8　NO$_x$ 含量仿真结果

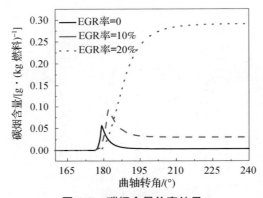

图 4.9　碳烟含量仿真结果

从图 4.3～图 4.5 中可以看出，EGR 率的增大，引起热释放率的相位滞后，且尖峰值显著下降，缸内温度和压力显著变小。当 EGR 率＝20% 时，热释放率非常低，已经不能正常点火。从图 4.6～图 4.9 中可以看出，随着 EGR 率的增大，NO$_x$ 含量显著减少，但是未燃碳氢、CO 和碳烟含量显著增加。

4.2.3　EGR 率不同时，主要组分浓度和温度的分布云图

耦合柴油详细机理进行三维仿真，还可以考察机理中各组分在气缸中的分布。HCCI 燃烧往往以 CA10（此时刻的曲轴转角对应放热量占总放热量的 10%，CA50 和 CA90 类推）表示开始着火，同时考虑 CA50 和 CA90 对燃烧过程进行分析。

EGR 率＝0 时，C$_7$H$_8$ 在缸内的浓度分布云图分别如图 4.10（CA10）、图 4.11（CA50）和图 4.12（CA90）所示；NC$_7$H$_{16}$ 在缸内的浓度分布云图分别如图 4.13（CA10）、图 4.14（CA50）和图 4.15（CA90）所示；CO 在缸内

的浓度分布云图分别如图 4.16（CA10）、图 4.17（CA50）和图 4.18（CA90）所示；NO 在缸内的浓度分布云图分别如图 4.19（CA10）、图 4.20（CA50）和图 4.21（CA90）所示；缸内温度的分布云图分别如图 4.22（CA10）、图 4.23（CA50）和图 4.24（CA90）所示。图中浓度指摩尔分数，温度的单位为 K，其他分布云图同此，不再赘述。

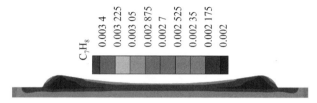

图 4.10　EGR 率 =0，CA10 时的 C₇H₈ 在缸内的浓度分布云图（书后附彩插）

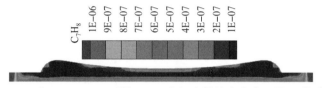

图 4.11　EGR 率 =0，CA50 时的 C₇H₈ 在缸内的浓度分布云图（书后附彩插）

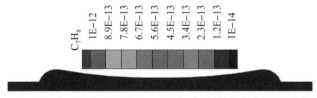

图 4.12　EGR 率 =0，CA90 时的 C₇H₈ 在缸内的浓度分布云图（书后附彩插）

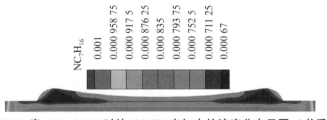

图 4.13　EGR 率 =0，CA10 时的 NC₇H₁₆ 在缸内的浓度分布云图（书后附彩插）

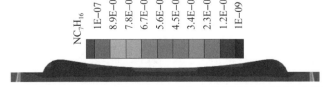

图 4.14　EGR 率 =0，CA50 时的 NC₇H₁₆ 在缸内的浓度分布云图（书后附彩插）

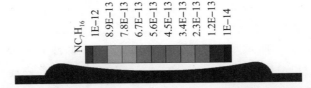

图 4.15　EGR 率 = 0，CA90 时的 NC_7H_{16} 在缸内的浓度分布云图（书后附彩插）

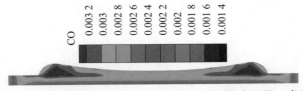

图 4.16　EGR 率 = 0，CA10 时的 CO 在缸内的浓度分布云图（书后附彩插）

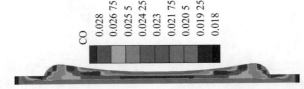

图 4.17　EGR 率 = 0，CA50 时的 CO 在缸内的浓度分布云图（书后附彩插）

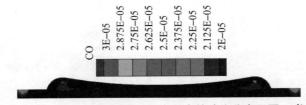

图 4.18　EGR 率 = 0，CA90 时的 CO 在缸内的浓度分布云图（书后附彩插）

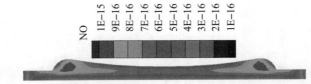

图 4.19　EGR 率 = 0，CA10 时的 NO 在缸内的浓度分布云图（书后附彩插）

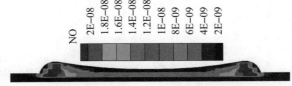

图 4.20　EGR 率 = 0，CA50 时的 NO 在缸内的浓度分布云图（书后附彩插）

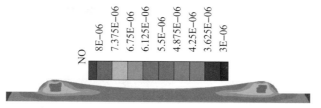

图 4.21　EGR 率 = 0，CA90 时的 NO 在缸内的浓度分布云图（书后附彩插）

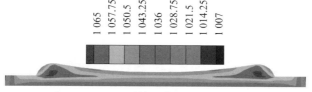

图 4.22　EGR 率 = 0，CA10 时的缸内温度的分布云图（书后附彩插）

图 4.23　EGR 率 = 0，CA50 时的缸内温度的分布云图（书后附彩插）

图 4.24　EGR 率 = 0，CA90 时的缸内温度的分布云图（书后附彩插）

EGR 率 = 10% 时，C_7H_8 在缸内的浓度分布云图分别如图 4.25（CA10）、图 4.26（CA50）和图 4.27（CA90）所示；NC_7H_{16} 在缸内的浓度分布云图分别如图 4.28（CA10）、图 4.29（CA50）和图 4.30（CA90）所示；CO 在缸内的浓度分布云图分别如图 4.31（CA10）、图 4.32（CA50）和图 4.33（CA90）所示；NO 在缸内的浓度分布云图分别如图 4.34（CA10）、图 4.35（CA50）和图 4.36（CA90）所示；缸内温度的分布云图分别如图 4.37（CA10）、图 4.38（CA50）和图 4.39（CA90）所示。

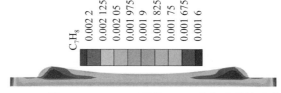

图 4.25　EGR 率 = 10%，CA10 时的 C_7H_8 在缸内的浓度分布云图

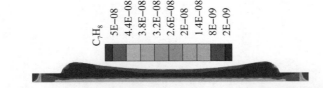

图 4.26　EGR 率 = 10%，CA50 时的 C_7H_8 在缸内的浓度分布云图

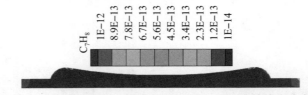

图 4.27　EGR 率 = 10%，CA90 时的 C_7H_8 在缸内的浓度分布云图

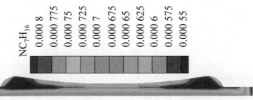

图 4.28　EGR 率 = 10%，CA10 时的 NC_7H_{16} 在缸内的浓度分布云图

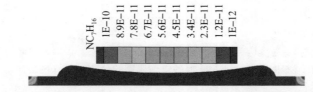

图 4.29　EGR 率 = 10%，CA50 时的 NC_7H_{16} 在缸内的浓度分布云图

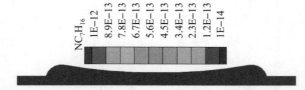

图 4.30　EGR 率 = 10%，CA90 时的 NC_7H_{16} 在缸内的浓度分布云图

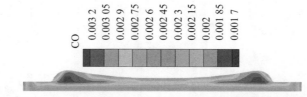

图 4.31　EGR 率 = 10%，CA10 时的 CO 在缸内的浓度分布云图

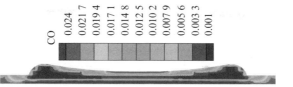

图 4.32　EGR 率 = 10%，CA50 时的 CO 在缸内的浓度分布云图

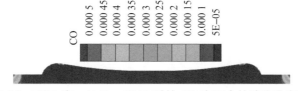

图 4.33　EGR 率 = 10%，CA90 时的 CO 在缸内的浓度分布云图

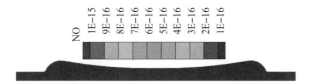

图 4.34　EGR 率 = 10%，CA10 时的 NO 在缸内的浓度分布云图

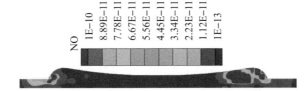

图 4.35　EGR 率 = 10%，CA50 时的 NO 在缸内的浓度分布云图

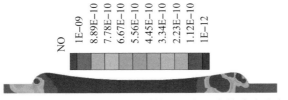

图 4.36　EGR 率 = 10%，CA90 时的 NO 在缸内的浓度分布云图

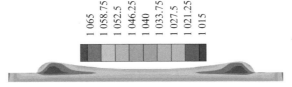

图 4.37　EGR 率 = 10%，CA10 时的缸内温度的分布云图

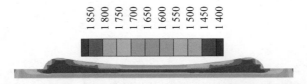

图 4.38　EGR 率 = 10%，CA50 时的缸内温度的分布云图

图 4.39　EGR 率 = 10%，CA90 时的缸内温度的分布云图

EGR 率 = 20% 时，得到的结果分别如图 4.40 ~ 图 4.54 所示。

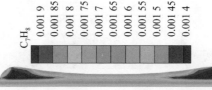

图 4.40　EGR 率 = 20%，CA10 时的 C_7H_8 在缸内的浓度分布云图

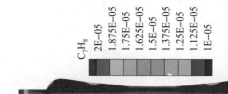

图 4.41　EGR 率 = 20%，CA50 时的 C_7H_8 在缸内的浓度分布云图

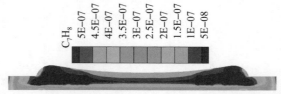

图 4.42　EGR 率 = 20%，CA90 时的 C_7H_8 在缸内的浓度分布云图

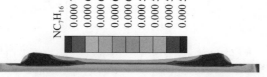

图 4.43　EGR 率 = 20%，CA10 时的 NC_7H_{16} 在缸内的浓度分布云图

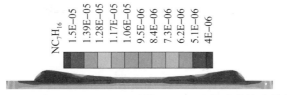

图 4.44 EGR 率 = 20%，CA50 时的 NC$_7$H$_{16}$ 在缸内的浓度分布云图

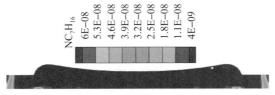

图 4.45 EGR 率 = 20%，CA90 时的 NC$_7$H$_{16}$ 在缸内的浓度分布云图

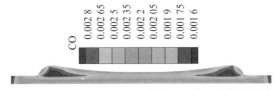

图 4.46 EGR 率 = 20%，CA10 时的 CO 在缸内的浓度分布云图

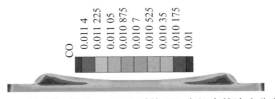

图 4.47 EGR 率 = 20%，CA50 时的 CO 在缸内的浓度分布云图

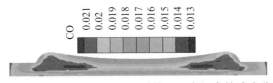

图 4.48 EGR 率 = 20%，CA90 时的 CO 在缸内的浓度分布云图

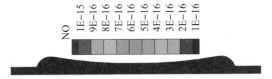

图 4.49 EGR 率 = 20%，CA10 时的 NO 在缸内的浓度分布云图

图 4.50　EGR 率 = 20%，CA50 时的 NO 在缸内的浓度分布云图

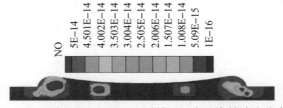

图 4.51　EGR 率 = 20%，CA90 时的 NO 在缸内的浓度分布云图

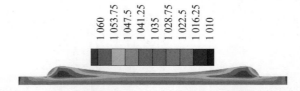

图 4.52　EGR 率 = 20%，CA10 时的缸内温度的分布云图

图 4.53　EGR 率 = 20%，CA50 时的缸内温度的分布云图

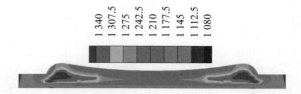

图 4.54　EGR 率 = 20%，CA90 时的缸内温度的分布云图

　　从图 4.10 ~ 图 4.54 中可以看出，EGR 率影响着燃料、中间产物、排放物以及燃烧温度在缸内的分布，即使在同一 EGR 率下，燃料、中间产物、排放物以及燃烧温度在缸内的分布也不均衡。燃烧开始时，温度最高的区域燃料最先氧化，且该区域 NO 和 CO 最先生成。

4.3　丁醇柴油机理在自由活塞内燃装置燃烧中的应用

4.3.1　丁醇比例的影响

选用 Wang H 等人创建的 76 个组分和 349 个基元反应的丁醇柴油机理[42]进行仿真分析[43]。

不同丁醇比例下得到的仿真结果如下：图 4.55 是热释放率；图 4.56 是缸内温度；图 4.57 是缸内压力；图 4.58 是未燃碳氢（UHC）含量；图 4.59 是 CO 含量；图 4.60 是 NO_x 含量；图 4.61 是碳烟（SOOT）含量。从图 4.55 ~ 图 4.57 中可以看出，随着丁醇比例的增加，热释放率、缸内温度以及缸内压力上升的相位均滞后。从图 4.58 ~ 图 4.61 中可以看出，随着丁醇比例的增加，燃料的氧化时间滞后，CO、NO_x 和碳烟的生成也随之滞后。随着丁醇比例的增加，最终 NO_x 的生成量大幅下降，起到了降低 NO_x 的作用，但是最终的碳烟生成量会增加。

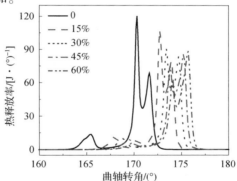

图 4.55　不同丁醇比例下的热释放率仿真结果（书后附彩插）

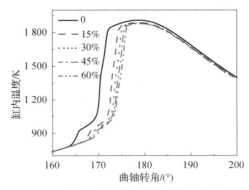

图 4.56　不同丁醇比例下的缸内温度仿真结果

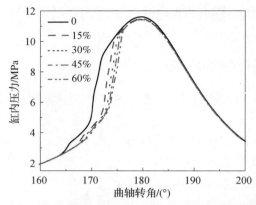

图 4.57　不同丁醇比例下的缸内压力仿真结果

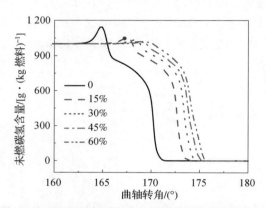

图 4.58　不同丁醇比例下的未燃碳氢含量仿真结果

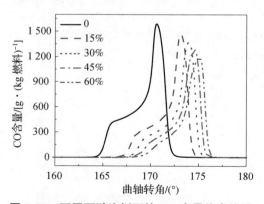

图 4.59　不同丁醇比例下的 CO 含量仿真结果

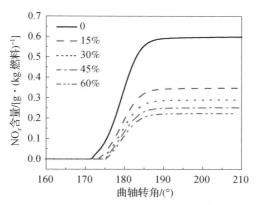

图 4.60　不同丁醇比例下的 NO_x 含量仿真结果

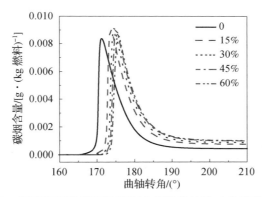

图 4.61　不同丁醇比例下的碳烟含量仿真结果（书后附彩插）

4.3.2　不同丁醇比例下，各主要组分浓度和温度的分布云图

丁醇比例为 0，CA10 时的 C_4H_9OH、NC_7H_{16}、NO、CO、OH、C_2H_2（碳烟前驱物）在缸内的浓度分布云图以及缸内温度的分布云图分别如图 4.62 ~ 4.68 所示；CA50 时的 C_4H_9OH、NC_7H_{16}、NO、CO、OH、C_2H_2 在缸内的浓度分布云图以及缸内温度的分布云图分别如图 4.69 ~ 图 4.75 所示；CA90 时的 C_4H_9OH、NC_7H_{16}、NO、CO、OH、C_2H_2 在缸内的浓度分布云图以及缸内温度的分布云图分别如图 4.76 ~ 图 4.82 所示。从图 4.62 ~ 图 4.82 中可以看出，丁醇比例为 0 时，在 CA10、CA50 和 CA90 三个燃烧阶段，各主要组分浓度和缸内温度的分布不均衡。燃烧开始时，温度最高的区域燃料最先氧化，该区域 NO 和 CO 最先生成，NO 和 CO 的浓度随着燃烧的进行不断改变。燃烧结束时，缸内燃料基本氧化完毕。

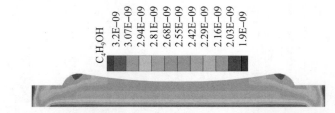

图 4.62　丁醇比例为 0，CA10 时的 C_4H_9OH 在缸内的浓度分布云图

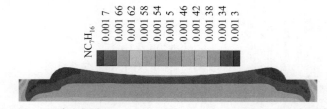

图 4.63　丁醇比例为 0，CA10 时的 NC_7H_{16} 在缸内的浓度分布云图

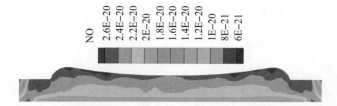

图 4.64　丁醇比例为 0，CA10 时的 NO 在缸内的浓度分布云图

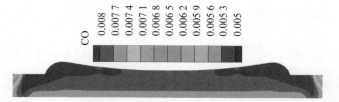

图 4.65　丁醇比例为 0，CA10 时的 CO 在缸内的浓度分布云图

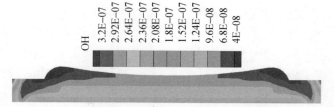

图 4.66　丁醇比例为 0，CA10 时的 OH 在缸内的浓度分布云图

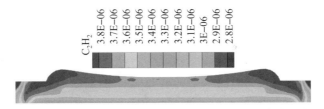

图 4.67　丁醇比例为 0，CA10 时的 C_2H_2 在缸内的浓度分布云图

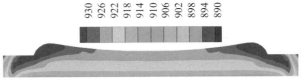

图 4.68　丁醇比例为 0，CA10 时的缸内温度的分布云图

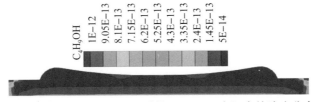

图 4.69　丁醇比例为 0，CA50 时的 C_4H_9OH 在缸内的浓度分布云图

图 4.70　丁醇比例为 0，CA50 时的 NC_7H_{16} 在缸内的浓度分布云图

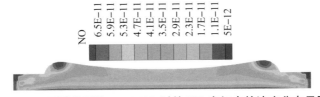

图 4.71　丁醇比例为 0，CA50 时的 NO 在缸内的浓度分布云图

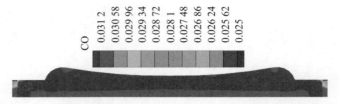

图 4.72　丁醇比例为 0，CA50 时的 CO 在缸内的浓度分布云图

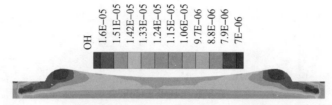

图 4.73　丁醇比例为 0，CA50 时的 OH 在缸内的浓度分布云图

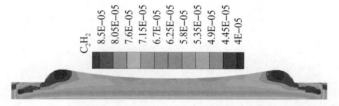

图 4.74　丁醇比例为 0，CA50 时的 C_2H_2 在缸内的浓度分布云图

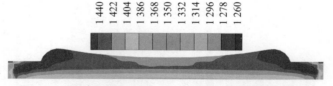

图 4.75　丁醇比例为 0，CA50 时的缸内温度的分布云图

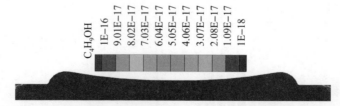

图 4.76　丁醇比例为 0，CA90 时的 C_4H_9OH 在缸内的浓度分布云图

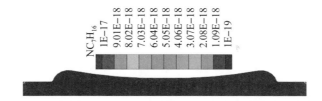

图 4.77　丁醇比例为 0，CA90 时的 NC_7H_{16} 在缸内的浓度分布云图

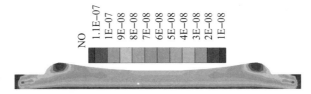

图 4.78　丁醇比例为 0，CA90 时的 NO 在缸内的浓度分布云图

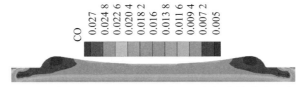

图 4.79　丁醇比例为 0，CA90 时的 CO 在缸内的浓度分布云图

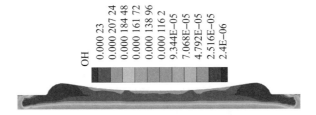

图 4.80　丁醇比例为 0，CA90 时的 OH 在缸内的浓度分布云图

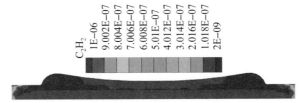

图 4.81　丁醇比例为 0，CA90 时的 C_2H_2 在缸内的浓度分布云图

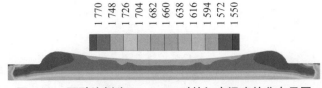

图 4.82　丁醇比例为 0，CA90 时的缸内温度的分布云图

　　丁醇比例为 15%，CA10 时的 C_4H_9OH、NC_7H_{16}、NO、CO、OH、C_2H_2 在缸内的浓度分布云图以及缸内温度的分布云图分别如图 4.83 ~ 图 4.89 所示；CA50 时的 C_4H_9OH、NC_7H_{16}、NO、CO、OH、C_2H_2 在缸内的浓度分布云图以及缸内温度的分布云图分别如图 4.90 ~ 图 4.96 所示；CA90 时的 C_4H_9OH、NC_7H_{16}、NO、CO、OH、C_2H_2 在缸内的浓度分布云图以及缸内温度的分布云图分别如图 4.97 ~ 图 4.103 所示。从图 4.83 ~ 图 4.103 中可以看出，丁醇比例为 15% 时，在 CA10、CA50 和 CA90 三个燃烧阶段，各主要组分浓度和缸内温度的分布不均衡。燃烧开始时，温度最高的区域燃料最先氧化，该区域 NO 和 CO 最先生成，且 NO 和 CO 的浓度随着燃烧的进行不断改变。燃烧结束时，缸内燃料基本氧化完毕。

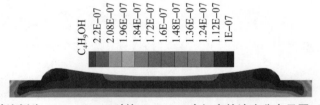

图 4.83　丁醇比例为 15%，CA10 时的 C_4H_9OH 在缸内的浓度分布云图（书后附彩插）

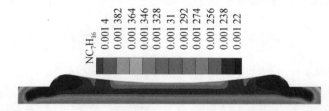

图 4.84　丁醇比例为 15%，CA10 时的 NC_7H_{16} 在缸内的浓度分布云图（书后附彩插）

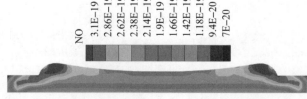

图 4.85　丁醇比例为 15%，CA10 时的 NO 在缸内的浓度分布云图（书后附彩插）

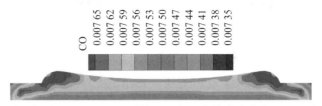

图 4.86　丁醇比例为 15%，CA10 时的 CO 在缸内的浓度分布云图（书后附彩插）

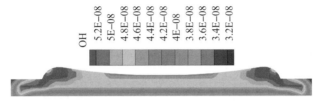

图 4.87　丁醇比例为 15%，CA10 时的 OH 在缸内的浓度分布云图（书后附彩插）

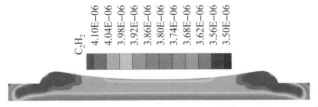

图 4.88　丁醇比例为 15%，CA10 时的 C_2H_2 在缸内的浓度分布云图（书后附彩插）

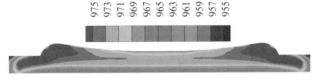

图 4.89　丁醇比例为 15%，CA10 时的缸内温度的分布云图（书后附彩插）

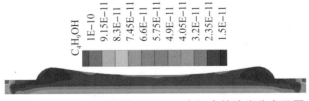

图 4.90　丁醇比例为 15%，CA50 时的 C_4H_9OH 在缸内的浓度分布云图（书后附彩插）

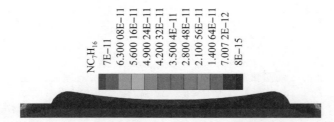

图 4. 91　丁醇比例为 15%，CA50 时的 NC₇H₁₆在缸内的浓度分布云图（书后附彩插）

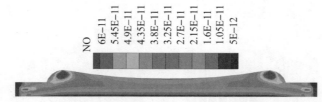

图 4. 92　丁醇比例为 15%，CA50 时的 NO 在缸内的浓度分布云图（书后附彩插）

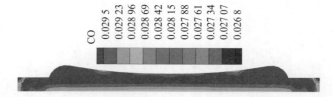

图 4. 93　丁醇比例为 15%，CA50 时的 CO 在缸内的浓度分布云图（书后附彩插）

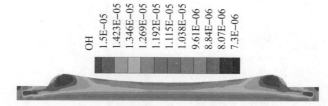

图 4. 94　丁醇比例为 15%，CA50 时的 OH 在缸内的浓度分布云图（书后附彩插）

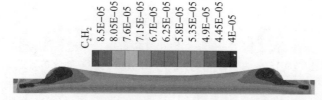

图 4. 95　丁醇比例为 15%，CA50 时的 C₂H₂ 在缸内的浓度分布云图（书后附彩插）

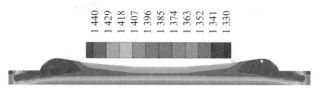

图 4.96 丁醇比例为 15%，CA50 时的缸内温度的分布云图（书后附彩插）

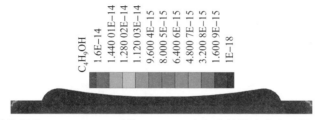

图 4.97 丁醇比例为 15%，CA90 时的 C_4H_9OH 在缸内的浓度分布云图（书后附彩插）

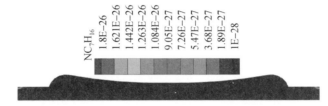

图 4.98 丁醇比例为 15%，CA90 时的 NC_7H_{16} 在缸内的浓度分布云图（书后附彩插）

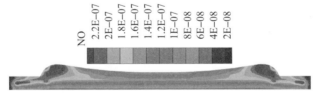

图 4.99 丁醇比例为 15%，CA90 时的 NO 在缸内的浓度分布云图（书后附彩插）

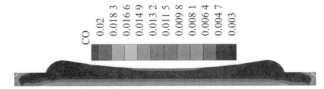

图 4.100 丁醇比例为 15%，CA90 时的 CO 在缸内的浓度分布云图（书后附彩插）

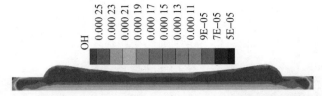

图 4.101　丁醇比例为 15%，CA90 时的 OH 在缸内的浓度分布云图（书后附彩插）

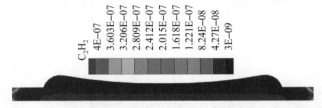

图 4.102　丁醇比例为 15%，CA90 时的 C_2H_2 在缸内的浓度分布云图（书后附彩插）

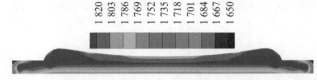

图 4.103　丁醇比例为 15%，CA90 时的缸内温度的分布云图（书后附彩插）

丁醇比例为 30%，CA10 时的 C_4H_9OH、NC_7H_{16}、NO、CO、OH、C_2H_2 在缸内的浓度分布云图以及缸内温度的分布云图分别如图 4.104 ~ 图 4.110 所示；CA50 时的 C_4H_9OH、NC_7H_{16}、NO、CO、OH、C_2H_2 在缸内的浓度分布云图以及缸内温度的分布云图分别如图 4.111 ~ 图 4.117 所示；CA90 时的 C_4H_9OH、NC_7H_{16}、NO、CO、OH、C_2H_2 在缸内的浓度分布云图以及缸内温度的分布云图分别如图 4.118 ~ 图 4.124 所示。从图 4.104 ~ 图 4.124 中可以看出，丁醇比例为 30% 时，在 CA10、CA50 和 CA90 三个燃烧阶段，各主要组分浓度和缸内温度的分布不均衡。燃烧开始时，温度最高的区域燃料最先氧化，且该区域 NO 和 CO 最先生成，NO 和 CO 的浓度随着燃烧的进行不断变动。燃烧结束时，缸内燃料基本氧化完毕。

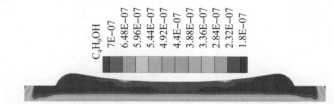

图 4.104　丁醇比例为 30%，CA10 时的 C_4H_9OH 在缸内的浓度分布云图

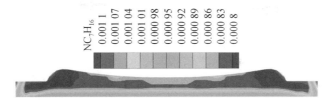

图 4.105　丁醇比例为 30%，CA10 时的 NC_7H_{16} 在缸内的浓度分布云图

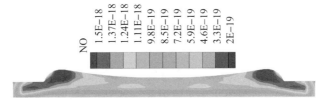

图 4.106　丁醇比例为 30%，CA10 时的 NO 在缸内的浓度分布云图

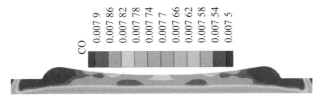

图 4.107　丁醇比例为 30%，CA10 时的 CO 在缸内的浓度分布云图

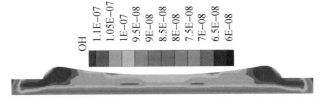

图 4.108　丁醇比例为 30%，CA10 时的 OH 在缸内的浓度分布云图

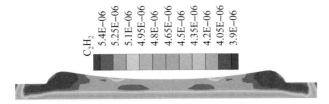

图 4.109　丁醇比例为 30%，CA10 时的 C_2H_2 在缸内的浓度分布云图

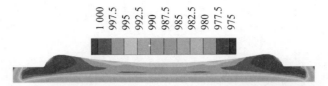

图 4.110　丁醇比例为 30%，CA10 时的缸内温度的分布云图

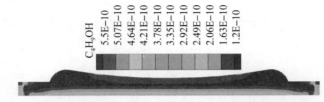

图 4.111　丁醇比例为 30%，CA50 时的 C_4H_9OH 在缸内的浓度分布云图

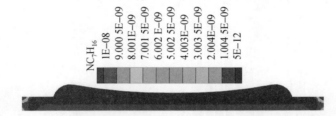

图 4.112　丁醇比例为 30%，CA50 时的 NC_7H_{16} 在缸内的浓度分布云图

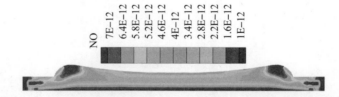

图 4.113　丁醇比例为 30%，CA50 时的 NO 在缸内的浓度分布云图

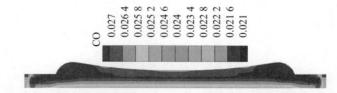

图 4.114　丁醇比例为 30%，CA50 时的 CO 在缸内的浓度分布云图

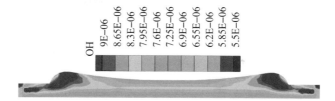

图 4.115　丁醇比例为 30%，CA50 时的 OH 在缸内的浓度分布云图

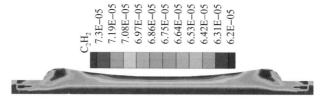

图 4.116　丁醇比例为 30%，CA50 时的 C_2H_2 在缸内的浓度分布云图

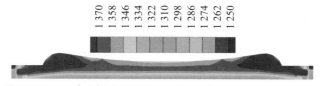

图 4.117　丁醇比例为 30%，CA50 时的缸内温度的分布云图

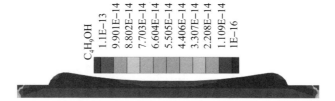

图 4.118　丁醇比例为 30%，CA90 时的 C_4H_9OH 在缸内的浓度分布云图

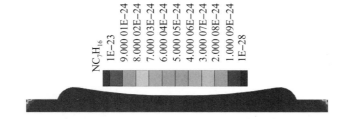

图 4.119　丁醇比例为 30%，CA90 时的 NC_7H_{16} 在缸内的浓度分布云图

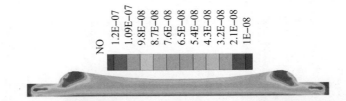

图 4.120　丁醇比例为 30%，CA90 时的 NO 在缸内的浓度分布云图

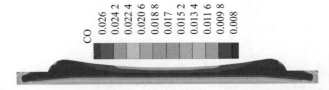

图 4.121　丁醇比例为 30%，CA90 时的 CO 在缸内的浓度分布云图

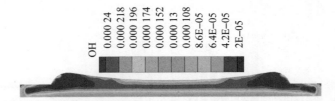

图 4.122　丁醇比例为 30%，CA90 时的 OH 在缸内的浓度分布云图

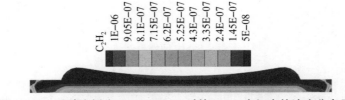

图 4.123　丁醇比例为 30%，CA90 时的 C_2H_2 在缸内的浓度分布云图

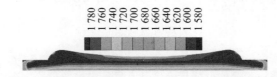

图 4.124　丁醇比例为 30%，CA90 时的缸内温度的分布云图

　　丁醇比例为 45%，CA10 时的 C_4H_9OH、NC_7H_{16}、NO、CO、OH、C_2H_2 在缸内的浓度分布云图以及缸内温度的分布云图分别如图 4.125～图 4.131 所示；CA50 时的 C_4H_9OH、NC_7H_{16}、NO、CO、OH、C_2H_2 在缸内的浓度分布云图以及缸内温度的分布云图分别如图 4.132～图 4.138 所示；CA90 时的 C_4H_9OH、NC_7H_{16}、NO、CO、OH、C_2H_2 在缸内的浓度分布云图以及缸内温

度的分布云图分别如图 4.139～图 4.145 所示。从图 4.125～图 4.145 中可以看出，丁醇比例为 45% 时，在 CA10、CA50 和 CA90 三个燃烧阶段，各主要组分浓度和缸内温度的分布不均衡。燃烧开始时，温度最高的区域燃料最先氧化，且该区域 NO 和 CO 最先生成，NO 和 CO 的浓度随着燃烧的进行不断改变。燃烧结束时，缸内燃料基本氧化完毕。

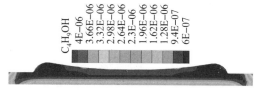

图 4.125　丁醇比例为 45%，CA10 时的 C_4H_9OH 在缸内的浓度分布云图

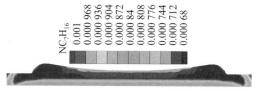

图 4.126　丁醇比例为 45%，CA10 时的 NC_7H_{16} 在缸内的浓度分布云图

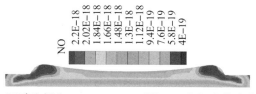

图 4.127　丁醇比例为 45%，CA10 时的 NO 在缸内的浓度分布云图

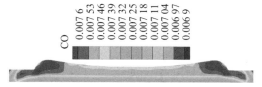

图 4.128　丁醇比例为 45%，CA10 时的 CO 在缸内的浓度分布云图

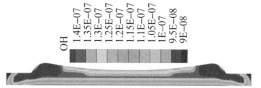

图 4.129　丁醇比例为 45%，CA10 时的 OH 在缸内的浓度分布云图

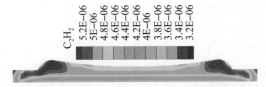

图 4.130 丁醇比例为 45%，CA10 时的 C₂H₂ 在缸内的浓度分布云图

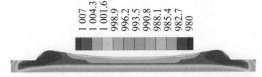

图 4.131 丁醇比例为 45%，CA10 时的缸内温度的分布云图

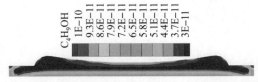

图 4.132 丁醇比例为 45%，CA50 时的 C₄H₉OH 在缸内的浓度分布云图

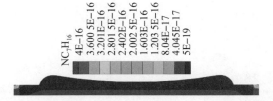

图 4.133 丁醇比例为 45%，CA50 时的 NC₇H₁₆ 在缸内的浓度分布云图

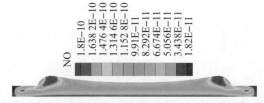

图 4.134 丁醇比例为 45%，CA50 时的 NO 在缸内的浓度分布云图

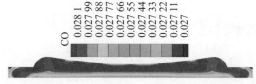

图 4.135 丁醇比例为 45%，CA50 时的 CO 在缸内的浓度分布云图

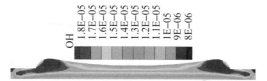

图 4.136　丁醇比例为 45%，CA50 时的 OH 在缸内的浓度分布云图

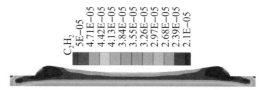

图 4.137　丁醇比例为 45%，CA50 时的 C_2H_2 在缸内的浓度分布云图

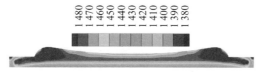

图 4.138　丁醇比例为 45%，CA50 时的缸内温度的分布云图

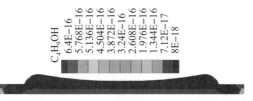

图 4.139　丁醇比例为 45%，CA90 时的 C_4H_9OH 在缸内的浓度分布云图

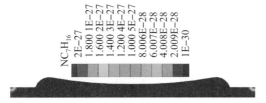

图 4.140　丁醇比例为 45%，CA90 时的 NC_7H_{16} 在缸内的浓度分布云图

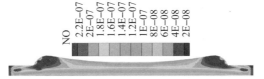

图 4.141　丁醇比例为 45%，CA90 时的 NO 在缸内的浓度分布云图

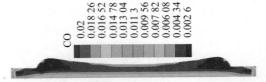

图 4.142 丁醇比例为 45%，CA90 时的 CO 在缸内的浓度分布云图

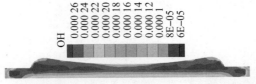

图 4.143 丁醇比例为 45%，CA90 时的 OH 在缸内的浓度分布云图

图 4.144 丁醇比例为 45%，CA90 时的 C_2H_2 在缸内的浓度分布云图

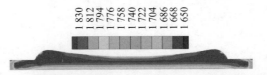

图 4.145 丁醇比例为 45%，CA90 时的缸内温度的分布云图

丁醇比例为 60%，CA10 时的 C_4H_9OH、NC_7H_{16}、NO、CO、OH、C_2H_2 在缸内的浓度分布云图以及缸内温度的分布云图分别如图 4.146 ～ 图 4.152 所示；CA50 时的 C_4H_9OH、NC_7H_{16}、NO、CO、OH、C_2H_2 在缸内的浓度分布云图以及缸内温度的分布云图分别如图 4.153 ～ 图 4.159 所示；CA90 时的 C_4H_9OH、NC_7H_{16}、NO、CO、OH、C_2H_2 在缸内的浓度分布云图以及缸内温度的分布云图分别如图 4.160 ～ 图 4.166 所示。从图 4.146 ～ 图 4.166 中可以看出，丁醇比例为 60% 时，在 CA10、CA50 和 CA90 三个燃烧阶段，各主要组分浓度和缸内温度的分布不均衡。燃烧开始时，温度最高的区域燃料最先氧化，且该区域 NO 和 CO 最先生成，NO 和 CO 的浓度随着燃烧的进行不断改变。仿真结束时，燃料基本氧化完毕。

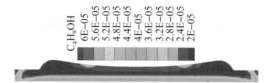

图 4.146　丁醇比例为 60%，CA10 时的 C_4H_9OH 在缸内的浓度分布云图

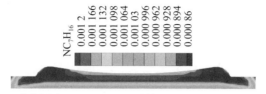

图 4.147　丁醇比例为 60%，CA10 时的 NC_7H_{16} 在缸内的浓度分布云图

图 4.148　丁醇比例为 60%，CA10 时的 NO 在缸内的浓度分布云图

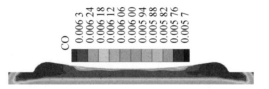

图 4.149　丁醇比例为 60%，CA10 时的 CO 在缸内的浓度分布云图

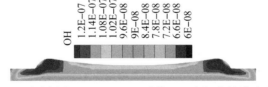

图 4.150　丁醇比例为 60%，CA10 时的 OH 在缸内的浓度分布云图

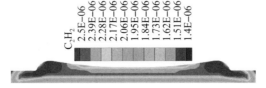

图 4.151　丁醇比例为 60%，CA10 时的 C_2H_2 在缸内的浓度分布云图

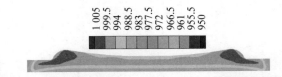

图 4. 152　丁醇比例为 60%，CA10 时的缸内温度的分布云图

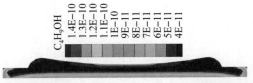

图 4. 153　丁醇比例为 60%，CA50 时的 C_4H_9OH 在缸内的浓度分布云图

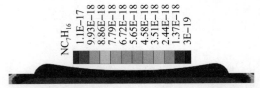

图 4. 154　丁醇比例为 60%，CA50 时的 NC_7H_{16} 在缸内的浓度分布云图

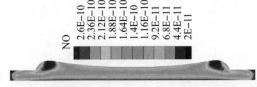

图 4. 155　丁醇比例为 60%，CA50 时的 NO 在缸内的浓度分布云图

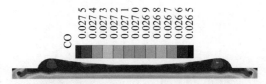

图 4. 156　丁醇比例为 60%，CA50 时的 CO 在缸内的浓度分布云图

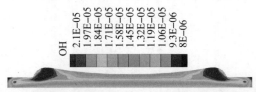

图 4. 157　丁醇比例为 60%，CA50 时的 OH 在缸内的浓度分布云图

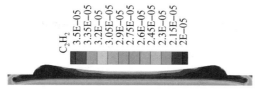

图 4.158　丁醇比例为 60%，CA50 时的 C_2H_2 在缸内的浓度分布云图

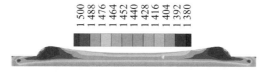

图 4.159　丁醇比例为 60%，CA50 时的缸内温度的分布云图

图 4.160　丁醇比例为 60%，CA90 时的 C_4H_9OH 在缸内的浓度分布云图

图 4.161　丁醇比例为 60%，CA90 时的 NC_7H_{16} 在缸内的浓度分布云图

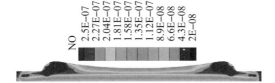

图 4.162　丁醇比例为 60%，CA90 时的 NO 在缸内的浓度分布云图

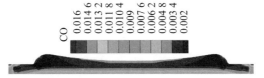

图 4.163　丁醇比例为 60%，CA90 时的 CO 在缸内的浓度分布云图

图 4.164　丁醇比例为 60%，CA90 时的 OH 在缸内的浓度分布云图

图 4.165　丁醇比例为 60%，CA90 时的 C_2H_2 在缸内的浓度分布云图

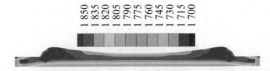

图 4.166　丁醇比例为 60%，CA90 时的缸内温度的分布云图

第 5 章
生物柴油机理在燃烧中的应用

5.1 生物柴油机理在自由活塞内燃直线 发电机 HCCI 燃烧中的应用

生物柴油机理选择 Luo Z 等人创建的简化机理[44]。按照第 4 章的思路，设定工作条件如表 5.1 所示。

表 5.1 工作条件

工作参数	数值
初始温度	345 K
初始压力	1.14 bar（1 bar = 10^5 Pa）
当量比	0.4
压缩比	20.2
工作频率	22.9 Hz

在表 5.1 所示的工作条件下，热释放率和缸内温度仿真结果如图 5.1 所示[45]。

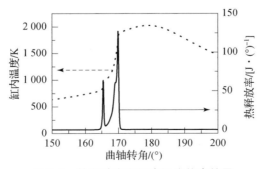

图 5.1 热释放率和缸内温度仿真结果

仿真后同时得到缸内主要组分浓度和温度的分布云图。CA10 时，分别如图 5.2 ~ 图 5.6 所示；CA50 时，分别如图 5.7 ~ 图 5.11 所示；CA90 时，分别如图 5.12 ~ 图 5.16 所示。从图 5.2 ~ 图 5.16 中可以看出，在 CA10、CA50 和 CA90 三个燃烧阶段（实际上表示整个燃烧过程），各主要组分浓度和温度在缸内的分布不均衡。

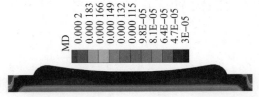

图 5.2　CA10 时的 MD 在缸内的浓度分布云图（书后附彩插）

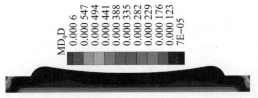

图 5.3　CA10 时的 MD_9D 在缸内的浓度分布云图（书后附彩插）

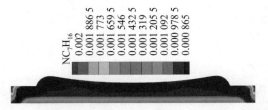

图 5.4　CA10 时的 NC_7H_{16} 在缸内的浓度分布云图（书后附彩插）

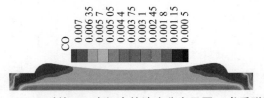

图 5.5　CA10 时的 CO 在缸内的浓度分布云图（书后附彩插）

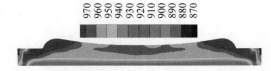

图 5.6　CA10 时的缸内温度的分布云图（书后附彩插）

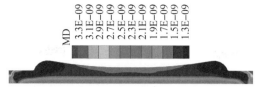

图 5.7　CA50 时的 MD 在缸内的浓度分布云图（书后附彩插）

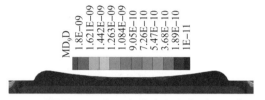

图 5.8　CA50 时的 MD_9D 在缸内的浓度分布云图（书后附彩插）

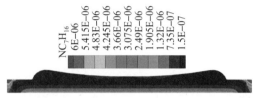

图 5.9　CA50 时的 NC_7H_{16} 在缸内的浓度分布云图（书后附彩插）

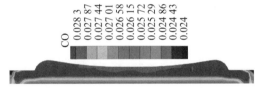

图 5.10　CA50 时的 CO 在缸内的浓度分布云图（书后附彩插）

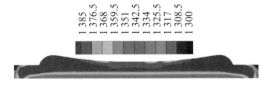

图 5.11　CA50 时的缸内温度的分布云图（书后附彩插）

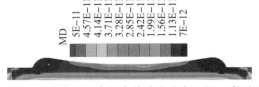

图 5.12　CA90 时的 MD 在缸内的浓度分布云图（书后附彩插）

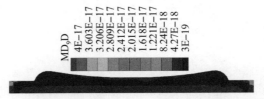

图 5.13　CA90 时的 MD$_9$D 在缸内的浓度分布云图（书后附彩插）

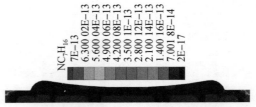

图 5.14　CA90 时的 NC$_7$H$_{16}$ 在缸内的浓度分布云图（书后附彩插）

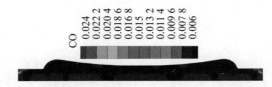

图 5.15　CA90 时 CO 在缸内的浓度分布云图（书后附彩插）

图 5.16　CA90 时缸内温度的分布云图（书后附彩插）

5.2　工作参数变化对 HCCI 燃烧的影响

　　不同初始温度（选择 315 K、345 K 和 375 K 进行仿真）下，得到图 5.17 ~ 图 5.19 的燃烧性能。由图中可以得出结论：初始温度升高，低温放热更早开始，缸内最高温度随之增大，而缸内最大压力随之减小。

　　不同初始温度（选择 315 K、345 K 和 375 K 进行仿真）下，仿真结果分别如下：未燃碳氢含量如图 5.20 所示；CO 含量如图 5.21 所示；NO$_x$ 含量如图 5.22 所示；碳烟含量如图 5.23 所示。从图 5.20 ~ 图 5.23 中可以看出，随着初始温度升高，未燃碳氢、CO、NO$_x$ 和碳烟更早开始生成，且初始温度越高，燃烧完毕时的未燃碳氢和碳烟含量越低，但是 NO$_x$ 含量越高。

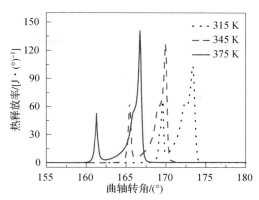

图 5.17　热释放率仿真结果

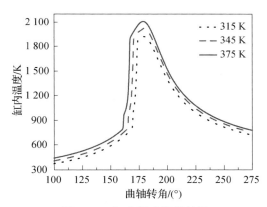

图 5.18　缸内温度仿真结果

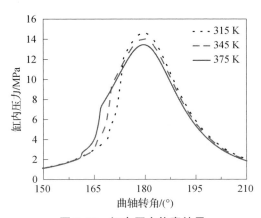

图 5.19　缸内压力仿真结果

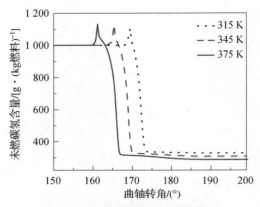

图 5.20　未燃碳氢含量仿真结果

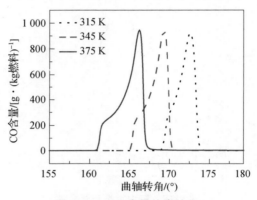

图 5.21　CO 含量仿真结果

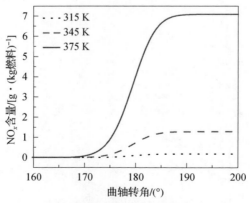

图 5.22　NOₓ 含量仿真结果

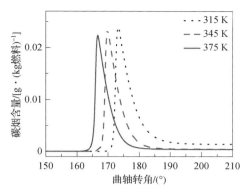

图 5.23　碳烟含量仿真结果

不同初始压力（选择 1.14 bar、1.3 bar 和 1.46 bar 进行仿真）下，得到图 5.24～图 5.26 的燃烧性能。由图中可以得出结论：初始压力升高，高温放热的热释放率最大值变大，缸内最高温度和最大压力也随之增大。

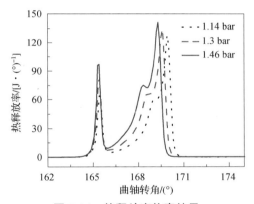

图 5.24　热释放率仿真结果

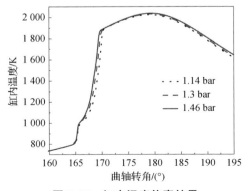

图 5.25　缸内温度仿真结果

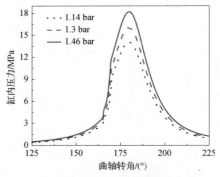

图 5.26　缸内压力仿真结果

　　不同初始压力（选择 1.14 bar、1.3 bar 和 1.46 bar 进行仿真）下，仿真结果分别如下：未燃碳氢含量如图 5.27 所示；CO 含量如图 5.28 所示；NO_x含量如图 5.29 所示；碳烟含量如图 5.30 所示。从图 5.27 ~ 图 5.30 中可以看出，随着初始压力升高，燃烧完成时，未燃碳氢含量降低，CO 和碳烟基本消耗完毕，NO_x含量升高。

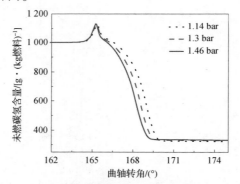

图 5.27　未燃碳氢含量仿真结果

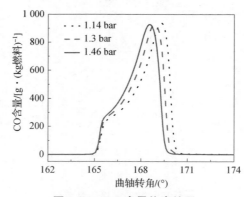

图 5.28　CO 含量仿真结果

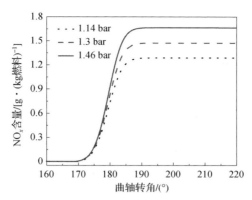

图 5.29　NO$_x$ 含量仿真结果

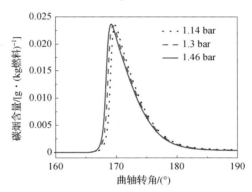

图 5.30　碳烟含量仿真结果

不同工作频率（选择 19.6 Hz、22.9 Hz 和 27.9 Hz 进行仿真）下，得到图 5.31～图 5.33 的燃烧性能。由图 5.31～图 5.33 中可以看出，随着工作频率变大，低温放热更晚开始，但缸内最高温度和最大压力基本相同。

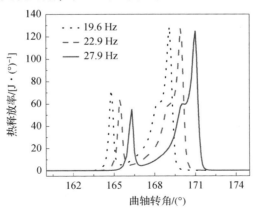

图 5.31　热释放率仿真结果

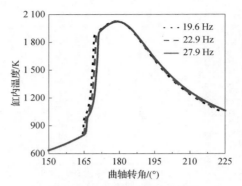

图 5.32　缸内温度仿真结果

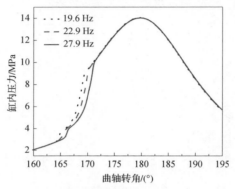

图 5.33　缸内压力仿真结果

不同工作频率（选择 19.6 Hz、22.9 Hz 和 27.9 Hz 进行仿真）下，仿真结果分别如下：未燃碳氢含量如图 5.34 所示；CO 含量如图 5.35 所示；NO_x 含量如图 5.36 所示；碳烟含量如图 5.37 所示。由图 5.34 ~ 图 5.37 中可以看出，随着工作频率变大，四种组分均更晚生成；燃烧完毕，未燃碳氢、CO 和碳烟基本消耗完毕，NO_x 含量变低。

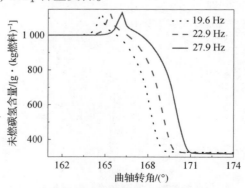

图 5.34　未燃碳氢含量仿真结果

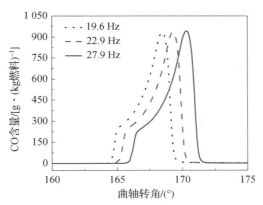

图 5.35　CO 含量仿真结果

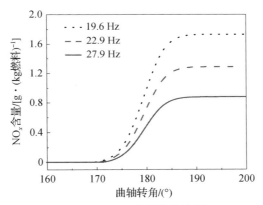

图 5.36　NO$_x$ 含量仿真结果

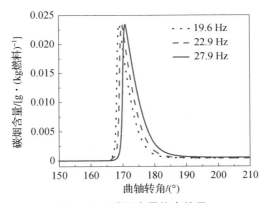

图 5.37　碳烟含量仿真结果

　　不同当量比（选择 0.3、0.4 和 0.45 进行仿真）下，得到图 5.38 ~ 图 5.40 的燃烧性能。由图 5.38 ~ 图 5.40 中可以看出，随着当量比变大，低温放热更晚发生，但缸内最高温度和最大压力更大。

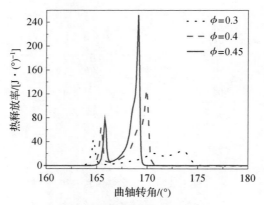

图 5.38　热释放率仿真结果

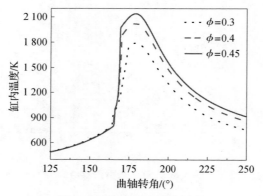

图 5.39　缸内温度仿真结果

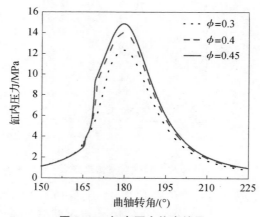

图 5.40　缸内压力仿真结果

不同当量比（选择 0.3、0.4 和 0.45 进行仿真）下，仿真结果分别如下：未燃碳氢含量如图 5.41 所示；CO 含量如图 5.42 所示；NO$_x$ 含量如图 5.43 所示；碳烟含量如图 5.44 所示。由图 5.41～图 5.44 中可以看出，当量比的增长，使未燃碳氢和 CO 更晚生成；燃烧完毕，未燃碳氢残留含量降低，NO$_x$ 含量显著升高，CO 和碳烟基本消耗完毕。

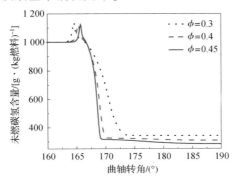

图 5.41　未燃碳氢含量仿真结果

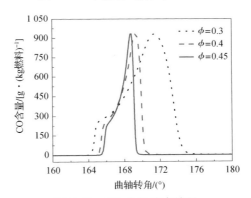

图 5.42　CO 含量仿真结果

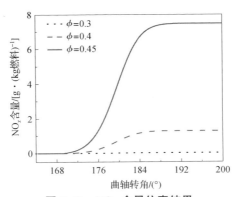

图 5.43　NO$_x$ 含量仿真结果

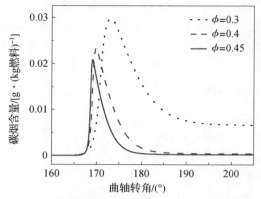

图 5.44　碳烟含量仿真结果

不同压缩比（分别以 15.9、17.8 和 20.2 进行仿真）下，得到图 5.45 ～
图 5.47 的燃烧性能。由图 5.45 ～ 图 5.47 中可以看出，随着压缩比变大，低
温放热更早发生，但缸内最高温度和最大压力更大。

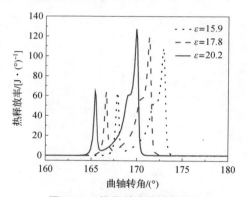

图 5.45　热释放率仿真结果

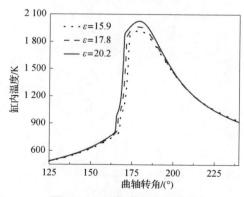

图 5.46　缸内温度仿真结果

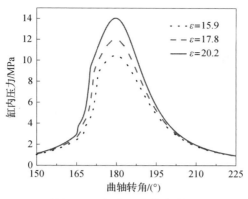

图 5.47　缸内压力仿真结果

不同压缩比（分别以 15.9、17.8 和 20.2 进行仿真）下，仿真结果分别如下：未燃碳氢含量如图 5.48 所示；CO 含量如图 5.49 所示；NO_x 含量如图

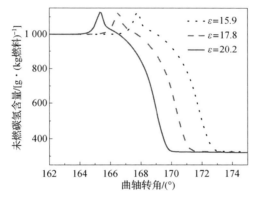

图 5.48　未燃碳氢含量仿真结果

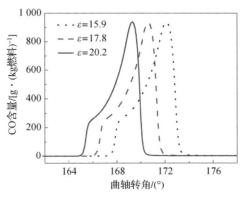

图 5.49　CO 含量仿真结果

5.50 所示；碳烟含量如图 5.51 所示。由图 5.48 ～ 图 5.51 中可以看出，随着压缩比升高，未燃碳氢、CO 和碳烟更早生成；燃烧完毕，未燃碳氢和 CO 基本消耗完毕，NO_x 含量显著升高，碳烟含量降低。

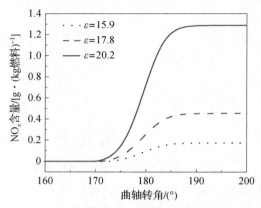

图 5.50　NO_x 含量仿真结果

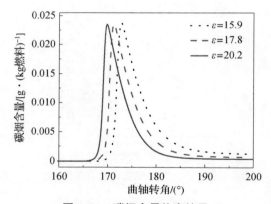

图 5.51　碳烟含量仿真结果

参 考 文 献

［1］［美］TURNS S R. 燃烧学导论：概念与应用［M］. 2 版. 姚强，李水清，王宇，译. 北京：清华大学出版社，2009：93 – 110.

［2］WESTBROOK C K, PITZ W J, HERBINET O, et al. A comprehensive detailed chemical kinetic reaction mechanism for combustion of n – alkane hydrocarbons from n – octane to n – hexadecane［J］. Combust and Flame, 2009, 156（1）：181 – 199.

［3］LU T F, LAW C K. A directed relation graph method for mechanism reduction［J］. Proceedings of the Combustion Institute, 2005, 30（1）：1333 – 1341.

［4］PEPIOT – DESJARDINS P, PITSCH H. An efficient error – propagation – based reduction method for large chemical kinetic mechanisms［J］. Combustion and Flame, 2008, 154（1/2）：67 – 81.

［5］LUO Z Y, LU T F, MATTHIAS J, et al. A reduced mechanism for high temperature oxidation of biodiesel surrogates［J］. Energy & Fuels, 2010, 24（12）：6283 – 6293.

［6］SUN W T, CHEN Z, GOU X L, et al. A path flux analysis method for the reduction of detailed chemical kinetic mechanisms［J］. Combustion and Flame, 2010, 157（7）：1298 – 1307.

［7］KEVIN J HUGHES, MIKE FAIRWEATHER. The Application of the QSSA via reaction lumping for the reduction of complex hydrocarbon oxidation mechanisms［J］. Proceedings of the Combustion Institute, 2009, 32（1）：543 – 551.

［8］LAM S H. Using CSP to understand complex chemical – kinetics［J］. Combustion Science and Technology, 1993, 89（5/6）：375 – 404.

［9］方亚梅，王全德，王繁，等. 正十二烷高温燃烧详细化学动力学机理的系统简化［J］. 物理化学学报，2012，28（11）：2536 – 2542.

［10］李树豪，方亚梅，王繁，等. 庚酸甲酯高温燃烧化学动力学机理的系统简化和分析［J］. 高等学校化学学报，2013，34（7）：1714 – 1722.

［11］李树豪，刘建文，李瑞，等. 碳氢燃料燃烧机理的自动简化［J］. 高等学校化学学报，2015，36（8）：1576 – 1587.

［12］LIU C H, ZUO Z X, FENG H H. Skeletal and reduced chemical kinetic mechanisms for methyl butanoate autoignition［J］. Energy & Fuels, 2016, 31（1）：891 – 895.

［13］ LIU C H, ZUO Z X, FENG H H. Systematic reduction of the detailed kinetic mechanism for the combustion of n – butane ［J］. Journal of Chemistry, 2016, 2016 (11): 1 – 7.

［14］ LIU C H, YI K C. Integrated reduction of large chemical kinetic model of bio – butanol ［J］. Desalination and Water Treatment, 2021, 219 (2021): 172 – 177.

［15］ JIN C, YAO M F, LIU H F, et al. Progress in the production and application of n – butanol as a biofuel ［J］. Renewable and Sustainable Energy Reviews, 2011, 15 (8): 4080 – 4106.

［16］ MOSS J T, BERKOWITZ A M, OEHLSCHLAEGER M A, et al. An experimental and kinetic modeling study of the oxidation of the four isomers of butanol ［J］. Journal of Physical Chemistry A, 2008 (112): 10843 – 10855.

［17］ SARATHY S M, VRANCKX S, YASUNAGA K, et al. A comprehensive chemical kinetic combustion model for the four butanol isomers ［J］. Combustion and Flame, 2012 (159): 2028 – 2055.

［18］ BLACK G, CURRAN H J, PICHON S, et al. Bio – butanol: Combustion properties and detailed chemical kinetic model ［J］. Combustion and Flame, 2010 (157): 363 – 373.

［19］ WANG H, REITZ R D, YAO M F, et al. Development of an n – heptane – n – butanol – PAH mechanism and its application for combustion and soot prediction ［J］. Combust and Flame, 2013, 160 (3): 504 – 519.

［20］ CAI J H, ZHANG L D, ZHANG F, et al. Experimental and kinetic modeling study of n – butanol pyrolysis and combustion ［J］. Energy & Fuels, 2012 (26): 5550 – 5568.

［21］ ZHANGJ X, WEI L J, MAN X J, et al. Experimental and modeling study of n – butanol oxidation at high temperature ［J］. Energy & Fuels, 2012 (26): 3368 – 3380.

［22］ WANG H, YAO M F, YUE Z Y, et al. A reduced toluene reference fuel chemical kinetic mechanism for combustion and polycyclic – aromatic hydrocarbon predictions ［J］. Combustion and Flame, 2015, 162 (6): 2390 – 2404.

［23］ 李庆峰, 肖进, 黄震. 自由活塞内燃发电机仿真研究 ［J］. 中国机械工程, 2009, 20 (8): 911 – 916.

［24］ 袁晨恒. 自由活塞柴油直线发电机系统设计与运行特性研究 ［D］. 北京: 北京理工大学, 2014.

［25］ 宋豫. 压燃式自由活塞内燃发电动力装置连续运行关键问题研究 ［D］.

北京：北京理工大学，2016.

［26］ 田春来. 直线电机式自由活塞发动机运动特性与控制策略研究［D］. 北京：北京理工大学，2012.

［27］ MIKALSEN R，ROSKILLY A P. A review of free – piston engine history and applications［J］. Applied Thermal Engineering，2007，27（14/15）：2339 – 2352.

［28］ 毛金龙，左正兴. 压燃式自由活塞直线发电机工作过程数值仿真［J］. 北京理工大学学报，2011，31（9）：1036 – 1040.

［29］ 袁晨恒，冯慧华，李延骁，等. 自由活塞直线发电机总体参数设计方法［J］. 西安交通大学学报，2014，48（7）：41 – 45.

［30］ 袁晨恒，冯慧华，许大涛，等. 自由活塞内燃发电机稳定运行参数耦合分析［J］. 农业机械学报，2013，44（7）：1 – 5.

［31］ 尚蛟. 自由活塞内燃直线发电动力系统能量转换过程及电惯性控制方法研究［D］. 北京：北京理工大学，2012.

［32］ 李庆峰，肖进，黄震. 两冲程 HCCI 自由活塞式内燃发电机仿真［J］. 农业机械学报，2009，40（2）：41 – 45，53.

［33］ FENG H H，SONG Y，ZUO Z X，et al. Stable operation and electricity generating characteristics of a single – cylinder free piston engine linear generator：Simulation and experiments［J］. Energies，2015（8）：765 – 785.

［34］ FENG H，GUO C，YUAN C，et al. Research on combustion process of a free piston diesel linear generator［J］. Applied Energy，2016（161）：395 – 403.

［35］ NAJT P M，FOSTER D E. Compression ignited homogeneous charge combustion［C］. SAE Paper 830264，1983.

［36］ RYAN T W，CALLAHAN T J. Homogeneous charge compression ignition of diesel fuel［C］. SAE Paper 961160，1996.

［37］ CHRISTENSEN M，HULTQVIST A，JOHANSSON B. Demonstrating the multi – fuel capacity of a homogeneous charge compression ignition engine with variable compression ratio［C］. SAE Paper 1999 – 01 – 3679，1999.

［38］ THRING R H. Homogeneous – charge compression ignition（HCCI）engines［C］. SAE Paper 892068，1989.

［39］ LSHIBASHI Y. Basic understanding of activated radical combustion and its two – stroke engine application and benefits［C］. SAE Paper 2000 – 01 – 1836，2000.

[40] ONISHI S, JO S H, SHODA K, et al. Active thermo – atmosphere combustion: A new combustion progress for internal combustion engines [C]. SAE Paper 790501, 1979.

[41] LIU C H, YI K C. Simulation analysis of the effects of EGR rate on HCCI combustion of free – piston diesel engine generator [J]. Jordan Journal of Mechanical and Industrial Engineering, 2021, 15 (1): 23 – 27.

[42] WANG H, REITZ R D, YAO M, et al. Development of an n – heptane – n – butanol – PAH mechanism and its application for combustion and soot prediction [J]. Combust and Flame, 2013 (160): 504 – 519.

[43] LIU C H, ZHENG H. Simulation research of the n – butanol proportion influence on HCCI combustion of free – piston diesel engine generators [J]. International Journal of Chemical Engineering, 2022: 1 – 10.

[44] LUO Z, PLOMER M, LU T F, et al. A reduced mechanism for biodiesel surrogates for compression ignition engine applications [J]. Fuel, 2012 (99): 143 – 153.

[45] LIU C H, WU S J, PANG S. Effects of five different parameters on biodiesel HCCI combustion in free – piston engine generator [J]. Thermal Science, 2021, 25 (6A): 4197 – 4207.

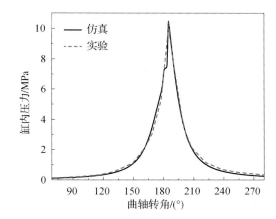

图 4.2 缸内压力仿真与实验结果的对比

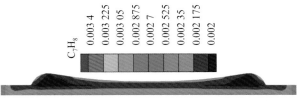

图 4.10 EGR 率 = 0，CA10 时的 C_7H_8 在缸内的浓度分布云图

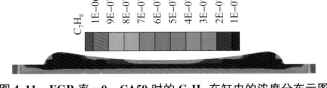

图 4.11 EGR 率 = 0，CA50 时的 C_7H_8 在缸内的浓度分布云图

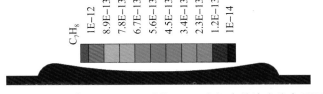

图 4.12 EGR 率 = 0，CA90 时的 C_7H_8 在缸内的浓度分布云图

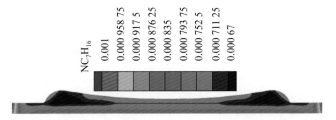

图 4.13　EGR 率 = 0，CA10 时的 NC_7H_{16} 在缸内的浓度分布云图

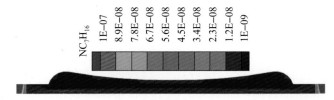

图 4.14　EGR 率 = 0，CA50 时的 NC_7H_{16} 在缸内的浓度分布云图

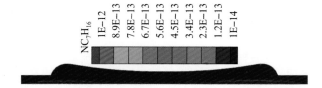

图 4.15　EGR 率 = 0，CA90 时的 NC_7H_{16} 在缸内的浓度分布云图

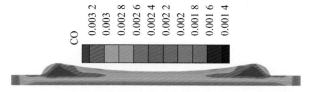

图 4.16　EGR 率 = 0，CA10 时的 CO 在缸内的浓度分布云图

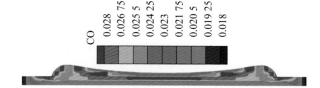

图 4.17　EGR 率 = 0，CA50 时的 CO 在缸内的浓度分布云图

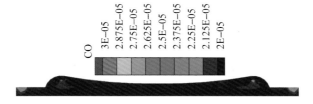

图 4.18　EGR 率 = 0，CA90 时的 CO 在缸内的浓度分布云图

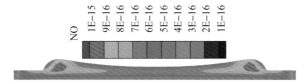

图 4.19　EGR 率 = 0，CA10 时的 NO 在缸内的浓度分布云图

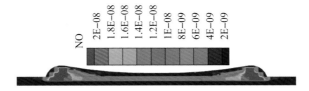

图 4.20　EGR 率 = 0，CA50 时的 NO 在缸内的浓度分布云图

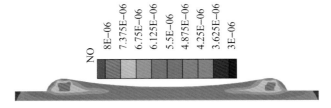

图 4.21　EGR 率 = 0，CA90 时的 NO 在缸内的浓度分布云图

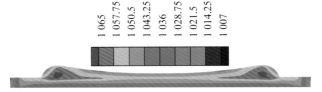

图 4.22　EGR 率 = 0，CA10 时的缸内温度的分布云图

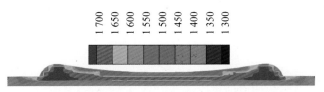

图 4.23　EGR 率 =0，CA50 时的缸内温度的分布云图

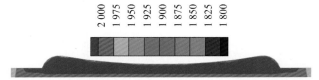

图 4.24　EGR 率 =0，CA90 时的缸内温度的分布云图

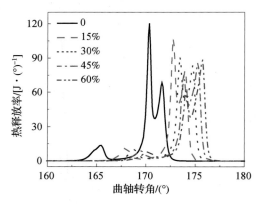

图 4.55　不同丁醇比例下的热释放率仿真结果

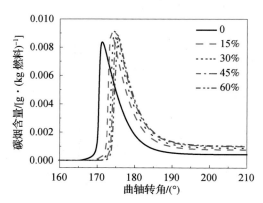

图 4.61　不同丁醇比例下的碳烟含量仿真结果

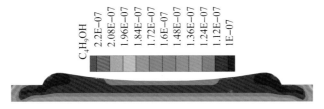

图 4.83 丁醇比例为 15%，CA10 时的 C_4H_9OH 在缸内的浓度分布云图

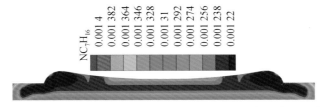

图 4.84 丁醇比例为 15%，CA10 时的 NC_7H_{16} 在缸内的浓度分布云图

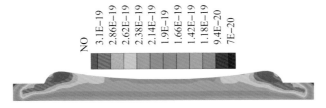

图 4.85 丁醇比例为 15%，CA10 时的 NO 在缸内的浓度分布云图

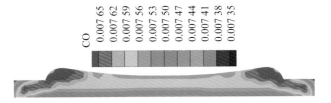

图 4.86 丁醇比例为 15%，CA10 时的 CO 在缸内的浓度分布云图

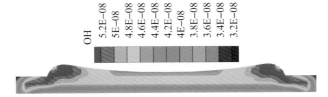

图 4.87 丁醇比例为 15%，CA10 时的 OH 在缸内的浓度分布云图

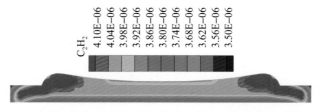

图 4.88   丁醇比例为 15%，CA10 时的 C₂H₂ 在缸内的浓度分布云图

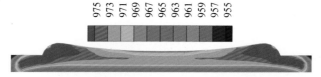

图 4.89   丁醇比例为 15%，CA10 时的缸内温度的分布云图

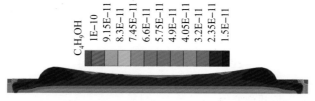

图 4.90   丁醇比例为 15%，CA50 时的 C₄H₉OH 在缸内的浓度分布云图

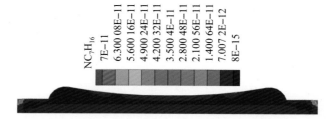

图 4.91   丁醇比例为 15%，CA50 时的 NC₇H₁₆在缸内的浓度分布云图

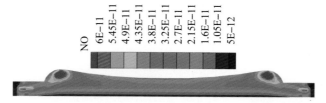

图 4.92   丁醇比例为 15%，CA50 时的 NO 在缸内的浓度分布云图

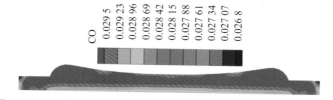

图 4.93　丁醇比例为 15%，CA50 时的 CO 在缸内的浓度分布云图

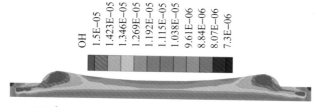

图 4.94　丁醇比例为 15%，CA50 时的 OH 在缸内的浓度分布云图

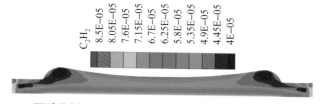

图 4.95　丁醇比例为 15%，CA50 时的 C_2H_2 在缸内的浓度分布云图

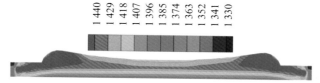

图 4.96　丁醇比例为 15%，CA50 时的缸内温度的分布云图

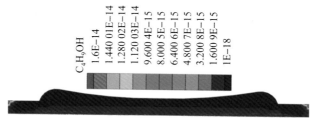

图 4.97　丁醇比例为 15%，CA90 时的 C_4H_9OH 在缸内的浓度分布云图

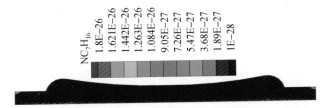

图 4.98 丁醇比例为 15%，CA90 时的 NC_7H_{16} 在缸内的浓度分布云图

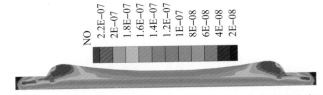

图 4.99 丁醇比例为 15%，CA90 时的 NO 在缸内的浓度分布云图

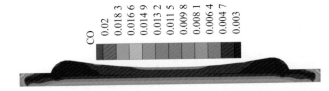

图 4.100 丁醇比例为 15%，CA90 时的 CO 在缸内的浓度分布云图

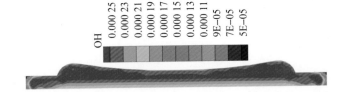

图 4.101 丁醇比例为 15%，CA90 时的 OH 在缸内的浓度分布云图

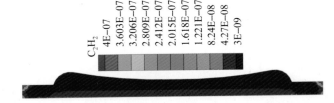

图 4.102 丁醇比例为 15%，CA90 时的 C_2H_2 在缸内的浓度分布云图

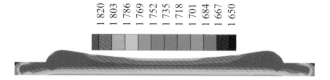

图 4.103　丁醇比例为 15%，CA90 时的缸内温度的分布云图

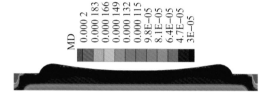

图 5.2　CA10 时的 MD 在缸内的浓度分布云图

图 5.3　CA10 时的 MD_9D 在缸内的浓度分布云图

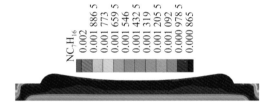

图 5.4　CA10 时的 NC_7H_{16} 在缸内的浓度分布云图

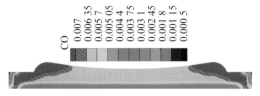

图 5.5　CA10 时的 CO 在缸内的浓度分布云图

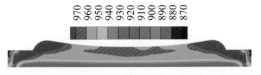

图 5.6　CA10 时的缸内温度在缸内的分布云图

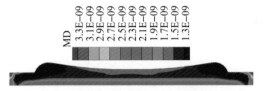

图 5.7　CA50 时的 MD 在缸内的浓度分布云图

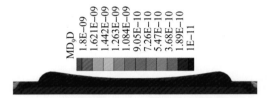

图 5.8　CA50 时的 MD_9D 在缸内的浓度分布云图

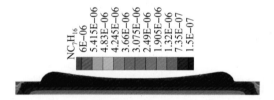

图 5.9　CA50 时的 NC_7H_{16} 在缸内的浓度分布云图

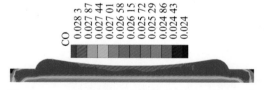

图 5.10　CA50 时的 CO 在缸内的浓度分布云图

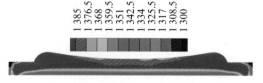

图 5.11　CA50 时的缸内温度的分布云图

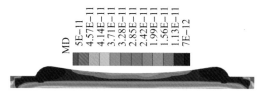

图 5.12　CA90 时的 MD 在缸内的浓度分布云图

图 5.13　CA90 时的 MD_9D 在缸内的浓度分布云图

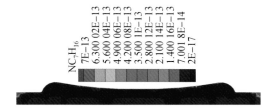

图 5.14　CA90 时的 NC_7H_{16} 在缸内的浓度分布云图

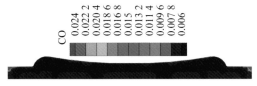

图 5.15　CA90 时 CO 在缸内的浓度分布云图

图 5.16　CA90 时缸内温度的分布云图